U0289645

退化高寒湿地近自然恢复及生态功能提升技术与示范（国家重点研发项目 2016YFC0501903）

青海民族大学学科建设青藏高寒湿地修复工程中心项目

三江源区退化高寒湿地
近自然恢复及生态功能提升

赵之重　姚步青　李希来　罗巧玉　周秉荣　著

青海人民出版社

图书在版编目（CIP）数据

三江源区退化高寒湿地近自然恢复及生态功能提升 /
赵之重等著 . -- 西宁 : 青海人民出版社 , 2023.3
ISBN 978-7-225-06406-2

Ⅰ . ①三… Ⅱ . ①赵… Ⅲ . ①寒冷地区—沼泽化地—
生态恢复—研究—青海 Ⅳ . ① P942.440.78

中国版本图书馆 CIP 数据核字（2022）第 205986 号

三江源区退化高寒湿地近自然恢复及生态功能提升

赵之重　等著

出 版 人	樊原成
出版发行	青海人民出版社有限责任公司
	西宁市五四西路 71 号　邮政编码：810023　电话：（0971）6143426（总编室）
发行热线	（0971）6143516/6137730
网　　址	http://www.qhrmcbs.com
印　　刷	青海新宏铭印业有限公司
经　　销	新华书店
开　　本	890mm×1240mm　1/16
印　　张	17.5
字　　数	300 千
版　　次	2023 年 3 月第 1 版　2023 年 3 月第 1 次印刷
书　　号	ISBN 978-7-225-06406-2
审 图 号	青 S（2022）100 号
定　　价	115.00 元

自　序

湿地具有生态蓄水、水源补给、气候调节等重要的生态功能，在防止全球水危机方面起着关键作用。三江源区是中国面积最大的天然湿地分布区，是我国西北乃至亚洲地区的生态安全屏障，被誉为"中华水塔"。高寒湿地生态系统相当脆弱，一旦破坏，难以恢复。由于人类对草地的利用管理不善以及外界气候环境变化等因素的影响，三江源区高寒湿地生态系统已经发生严重的退化，严重威胁到区域生态系统安全以及当地社会发展。三江源区湿地退化原因尚不明确，退化湿地植被恢复技术缺乏。2016年6月，青海大学联合青海师范大学、中国科学院西北高原生物研究所和青海省气象科学研究所申请获批了国家重点研发项目"退化高寒湿地近自然恢复及生态功能提升技术与示范（2016YFC0501903）"的资助。历时5年，项目组团队相互学习、通力合作，在青海省果洛藏族自治州黄河源区玛多县和玛沁县、长江源区玉树藏族自治州隆宝湿地建立了3个长期试验基地，开展了高寒湿地退化原因分析和退化高寒湿地近自然恢复技术研发，构建了三江源退化高寒湿地恢复技术体系和管理技术体系。这些研究结果可以为三江源区退化湿地恢复提供理论依据和技术支撑。

全书共分为六章，第1章引言。主要论述了三江源区湿地概况，分析了三江源区高寒湿地恢复面临的主要问题，提出了解决问题的思路和总体实施方案（由赵之重、姚步青编写）。第2章退化高寒湿地近自然恢复技术。通过研究高寒湿地三个不同退化阶段和不同阶段生物、非生物阈值，分析小流域空间尺度气候和水文变化特征，开展了人工补播恢复效果比较研究，研发了退化高寒湿地近自然人工植被配置技术与有害生物控制技术、退化高寒湿地围栏时空调控技术和退化高寒湿地春、秋季补水技术（由李希来、李兰平、林春英、李宏林、梁德飞编写）。第3章高寒湿地草种繁育技术。通过调查三江源区典型湿地植物，明确三江地区湿地被子植物属的分布特征，开展了典型高寒湿地植物种子萌发技术研究、适生地植物群落特征及其生理生态适应性研究，研发了典型高寒湿地植物栽培技术（由罗巧玉、韩鸿萍、马永贵、尚军编写）。第4

章退化高寒湿地人工植被稳定性群落建植技术。开展了退化高寒湿地人工稳定性群落建植技术研发和人工群落稳定性维持技术研发（由姚步青、王芳萍、黄小涛编写）。第5章退化高寒湿地人工补水及冻土保育型高寒湿地恢复技术。通过高寒湿地遥感分类,高寒沼泽湿地退化成因分析,研发了高寒湿地冻土保育技术和退化湿地人工补水恢复技术（由周秉荣、颜亮东、康晓燕、陈奇、张帅旗、苏淑兰、史飞飞编写）。第6章三江源区退化高寒湿地恢复技术体系构建与示范推广。通过以上退化湿地恢复技术的组装和示范、恢复过程监测与恢复效果评价,构建了三江源区退化高寒湿地恢复技术体系、管理技术体系和高寒湿地近自然恢复技术信息化平台（由赵之重、姚步青、张永超、王婷、段鹏编写）。

书稿付梓出版之际,要特别感谢项目专家组成员赵新全研究员和项目首席马玉寿研究员在项目实施中给予的全程关注和指导；感谢青海省科技厅、国土资源厅、果洛和玉树州县政府及其科技局、气象局和草原站等部门在长期试验基地建设和项目执行过程中提供的多次协调帮助。本书出版得到了青海民族大学学科建设"青藏高原高寒湿地保护工程中心"项目的资助。由于疫情影响,书稿统稿校稿历时近1年时间,青海人民出版社总编辑王绍玉和相关责任编辑,我的博士研究生胡碧霞、马涛、冯雪珂、段鹏和硕士研究王婷、叶鹏帅、罗淑仪等同学做了大量的工作,在此一并致谢!

由于高寒湿地恢复技术研究基础薄弱,没有成熟的方法可借鉴,课题是在探索中开展的,因此研究和示范工作不尽完善,加之作者水平有限,对问题的认识不够深入,不当之处在所难免,恳请读者批评指正。

2023 年 4 月 9 日

目 录

1 引 言

1.1 三江源地区湿地概况

三江源地区位于我国青海省南部,平均海拔 3500 ~ 4800m,是世界屋脊——青藏高原的腹地,为孕育中华民族、中南半岛悠久文明历史的世界著名江河:黄河、长江和澜沧江(出中国国境后被称为湄公河)的源头汇水区。三江源区河流密布,湖泊、沼泽众多,雪山冰川广布,是世界上海拔最高、面积最大、分布最集中的地区,是中国面积最大的天然湿地分布区,湿地总面积达 7.33 万 km²,占保护区总面积的 24%,被誉为"中华水塔"。湿地类 4 类:河流湿地、湖泊湿地、沼泽湿地和人工湿地;湿地型 10 型:永久性河流、季节性河流、洪泛平原、永久性淡水湖、永久性咸水湖、季节性淡水湖、草本沼泽、灌丛沼泽、沼泽化草甸和人工库塘(表 1–1、1–2)。河流湿地分布面积 27.87 万 hm²,其中永久性河流面积 22.17 万 hm²、季节性河流面积 0.49 万 hm²、洪泛平原面积 5.21 万 hm²;湖泊湿地面积 23.73 万 hm²,其中永久性淡水湖面积 19.1 万 hm²、永久性咸水湖面积 4.54 万 hm²、洪泛平原面积 0.09 万 hm²;沼泽湿地面积 164.90 万 hm²,其中草本沼泽面积 45.32hm²、灌丛沼泽面积 22.69hm²、沼泽化草甸面积 164.89 万 hm²;人工湿地面积 0.16 万 hm²。

表 1-1 黄河源区重要湿地特征

湿地名称	湿地类	湿地型	地理位置	地形地貌	气候特征	植被特征
扎陵湖湿地	湖泊湿地	永久性淡水湖	青海省果洛州玛多县、曲麻菜县境内	扎陵湖是黄河源区上游的一个更新世断陷盆地形成的构造湖，呈不对称菱形，水位海拔高为4292m，湿地范围面积5.26万hm²。该湖湿地的盆地边缘为湖成阶地、山前台地和洪积扇。北面为布尔汗布达山及其支脉布青山，南面为巴颜喀拉山，海拔多在4600m以上	气候为典型的内陆性气候，具有干旱、多风、少雨的气候特征，近湖地带有局部小气候，夏秋温暖、潮湿，夜雨较多	主要植被为以藏北蒿草为优势种形成的高原草甸，间或有大面积的以碱蓬草为优势种形成的红草滩。共有湿地种子植物40科1科1属473种，裸子植物仅占1科1属1种，其余全部为被子植物。分布着有紫花针茅、早熟禾、火绒草、垂穗披碱草、矮火绒草、西伯利亚蓼、唐松草、委陵草、多裂委陵菜、二裂委陵菜、臭蒿、赖草、藏嵩草、落草、蓝花棘豆、单子麻黄、甘肃雪莲花、杉叶藻、金露梅、珠芽蓼、铁棒锤、唐古特乌头、大花龙胆、达乌里龙胆、祁连龙胆、大籽蒿、小白蒿、青藏虎耳草、唐古特虎耳草、高原鸢尾、角蒿、绵毛马先蒿、大唇马先蒿和镰叶韭等
鄂陵湖湿地	湖泊湿地	永久性淡水湖	青海省果洛州玛多县境内	地处巴颜喀拉山北麓，属于黄河上游湿地区。湿地范围面积6.11万hm²。鄂陵湖是黄河源区的第一大淡水湖，属高原淡水湖泊湿地，水位海拔高度4269m，地势高寒、潮湿，地域辽阔，湖形如金钟，东西窄、南北长，鄂陵湖与扎陵湖由一天然堤相隔，形似蝴蝶	气候属典型内陆气候，湖区多年平均气温为-4℃，是青海省高寒地区之一	主要植被为以藏北蒿草为优势种形成的高原草甸，间或有大面积的以碱蓬草为优势种形成的红草滩。共有湿地种子植物40科1科1属473种，裸子植物仅占1科1属1种，其余全部为被子植物。分布着有紫花针茅、早熟禾、火绒草、垂穗披碱草、矮火绒草、西伯利亚蓼、唐松草、委陵草、多裂委陵菜、二裂委陵菜、臭蒿、赖草、藏嵩草、落草、蓝花棘豆、单子麻黄、杉叶藻、金露梅、珠芽蓼、铁棒锤、唐古特乌头、大花龙胆、达乌里龙胆、祁连龙胆、小白蒿、镰叶韭、海韭菜、青藏虎耳草、唐古特虎耳草、高原鸢尾、角蒿、绵毛马先蒿和大唇马先蒿等
玛多湖湿地	河流湿地、湖泊湿地和沼泽湿地	永久性河流、永久性淡水湖和沼泽化草甸	青海省果洛州玛多县境内	属于黄河上游湿地区，湿地范围面积7.97万hm²，平均海拔4240m。地貌类型为高原湖盆类型，四周为山地，中间低而平缓，是一片狭长的沼泽草甸区，湖泊众多，大的湖泊有星星海、阿涌吾玛错、龙日阿错、日格错、阿涌尕玛错、尕拉拉错等	属高寒草原气候，冬季漫长而严寒，干燥多大风，夏季短促而温凉，多雨	分布有9科10属15种，湿地植物群系5个，包括河柳群系、金露梅群系、西藏沙棘群系、西藏嵩草群系、西伯利亚蓼群系。湿地植物有洮河柳、金露梅、水毛茛、穗状狐尾藻、西藏沙棘、篦齿眼子菜、西藏嵩草、水嵩草、华扁穗草、海韭菜、青藏苔草、黑褐苔草和西伯利亚蓼等
冬给措纳湖湿地	河流湿地、湖泊湿地和沼泽湿地	永久性河流、永久性淡水湖和沼泽化草甸	青海省果洛州玛多县花石峡镇西北侧与布青山、布尔汗布达山间的盆地内	属于柴达木盆地区向青南高原区过渡区，湿地范围面积3.86万hm²。水位4082m，长32.2km，最大宽9.5km，平均宽7.21km，面积约232.2km²	属寒冷草原气候，无明显的四季之分，只有寒暖之别，冬季漫长而寒冷、干燥多大风，夏季短促而温凉、多雨	湿地植物群系主要是藏嵩草—苔草群系和西伯利亚蓼群系。湿地植物有西藏嵩草、西伯利亚蓼、草地早熟禾、垂穗披碱草、多裂委陵菜、黑褐苔草、甘肃嵩草、赖草、细叶蓼、圆穗蓼、蓝白龙胆、三裂碱毛茛、长花马先蒿、矮火绒草、矮生嵩草、多头委陵菜、甘肃苔草、鹅绒委陵菜和胎生早熟禾等

续表

湿地名称	湿地类	湿地型	地理位置	地形地貌	气候特征	植被特征
岗纳格玛错湿地	河流湿地、湖泊湿地和沼泽湿地	永久性河流、洪泛平原、永久性淡水湖和沼泽化草甸	青海省果洛州玛多县境内	属于黄河上游湿地区，湿地范围面积 2.54 万 hm²，平均海拔 4440m。其中湿地资源面积 1.50 万 hm²	区内气候属青藏高原气候系统，为典型的高原大陆性气候，冷热两季交替，干湿两季分明，年温差小，日温差大，日照时间长，辐射强烈，无四季区分的气候特征。全年平均气温为 −5.6℃ ~ 3.8℃，年平均降水量 262.2 ~ 772.8mm	分布的湿地植物分布有 9 科 10 属 15 种，主要湿地植物群系 5 个，包括河柳群系、金露梅群系、藏沙棘群系、西藏嵩草群系、西伯利亚蓼群系。湿地植物种类有西藏嵩草、洮河柳、金露梅、西藏沙棘、西伯利亚蓼、黑褐苔草、圆囊苔草、矮生嵩草、珠芽蓼、圆穗蓼、海韭菜、花葶驴蹄草和水葫芦苗等

表 1-2　长江源区重要湿地特征

湿地名称	湿地类	湿地型	地理位置	地形地貌	气候特征	植被特征
长江源区隆宝滩湿地	河流湿地、湖泊湿地和沼泽湿地	永久性河流、永久性淡水湖和沼泽化草甸	青海省玉树州玉树市内的西北部	地处青藏高原东部，濒临通天河，四周环绕仓宗查依山、宁盖仁其崩巴山、亚钦亚琼、肖好拉加等高山。由高原盆地的河流、湖泊和沼泽湿地构成，面积 1 万 hm²，海拔 4100 ~ 4300m，是长江源头一级支流结曲河的发源地。河流湿地面积 0.02 万 hm²，为永久性河流；湖泊湿地面积 0.15 万 hm²，均为永久性淡水湖；沼泽湿地面积 0.17 万 hm²，全部为沼泽化草甸	属高原大陆性气候，年均气温 −0.4℃，1 月平均气温 −11.1℃，7 月平均气温 9.3℃。年均降水量 730mm，多集中于 6 ~ 8 月。年均日照时数 2300h，11 月至翌年 4 月、5 月为冰冻期	由嵩草群落、蔍草群落和苔草群落 3 种群落组成，嵩草植物群落隶属 7 科 12 属，以西藏嵩草为优势种；蔍草植物群落隶属 7 科 10 属，以蔍草为优势种；苔草植物群落隶属 6 科 6 属，以青藏苔草为优势种。湿地植物物种主要有蔍草、西藏嵩草、黑褐苔草、紫花针茅、早熟禾、多裂委陵菜、青海紫苑、马先蒿、落草、水麦冬、星状风毛菊、批针叶风毛菊、火绒草、花葶驴蹄草、高原毛茛、银莲花、黄花棘豆、虎耳草、大米草和杉叶藻
长江源区依然错湿地	河流湿地、湖泊湿地和沼泽湿地	永久性河流、季节性河流、洪泛平原、永久性淡水湖、草本沼泽和沼泽化草甸	青海省玉树州杂多县西部	属于长江上游湿地区，湿地范围面积 49.30 万 hm²。主要地貌类型为冰川、山地、盆地和河谷，海拔 4470 ~ 5395m。区内沼泽发育，湖泊密布，河道曲折，支流众多，呈扇状水系	属于大陆性季风气候，年平均气温为 0.5℃，年平均降水量为 538.8mm，年平均蒸发量为 1450.0mm，年平均日照时数 2310.3h，年平均风速为 2.4m/s，最大风速大于 40m/s，由于常年气候变化无常，终年霜雪不断，暖季降水充沛无酷暑，冷季降水稀少且严寒多大风	植物群系为西藏嵩草 – 苔草群系，湿地植物有西藏嵩草、青藏苔草、水毛茛、喜马拉雅嵩草、黑褐苔草、海韭菜、草地早熟禾、二裂委陵菜、西伯利亚蓼、矮生嵩草、甘肃苔草、鹅绒委陵菜、圆穗蓼、珠芽蓼和矮金莲花等

1.2　三江源区高寒湿地恢复面临的主要问题

1.2.1　对湿地退化原因和近自然恢复方式及恢复潜力认识不清

三江源区高寒湿地分布广阔，是欧亚大陆上孕育大江大河最多的区域，素有"江河源"之称，发育着世界上独一无二的大面积高寒湿地群（陈桂琛等，2003；朱万泽等，2003；罗磊，2005），它们对高原生态环境意义重大，被誉为"中华水塔"。三江源湿地是我国西北乃至亚洲地区的生态安全屏障。青藏高寒湿地多为高寒沼泽、高寒沼泽化草甸和高寒湖泊，具有生态蓄水、水源补给、气候调节等重要的生态功能，在防止全球水危机方面起着关键的作用。因此青藏高寒湿地在全球变化研究中占有特殊的重要地位，已经引起国内外学者的关注（白军红等，2004）。高寒湿地生态系统相当脆弱，一旦破坏，恢复困难，其至无法恢复（唐素贤等，2016）。近年来，由于人类对草地的利用管理不善以及外界气候环境变化等因素的影响，青藏高原高寒沼泽湿地生态系统已经发生严重的退化，草地植被群落逐渐发生更替，鼠害现象常见，严重威胁到草地生态系统的稳定以及当地畜牧业的发展（朱耀军等，2020）。

（1）高寒湿地研究现状

高寒湿地不仅是万水之源，在防止全球水危机方面发挥着关键作用，而且它还涉及全流域的生态环境问题。近几十年来，在全球气候变化和人类活动的综合影响下，青海高寒湿地出现了明显的变化，湖泊水位下降、湖泊面积萎缩、河流出现断流以及沼泽湿地退化已成为青海高原生态环境退化的重要标志之一。目前，关于高寒湿地的研究，主要集中于局部地区，如若尔盖、色林错、长江源区等典型区域，研究的内容主要集中在湿地动态监测、湿地气候、湿地景观等方面。研究所涉及的层次包括高寒湿地的发育形成机理（赵志刚等，2020）、高寒湿地的分布（沈松平等，2005；陈克龙等，2009）和动态变化（沈松平等，2005；王根绪，2006；田素荣等，2007；赵培松，2008；陈克龙等，2009）以及湿地变迁、退化的原因等（罗磊，2005；王根绪，2006；田素荣等，2007；赵培松，2008）。

（2）对高寒湿地退化原因的认识

高寒湿地健康状态的变化主要影响因素包括自然因素和人为因素，在不同区域、不同时段内，各种因素所起作用不同。自然因素在大环境背景上控制着沼泽变化，而人为因素则是在较短时间尺度上影响沼泽资源动态变化的主要驱动力。从人为因素看，湿地的变化主要表现为草原超载过牧和湿地保护政策。

自然因素在湿地退化过程中的作用。沈松平等（2005）认为，自然因素（地质构造运动和气候温湿条件的变化）是造成高原沼泽湿地萎缩退化的主导因素，人为因素（超载放牧和对湿地进行开渠排水）是其次要因素，而高原沼泽湿地不断萎缩退化是主导因素和次要因素长期共同作用的结果。王利花等（2006）以若尔盖县、玛曲县和红原县为研究对象，以1976年、1994

年和 2000 年的遥感图像为主要数据源，结合 GIS 技术分析沼泽动态度，得出若尔盖地区近 30 年来沼泽的动态变化特征：沼泽面积下降趋势日趋明显，沼泽景观日趋破碎化，沼泽退化情况严重，急需保护。徐飞飞等（2010）以若尔盖湿地萎缩模式"湿地—草甸—退化草甸—沙化草地—沙地"，阐述了湿地面积逐年萎缩所带来的湿地沙化面积增大，生物多样性受到破坏引起的生态环境问题，并分析原因，提出了一些防治湿地退化和治理措施的建议。

人为因素在湿地退化过程中的作用。现有研究认为，人为因素在湿地退化过程中可能有重要作用。如蔡迪花等（2007）研究表明气候暖干化是玛曲湿地萎缩的主要原因，而人类活动加剧了这一过程；王根绪等（2007）认为，在全球气候变化和人类活动的综合影响下，青海湖高寒湿地出现了明显的退化。周秉荣等（2008）在青藏高原隆宝滩高寒沼泽湿地做了土壤湿度对不同放牧强度响应的试验，结果表明：随牧压强度的增加，影响湿地土壤水分含量的显著性增强；自由放牧和重度放牧加大土壤水分的蒸散，导致湿地土壤水分含量降低，加速湿地退化。就人为因素（主要是过度放牧）对高寒湿地退化的影响进行了有益探索。游宇驰（2018）根据对若尔盖县草地资源和载畜量历史的初步调查，发现自 20 世纪 70 年代中期以来，该区草地长期处于超载过牧状态，且超载程度逐年加剧，成为危害湿地生态环境并使其加速萎缩退化的主要人为因素。但到目前为止，关于人为因素引起湿地退化的直接证据几乎无人涉及，原因在于目前鲜有人系统地收集放牧家畜种群历史动态数据，并使之与湿地退化的历史过程联系起来进行关联度分析。

营养流失对高寒湿地退化的影响。物质循环、能量流动和信息传递是生态系统的基本功能，物质循环是保证生态平衡的基本物质保障，青藏高原高寒草甸放牧生态系统也是如此（易现峰等，2004；尚占环等，2005）。近几十年来，由于人为活动和过度放牧加剧，高寒草地的物质平衡已被破坏（赵新全等，2000；周华坤等，2005）。营养物质的流失主要发生在以下几个层面：1）水土流失，这是由于草地退化引起的（周道纬等，1999；严作良等，2003；周华坤等，2005）；2）家畜啃食，但家畜的粪便未能返回草地生态系统（何奕忻等，2009）；3）畜产品的消费，绝大部分畜产品都被人类带离原产地，对于原产地营养流是极大的损失；4）植物群落的固氮能力改变，这是由于草地退化而致使草地植物群落的物种多样性，特别是豆科牧草的衰减而导致的（仁青吉等，2004，2009）。

要改善高寒草地的营养流，需要从上述几个可能引起营养元素丢失的环节入手，对症下药。通过人工补充营养元素，改善植物群落的固氮能力、改变传统放牧过程中对牛羊粪便的利用方式，对牧民的生活方式和草地载畜量等进行政府干预等技术、生态、经济措施，使藏地放牧生态系统处于可持续发展状态。

（3）高寒草甸生态恢复技术研究进展

目前，国内外尚无关于退化高寒湿地生态恢复的文献报道，但高寒湿地和高寒草甸有较大相似性。据田应兵（2005）对若尔盖高原湿地不同生境下植被类型及其分布规律的研究，高原湿地的植物群落包括①藏嵩草－线叶嵩草、②藏嵩草－毛茛状金莲花、③线叶嵩草－鹅绒委陵菜、④垂穗披碱草－杂类草、⑤禾草－嵩草－杂类草等 13 个类型，而上述 5 个植物群落的优势植物常常是高寒草甸的优势植物，如垂穗披碱草－杂类草草甸（杨涛等，1987）、线叶嵩草（贾婷婷等，2013）、藏嵩草沼泽化草甸（王彦龙等，2011）、垂穗披碱草（雷占兰等，2012）和鹅绒委陵菜（周华坤等，2006）。因此退化高寒草甸生态恢复的研究成果可供退化高寒湿地生态恢复的研究作参考。

适宜牧草筛选：马玉寿等（2002）进行退化草地植被恢复适宜牧草筛选试验，筛选出多个牧草品种，如中华羊茅、西北羊茅、毛稃羊茅、紫羊茅、冷地早熟禾、星星草、紫野麦草、垂穗披碱草和多叶老芒麦等，这些牧草的产量和越冬率均表现良好。截至目前，湿生牧草的品种选育还没报道。

牧草栽培和植被建植技术：马玉寿等（2002）在高寒草甸区建立人工草地，农艺措施主要是灭鼠—翻耕—耙磨—撒播（或条播）—施肥—镇压等工序，首次系统地开展了青藏高原海拔4000m以上高寒地区原生裸地播种再造高寒植被现场试验，获得成功并且建立了示范样板。格尔木至安多段铁路沿线植被恢复比较有效的方法是选择紫花针茅、垂穗披碱草、燕麦、棘豆、黄芪、嵩草和梭罗草等当地草种，采取原生植物种子异地繁殖，再经沿线播种或栽培抚育，从而达到植被恢复的目的（孙永宁等，2011）。截至目前，湿生植被建植技术还没报道。

混播技术：混播多年生禾草可以增进草地水土保持能力，提高草地的产草量，是促进青藏高原高寒草地高效生产和持续发展的一条主要途径。据施建军等（2009）在三江源区的"黑土滩"退化草地上混播试验研究，以垂穗披碱草＋青海草地早熟禾＋青海中华羊茅＋青海冷地早熟禾＋碱茅＋西北羊茅和垂穗披碱草＋青海草地早熟禾＋青海中华羊茅＋青海冷地早熟禾为三江源区"黑土滩"退化草地建植混播人工草地的合理组合。李希来（1996）发现，将禾草和嵩草混合补种，是治理"黑土滩"退化草地理想的措施。矮嵩草、苔草、藏嵩草和华扁穗草等这些能在高寒湿地生长或成为优势种的中生、湿生莎草科植物，还很少被应用到混播技术当中，这与这些植物偏无性繁殖，种子形成很少有关。但利用莎草科等湿生植物进行混播，或者移栽湿生植物，是值得尝试的。

从营养流角度恢复草地生态系统的研究进展：据文献检索结果，从营养流角度恢复草地生态系统的研究不少。有学者曾把营养流放在一个边界明确的系统中加以研究。通过对家畜粪便的管理来使营养元素回归草地，通过培育豆科牧草来增加草地土壤的氮素来源，还有人利用耐低温的微生物进行固氮来改良高寒草原的土壤肥力。这些工作从不同角度探讨在一个（或者几个）流域内，在土壤界面、植物生产层、动物生产层和后生物生产层等各个营养流的主要环节，N、C、S和P等营养元素的形态和丰富度，以及每个环节营养元素的可能流失途径与流失量，进而采取相应的措施来对营养流加以补充和改良。

（4）近自然恢复

恢复生态学是研究生态恢复原理和过程的科学。近些年，"近自然恢复"理念受到世界各国生态学家们的普遍关注。近自然恢复是指基于生态学理论，通过科学有效的人工辅助及管理措施，依靠自然生态过程，把退化生态系统恢复到物种组成、多样性和群落结构与地带性群落接近的生态系统，从而实现恢复后生态系统结构和功能的多样性、稳定性和可持续性。近自然恢复理念起源于 19 世纪德国（Gayer，1886），"近自然林业（close-to-nature silviculture/forestry）"理念（Remeš，2018）于 20 世纪中后期在欧美国家得到广泛应用。从 20 世纪 90 年代，近自然恢复这一理念也引起我国学者的兴趣，并将其应用于我国退化生态系统恢复、管理与利用（邵青还，1991；张硕新等，1997；贺丽等，2017）。

近自然恢复并不是完全摒弃传统人工恢复，而是着眼于长期目标，以生态保护为前提，通过理念指导，将维护生物多样性和提升生态系统多功能性与多服务性作为首要任务，借助传统人工恢复措施，依靠自然生态过程，尤其是以生物多样性为核心的生态过程，进行可持续生态恢复。

应用与恢复区域环境相适应的乡土草种来进行草地恢复是达成近自然恢复的关键。但对于大规模的生态恢复实践而言，无论是免耕补播，还是人工草地的建植，由于可利用草种少、种子质量低以及机械化播种难度大等导致的补播群落组成单一、稳定性差、种子出苗及存活率低、补播技术不易推广等问题，已成为限制退化高寒草地"近自然恢复"的技术瓶颈。应用乡土草种进行草地的近自然恢复通常涉及的核心技术包括适宜种源的采集、扩繁、收获、清选加工、播种及物种组配等，每一个环节的成败都直接或间接影响了近自然恢复目标的实现。

与传统的人工草地建植不同，近自然恢复过程应尽可能减少对草地原有生境的干扰。依据环境条件不同，应选择合适的播种方式。对于相对平坦的草地，机械化播种是一种快速且经济有效的方法，但这一过程应尽可能避免机械对草地的破坏，如采用免耕补播技术可减少开沟对草地的破坏。但在高寒草地，如何在复杂的草地生境，确保适宜的播种深度、播种过程中特别是在多物种混播的情况下均匀下种等仍是机械播种有待改进的技术难题。对于坡地或者机械不易到达的区域，可采用人工撒播的方式，但这样通常使种子悬于草层表面，不易萌发建植，一个常用的方法是将家畜引入进行践踏，以促进种子与地面的接触（贺金生等，2020）。

近自然恢复辅助技术：土壤微生物是土壤有机质和养分循环的主要驱动者，对生态系统的物质循环具有不可替代的作用（刘安榕，2018）。但是退化生态系统破坏了植物和微生物的互作关系，研发以菌肥和有机肥添加为基础的土壤微生物改良技术，可以提高土壤肥力，使退化草地地下生物多样性尽快得到恢复，促进生态系统尽快重返自然状态。有研究表明，土壤好气性自生固氮菌和嫌气性自生固氮菌的数量随草地退化程度的加重而减少，土壤固氮菌相对于土壤总细菌的比例也有降低的趋势（李建宏，2017）。这说明退化草地土壤多功能性的恢复、土壤微生物的调控是关键。

（5）鼠害防治方法

加强监测体系建设：做好草原鼠害的防治工作首先要加强监测体系的建设，清楚草原鼠的生活习惯和活动范围，了解草原鼠的动向，并找到形成鼠害的根本原因，再根据鼠害发生的程度、发展的趋势等，制定出最为有效的防治措施，根据相关的数据和信息，进行分析，制定出长期的鼠害防治计划。

化学防治：在防治草原鼠害时普通灭鼠药的效果并不理想，不能很好地控制鼠害，还会造成大量的药物残留，但是特定的生物毒素可以对鼠害防治起到良好的效果，其使用不但可以起到有效的灭鼠作用，对草原的污染也较少，其中抗凝血剂是目前在防治草原鼠害方面应用较好的一种化学物质配成的毒饵，在配制时常用的饵料有小麦等粮食作物，混合适量的蔬菜，然后再加入化学药剂，最后风干制成毒饵，在了解草原鼠的活动范围后就可以投入毒饵。

物理防治：物理防治是在了解草原鼠的生活习性和活动范围后，对区域内的鼠洞通过灌注、封堵等方法，破坏草原鼠类生长繁殖的环境，还可以在鼠害发生的区域内拉上铁丝网，限制鼠类的活动，从而延缓鼠害扩大。对于鼠害发生面积较小的地方可以使用鼠夹、粘鼠板、弓形夹、捕鼠笼等对草原鼠进行捕杀。

生物防治：生物防治法主要是利用天敌对草原鼠进行杀灭，通过掌握生物间的关系，有效地限制鼠害的扩张。该法对环境也没有副作用，如可以引进草原鼠的天敌蛇、鹰等动物，将其放养到草原中。但是值得注意的是，在放养草原鼠的天敌时也要考虑到该种动物的活动是否会对草原造成不利的影响，并且在使用化学法防治鼠害时，也要注意保护鼠类的天敌。

提高治理草原的力度：防治鼠害的根本就是要对草原进行整治，在使用多种措施防治鼠害的同时，还需要加快草原生产力的恢复，可以通过补播、改良、禁牧等措施，给草原提供一定条件进行自我修复，从而保护退化的草原，保障草原的健康发展。

综上，关于高寒湿地退化原因，目前的研究主要从自然因素和人为因素进行认识，在自然因素方面的认识较多，主要集中于气候变化，在人为因素方面的研究较少，多是直观感受，特别是对过度放牧的历史及其效应缺少系统的研究和有力的证据。另外，不论是从自然因素还是人为因素，来考察高寒湿地生态系统的退化原因，都缺乏从机理上的解释，很少有研究能从营养流失的角度进行考察。关于恢复技术，目前尚无有关退化高寒湿地生态恢复的成熟技术可供借鉴，可参考退化高寒草甸生态恢复的相关技术。这些技术涉及适宜牧草筛选、牧草栽培和植被建植技术、混播技术、草地生态系统修复与保护技术等。对于退化高寒湿地的恢复，可另增加人工补水、补充营养的试验。另外，有关生态恢复的目标也需要明确。生态恢复目标经常被认为是一个恢复工程最重要的部分，因为它对恢复活动的详细规划、工程实施后监测的类型和范围具有决定性的作用。所有恢复规划需要加以清晰地阐述。当前的生态恢复评价中对于多样性、结构和过程评价得多，而对生态功能评价得较少。理想的情况是所有的生态恢复工程都应遵循SER标准，但是由于恢复资源、经济等因素的限制，实际上很难对所有标准进行测量。生态恢复的最终目标就是重新建立一个完整的功能性生态系统，生态恢复应该是恢复生态系统的功能，而不是基于参考信息的一些不明确的自然状态。按照主导生态功能—关键过程—关键结构特征进行评价生态恢复结果是可行的。选择恢复生态系统的主导生态功能，根据主导功能确定影响此功能的关键生态过程，进而确定生态系统结构指标，这样能够增强指标对于恢复结果变化解释的逻辑性，也能够在生态系统功能层面契合SER提出的恢复评价标准。生态系统具水源涵养、土壤保持、防风固沙、生物多样性保护、洪水调蓄、产品提供及人居保障等多种功能。本项目中，高寒湿地的生态恢复目标应是水源涵养功能。

1.2.2 缺乏对湿地恢复适生草种的研究

（1）湿地恢复适生草种缺乏的原因

湿地植被的恢复是湿地恢复和重建的前提条件。针对当前湿地退化的严峻形势，修复退化湿地，保持湿地生态系统的连贯性和完整性，保护湿地的生物多样性，优化湿地植物配置，是目前湿地研究的热点问题，对于维持湿地生态系统的稳定性等具有重要意义（朱耀军等，2020）。高寒沼泽湿地及边缘过渡带具有周期性淹水和出露交替的特征，水分条件经常发生极端干旱或淹水的变化。既能耐淹水又能耐干旱的"共耐性"植物不多，所以淹露交替造成的过渡带生境的极端变化，导致很多水生和旱生植物均难以正常生长（Kozlowski，1997；李佳，2015）。目前，我国湿地恢复与重建研究主要集中在三江平原，长江、黄河三角洲湿地，长江中下游湖泊湿地，海岸带红树林湿地等。选择的湿地修复植物主要有针对滨海河口盐沼湿地的红树，适宜淡水环境的芦苇、香蒲、凤眼莲、金钱草、大黄、菖蒲、美人蕉、香根草、茭白等（窦勇等，2012；喻龙等，2002；张文志，2021）。但是位于三江源区的高寒沼泽湿地气候恶劣，植被生长不易，以上外来植物均不适宜在此区域生长。当选用的修复植物源于当地、融于当地、回归当地时，才更容易生存、成本更低、不会对当地物种造成破坏、不会酿成物种入侵。而高寒沼泽湿地海拔高、气候恶劣、相关修复植物的研究较少（Brierley et al.，2016；侯蒙京等，2020）。高寒沼泽湿地典型的物种有：莎草科植物华扁穗草、青藏嵩草、青藏苔草等，禾本科植物落草、藏异燕麦和冷地早熟禾等，阔叶类植物驴蹄草、小金莲花、水韭菜、龙胆和马先蒿等（崔丽娟等，2013；王铭等，2016）。但多年的试验研究表明，华扁穗草、青藏嵩草、青藏苔草和藏异燕麦等植物多进行根茎繁殖，种子产量低且普遍存在后熟状况，自然萌发率低（金兰等，2014；鱼小军等，2015）。主要是因为青藏高原海拔高，气温低，由于生长季节短，植物在停止生长后其种子胚仍处于原胚阶段，因而存在形态后熟和生理后熟问题，有些种子如华扁穗草、青藏苔草其种子胚处于原胚阶段，胚细胞只有数十个，如不进行处理，无法进行栽培。所以导致高寒湿生植物很难建植。因而，种子处理技术是湿生植物繁育的瓶颈技术问题。因此，筛选合适于退化高寒沼泽湿地建植的物种，并采用物理、化学方法处理种子来促进种子形态和生理后熟，解决退化高寒湿地恢复中野生植物种源缺乏问题，开展种植繁育技术研究是解决三江源区及其他退化高寒沼泽湿地修复这一世界性难题的基础。

（2）对三江源地区大量本土湿地植物生理生态适应特点的了解不足

三江源地区广阔而独特的高寒湿地生态系统是中亚和世界高原高寒环境的典型代表，孕育着丰富的高寒湿地植物资源。因此，三江源是世界高海拔地区生物多样性特点最显著的典型区，被誉为高寒生物自然种质资源库。

植物群落是植物种群与环境因子共同构成的一个有机整体，不同物种种群在群落中所处空间分布格局取决于物种的生物学特性、生境条件及其交互作用（Xu et al.，2019）。探究植物群落多样性及其维持机制，是了解植物群落生态功能和稳定的基础，也一直是群落生态学研究的中心议题（乔斌等，2018）。对石羊河下游不同类型荒漠草地黑果枸杞群落结构与土壤特性关系的研究发现，固定/半固定沙地和覆沙草地中黑果枸杞为优势种，砾质荒漠草地和盐渍化草地中碱蓬和狗尾草为优势种（郭春秀等，2018）。在宁夏震湖滩涂湿地研究中，盐生灌丛柽柳群落及盐生草甸盐角草群落、碱蓬群落和芦苇群落土壤全盐在表层（0～10cm）产生显著聚集效应（乔斌等，2018）。水分、氮素、水氮交互对内蒙古乌兰察布市四子王旗短花针茅荒漠草原生物量具有显著影响（李静等，2020）。由于生物、环境和空间三大因素的多样性，国内外学者就不同植物群落分布格局与环境之间的相互关系得到的结论不尽相同。但理论上讲，植物群落生态特征是植物与气候、土壤、地形等生态环境综合体长期适应和协同进化的结果。土壤资源生境因子影响植物群落结构、组成及多样性特征，植物与土壤之间发生着频繁的物质交换（乔斌等，2018；何周窈等，2020）。

湿地退化的主要原因之一是湿地水文失衡。水文条件是湿地生态系统结构和功能得以维持的最关键因素，也是调控湿地植物生长发育的重要环境因子之一（Salimi et al.，2021）。湿地水文变化直接影响到湿地植被的有机物质积累和营养循环、第一性生产力、物种丰度、植被物种多样性和植物群落演替（Zhang et al.，2021）。然而，很多高寒沼泽湿地地处内陆腹地，远离海洋且受高山阻隔，降水稀少，气候干燥，是基础相当脆弱的生态环境（李佳，2015）。近年来，由于人类活动加剧、地球环境不断变化，人为因素和自然因素致使高寒沼泽湿地健康状况受损。沼泽及沼泽化草甸的面积逐年减少，水源涵养功能减退、生态功能下降、生物多样性受损（侯蒙京等，2020；Brierley et al.，2016）。因此，保持湿地生态系统的连贯性和完整性，保护湿地的生物多样性，优化湿地植物配置，是目前湿地研究的热点问题（Duggan-Edwards et al.，2020；Brisson et al.，2020），对于维持湿地生态系统的稳定性等具有重要意义。

高寒沼泽湿地及边缘过渡带具有周期性淹水和出露交替的特征，水分条件经常发生极端干旱或淹水的变化（朱耀军等，2020）。对干旱有高耐受性的植物往往对水涝环境的耐受性较低（Kozlowski，1997）。既耐淹水又耐干旱的"共耐性"植物不多，导致很多水生和旱生植物均难以在高寒沼泽湿地及边缘过渡生境正常生长。另外，高寒沼泽湿地多在青藏高原及其边缘，海拔高、气候恶劣、退化成因复杂、植被生长不易（侯蒙京等，2020；Brierley et al.，2016）。目前，关于高寒沼泽湿地植物对干旱和水涝胁迫响应的研究较少，退化高寒沼泽湿地植被恢复工作任重道远。因此，筛选合适的具有耐旱性和耐涝性的"共耐性"植物物种是退化高寒沼泽湿地植被恢复成败的关键。

发草具有耐寒、耐旱、耐水淹、耐盐碱、耐修剪等特性（孙明德等，1994；顾文毅，2007），是一种优良牧草和城市园林地被植物（Meharg et al.，1991；左宇等，2006；雷舒涵等，2017）。此外，发草种子产量大、发芽率高（顾文毅，2007；王彦龙等，2019），可以有效弥补高寒沼泽湿地典型物种，如华扁穗草、藏嵩草、青藏苔草等植物因种子产量低和自然萌发率低（金兰等，2014；鱼小军等，2015）而很难应用于退化高寒沼泽湿地修复工作的不足，是青藏高原高寒沼泽湿地生态脆弱带植被恢复中值得重点研究的天然植物群落之一。迄今为止，关于发草群落的研究仅见于其作为藏嵩草、青藏苔草群落伴生种的分布调查、起源等（王海星，2012；Li et al.，2020），而专门针对发草野生生境地调查及发草种群与环境因子关系的研究鲜有报道。

鉴于此，以发草适生地群落为研究对象，基于发草适生地群落和土壤及生物因子调查数据，采用相关性分析和冗余分析方法，分析发草生境地植物群落物种结构组成、多样性分布和土壤理化特性及其关系，揭示影响发草种群在复杂多样高寒沼泽异质生境中适应性的关键环境因子，为发草群落资源的合理开发利用及繁育建植提供科学依据，也为退化高寒沼泽湿地植被恢复工作的开展提供一定的理论基础。同时，以发草和其他具代表性的高寒沼泽湿地植物中华羊茅、青海草地早熟禾、冷地早熟禾、垂穗披碱草、同德小花碱茅、华扁穗草、藏嵩草、青藏苔草等（崔丽娟等，2013；王铭等，2016）为研究材料，通过人工控制实验盆栽模拟水分胁迫试验，研究中度水涝、植物正常需水量和中度干旱胁迫下 9 种高寒沼泽湿地植物在形态参数、膜脂过氧化 MDA 含量、光合色素、渗透调节物质、抗氧化保护系统和内源激素等方面的响应，采用隶属函数、相关性分析和主成分分析综合评价 9 种高寒沼泽湿地植物对水分胁迫的抗逆性差异，确定影响发草水分耐受性的重要指标，为高效率筛选退化高寒沼泽湿地植被恢复的适宜植物种类提供科学依据。

（3）缺乏重度退化湿地稳定性植物群落建植方法

受损湿地的恢复和重建研究是在全球湿地退化日益加剧的 20 世纪 70 年代才开始兴起。20 世纪 90 年代之后，在天然湿地大量丧失的情况下，国际上才真正开始现代湿地退化的研究并迅速形成诸多研究领域，包括湿地退化过程与机理、退化评价、退化分级、退化指标与指标体系、退化湿地管理、退化湿地遥感监测、退化湿地恢复和重建等（Richardson et al.，2007）。其热点研究区域集中在美国佛罗里达州大沼泽地、欧洲莱茵河流域、东非维多利亚湖、北美五大湖和巴西潘塔纳尔沼泽地等世界重要湿地，其中尤以美国佛罗里达州大沼泽地的湿地退化过程与机理研究最为深入（韩大勇等，2012）。我国湿地退化研究起步较晚，热点研究区域主要在低海拔地区。关于高寒湿地的研究，主要集中于局部地区，如若尔盖、色林错、长江源区等区域，研究的内容主要集中在湿地动态监测、湿地气候和湿地景观等方面。研究所涉及的层次包括高寒湿地的发育形成机理、高寒湿地的分布（沈松平等，2005；陈克龙等，2009）和动态变化以及湿地变迁、退化的原因等（王根绪等，2006；田素荣等，2007；赵培松，2008）。因此，20 多年来，湿地退化机制、退化湿地恢复与重建和人工湿地构建研究一直是湿地研究的热点，其中高寒退化湿地恢复与重建理论与技术是研究的重点和难点（崔保山等，1999；张永泽，2001）。目前国内外关于退化高寒湿地生态恢复的文献很少。

植被是湿地生态系统的"工程师"（Tanner，2001），也是湿地恢复的重要组成部分。建植人工草地是青藏高原退化裸地快速植被恢复和生态重建的有效方法（董世魁等，2003）。然而，目前国内外尚无关于退化高寒湿地恢复人工植被建植方面的文献报道。尽管高寒湿地和高寒草甸在植物群落组成上有相似性（田应兵等，2005；周华坤等，2006；王彦龙等，2011），退化高寒草甸生态恢复的研究成果可供退化高寒湿地生态恢复的研究作参考，但是由于高寒湿地和高寒草甸在生境水文特性和人们对人工植被功能需求上的差异过大，完全照搬高寒草甸人工植被建植方法在高寒湿地很难成功。据我们所知，在三江源区已有不少在退化湿地进行人工植被建植的尝试，但大多都以难以稳定维持而告终。我们认为，虽然高寒湿地环境严酷，恢复技术研发成本高，但相应的基础研究太少是目前恢复技术缺乏的根本原因。因此，要实现高寒湿地恢复技术的突破，需要加强对退化高寒湿地恢复植被生态系统结构以及内部机制过程等进行深入的基础理论研究（杨永兴，2002）。

恢复退化湿地植被，首先要确定适生种。较高土壤水分含量是高寒湿地的基本特点。研究证明所有凡是能引起高寒湿地土壤含水量减少的气候变化或人类干扰都可导致湿地的退化（周秉荣等，2008）。同样是高寒湿地原生植物，但其水分利用效率也有差异（李宏林等，2012；任国华等，2015），有研究发现双子叶类杂草水分利用效率低于莎草和禾草。因此，选择较高水分利用效率的植物对湿地人工植被的稳定维持将至关重要。如何进行筛选？三江源区高寒湿地主要建群种是西藏嵩草、线叶嵩草和华扁穗草等莎草科植物。和其他高寒植物相比，这些植物都具有较大的根部生物量分配（李英年等，2006）。通常来讲，水分利用效率较高的植物往往具有较大的根冠比。除此以外，较大的叶片 $\delta^{13}C$、较小的比叶面积（SLA）和较小的叶重比也是水分利用效率较高植物经常具有的性状。因此，从理论上来说，补充这些莎草科植物种是高寒湿地恢复的首要选择。然而，由于高寒湿地莎草科植物多以营养繁殖为主，种子萌发率非常低，目前其人工繁殖技术仍然未能攻克。当前，可供选择的只有禾本科植物。青海省牧草良种繁殖场已筛选了22种适合在青藏高原种植的禾本科植物，分属于10个属。这些植物品种中的垂穗披碱草、草地早熟禾和中华羊茅等在三江源区退化高寒草甸的恢复中已得到了广泛应用。我们前期研究发现，这些植物种类具有不同的生物量和抗逆性，其叶片形状、根系类型和根系分布深度性状在不同品种间存在很大差异，而叶片形态和生物量器官间分配是与植物保水功能相关的。因此，这些品种间可能具有很大的水分利用效率差异，可用于高寒湿地恢复适宜品种组合筛选。

接下来面临的问题是如何对这些植物进行品种组合。之所以要进行品种组合与生物多样性和生态系统功能（biodiversity and ecosystem functioning，BEF）之间的关系有关。始于20世纪90年代的 BEF 研究一直是生态学界关注的热点。截至2009年，已开展了600多项相关实验，研究对象包括500多种淡水、海洋和陆地生物（Cardinale et al.，2011），已有数百篇相关研究论文发表。除了实验数量的增加，BEF 研究还提出了一些相关的理论模型（Tilman et al.，1997，2004），并将其范围扩展至全球自然生态系统（Mora et al.，2011；Paquette et al.，2011；Maestre et al.，2012）。目前，人们对生物多样性与生态系统功能的关系有了共识（Cardinale et al.，2012）：多样性对生态系统功能的作用具有普遍性，物种多样性与生产力呈正相关关系（Cardinale et al.，2006；Cardinale et al.，2007；Tilman et al.，2001；Hoope et al.，2005）。然而，随着 BEF 研究的深入，人们在机理探讨中发现，物种丰富度并非影响生态系统功能的唯一因素，其作用也受其他属性，如物种功能性状和种间亲缘关系的调节（Lavorel et al.，2002；Cadotte et al.，2008）。

直接决定生态系统功能的其实是物种的功能性状（Clack et al.，2012；Roscher et al.，2012；

Purschke et al., 2013；Song et al., 2014；Majekouá et al., 2014）。植物功能性状对植物的生长、繁殖、存活以及适合度具有重要影响，是与植物形态、生理和物候有关的特性（Uiolle et al., 2007）。很多研究表明，植物功能性状的改变可以影响生态系统功能（Flynn et al., 2011）。已有大量研究开始利用特定功能性状进行特定功能生态系统的构建（Mc Gill et al., 2006）。功能多样性是某个生态系统内功能性状属性的范围、数值、分布和相对丰富度（Díaz et al., 2007）。生物个体与生态系统过程、功能之间的关系可以用功能多样性来分析（De Bello et al., 2010；Mouchet et al., 2010）。越来越多的研究发现，功能多样性是预测群落生产力和生态系统功能的优良指标（Díaz et al., 2001；Petchey et al., 2004；Heemsbergen et al., 2004；Reich et al., 2004）。

一般来说，物种功能性状特征与种间亲缘关系有关，亲缘关系越近的物种，其生态特征和对类似环境的适应能力可能就越一致（Prinzing, 2001）。群落中物种亲缘关系特征即群落谱系结构可以用谱系多样性来量化。谱系多样性指一个群落中物种谱系距离的总和，它受平均种间亲缘关系和群落中物种数量的影响（Sriuastava et al., 2012）。近年来，越来越多的研究发现谱系多样性与群落稳定性有很高的相关性（Connolly et al., 2011）。因为植物种间较远的谱系关系可以代表生态分化的程度，较大的谱系多样性可以缓冲环境变化的影响，从而产生较好的生态系统稳定性。谱系多样性可以为人工草地建植中牧草品种的选择提供很大的方便，因为谱系多样性标准在生产中容易操作，目前用于谱系距离的测定技术已经非常成熟（裴男才等，2011）。

和自然植物群落的研究相似，以往高寒人工草地稳定性研究方面主要关注的也是品种间的生态竞争，而忽视了不同牧草的性状和亲缘关系差异。我们对高寒草甸不同品种组合人工草地已进行了11年的连续观测，发现混播组合一般都可表现更大的生产力和更高的稳定性。然而，机理分析结果显示，功能性状多样性对人工草地生产力起更大作用，品种间亲缘关系对生产力和稳定性有很好的解释。因此，在高寒退化湿地恢复中也可考虑功能多样性和谱系多样性因素。然而，由于湿地水文条件的影响，高寒草甸人工植被的植物多样性组合方式不一定能适合退化高寒湿地修复。因为从生态系统功能角度来考虑，高寒草甸人工植被大多是以生产功能为主的，生产力的提供和维持是其主要功能；而湿地人工植被是以水源涵养和碳固持为其主要功能。

因此，本研究拟分别在具有不同水分含量的高寒退化河流湿地边缘和周边建立样地，对11种高寒地区适生牧草进行单播和混播组合，设置物种丰富度、功能多样性和谱系多样性梯度，测定植被保水性、植被覆盖度和土壤有机碳含量，分析不同土壤水分条件下，物种丰富度、功能多样性和谱系多样性梯度与湿地恢复植被功能的关系，筛选在不同水分可利用性环境中可以维持最大水源涵养和碳固持整体功能的牧草品种及其组合方式。本研究的成功实施可以为三江源区高寒湿地的管理和退化湿地的恢复提供科学支持，有重要的应用价值。

（4）对水分和冻土等环境因子影响湿地功能的机制了解不足

湿地是介于陆生和水生生态系统之间的具有独特水文、植被、土壤及生物特征的生态系统（冯璐等，2014）。我国高原湿地主要分布在有"世界屋脊"之称的青藏高原，它西起帕米尔高原，东至秦岭，北起祁连山西段北麓，南与东喜马拉雅山南麓相接，是地球上海拔最高、形成时间最晚、面积最大的高原，也是长江、黄河和澜沧江的发源地（何方杰等，2019）。高寒湿地具有水源补给和调节区域气候等功能，在维持区域生态平衡及保持生物多样性等方面也具有不可替代的作用（邵珍珍，2019；李飞等，2018）。

然而，近年来由于自然和人为因素的干扰，尤其在全球气候变化的影响下（McGuire et al.，2001），高寒湿地持续退化（杨永兴，1999；张晓云等，2005），湿地向草甸演替（韩大勇等，2011），其中，青藏高原高寒湿地面积锐减10%以上，且长江源区的沼泽湿地退化最为严重（王根绪等，2007），并随着时间的推移，高寒湿地的水量和湿地面积减少的速度越来越快（徐新良等，2008）。高寒湿地退化的主要原因是多种因素打破了湿地原有的水分平衡，从而导致不可逆的变干过程（权晨等，2018）。此外，高寒湿地的退化还伴随着冻土层的退化。退化高寒湿地修复是一项刻不容缓的任务（李宏林等，2012），而如何对退化高寒湿地进行"补水"、冻土保护及植被恢复也成了一项需要思考的问题。

目前，关于退化高寒湿地的研究多集中于退化机制和保护措施（李自珍等，2004；岳东霞等，2004），以及不同退化状态下土壤和植被特征分异研究（林春英等，2019；陈蓓，2017），针对湿地修复技术的研究相对罕见。以玉树隆宝受损高寒沼泽湿地为试验点，以喷灌和禁牧等措施为主，探索高寒沼泽湿地的恢复方法，可为后期高寒沼泽湿地的修复奠定理论基础。

玉树隆宝湿地位于隆宝国家级自然保护区内，是高寒陆地型动物和高寒植被的种质库和重要的湿地资源，也是维持高原区生态平衡和维护三江中下游地区可持续发展的生态屏障。近年来，随着全球气候和人类活动综合影响，冰川、雪山逐年萎缩，荒漠化过程加剧、冻土消融和水资源减少，直接影响了当地湖泊和湿地的水源补给，致使沼泽低湿草甸植被逐渐向中旱生高原植被演变。不同的湿地类型，其退化有不同的原因。针对玉树隆宝滩地区湿地退化原因，选择人工增雨作为湿地恢复技术之一。人工增雨是在一定的条件下，通过人工途径对云施加影响，达到增大降水量的科学技术。在玉树隆宝地区实施人工增雨技术，充分利用空中水资源，增加湿地水源，可以改变湿地植被的生存环境，促使湿地生态的恢复，也为今后湿地恢复提供了一定的技术借鉴。

而如何客观、科学地评价人工增雨效果是人工影响天气研究和作业的关键性问题，也是人工影响天气研究中最困难的科学问题之一。国内学者们开展了不少有关增雨效果检验新技术与方法的探索。张连云等（1996）以逐时降雨量为历史序列资料，采用区域控制试验法对山东部分地区的飞机人工增雨效果进行了检验。王婉等（2012）用自然复随机化方法对北京市人工增雨作业非随机化试验进行功效数值分析，结果表明不同统计检验方案功效差别较大。贾烁等（2016）利用降水量和雷达资料，将区域历史回归统计检验方法和雷达识别追踪物理检验方法相结合对江淮对流云增雨作业进行了分析。而在青海省主要是康晓燕等（2017）运用雷达资料对青海省东部人工增雨效果进行了物理检验，以及利用区域历史回归统计方法对2016玛柯河林区人工增雨（雪）效果进行了客观定量地评估。

常用的作业效果统计检验方法有序列分析、区域对比分析、双比分析和区域历史回归分析四种，该试验是针对玉树隆宝湿地恢复型的人工增雨作业，考虑到作业区和对比区大部分雨量点均为临时布设，历史资料缺失所以本文采用双比分析方法基于雨量站测得的降水量数据对增雨效果进行统计分析。同时结合雷达资料进行增雨效果物理检验。

人工增雨作为湿地恢复技术，是通过人工途径对云施加影响，达到增大降水量的科学技术，该技术通过改变湿地水环境，进而改善湿地健康状况，从而实现湿地自我修复的目的。

1.3 解决问题的思路和总体实施方案

1.3.1 思路

人为活动、气候变化以及冻土退化是高寒湿地退化的主因，通过增加水源、保育冻土和保护植被等措施，研发退化高寒湿地外围生境植被人工调控、核心区增水保源及减缓冻土退化等近自然恢复技术，构建退化高寒湿地系统的恢复技术体系，通过恢复技术适宜性评估，开展区域性示范，为三江源国家公园湿地恢复工程提供科技支撑。总结三江源高寒湿地退化和恢复研究中存在的问题，调研原有退化湿地恢复技术成熟度和实用性，提出解决问题途径和研究方案，选择典型退化高寒湿地进行近自然恢复技术研究与示范，揭示不同地理和人类活动状况下高寒湿地关键影响因子和生态修复的障碍因子，研发退化高寒湿地近自然恢复与生态功能提升技术，并进行示范。具体如下：

根据高寒湿地生态系统退化过程的三个不同阶段，原生状态—中度退化—重度退化（非湿地），研究时间和空间内不同阶段生物阈值与非生物阈值，提出生态修复阈值。结合青藏高原特殊气候特点和人类活动强度历史动态（主要是放牧强度历史动态），分析近50年来退化高寒湿地演变规律，根据陆地生态系统近自然恢复技术理论，研发高寒退化湿地生态系统恢复标准。开展了退化高寒湿地近自然恢复技术、退化高寒湿地草种繁育与人工植被稳定性群落建植技术和人工补水及冻土保育型高寒湿地恢复技术研究。

退化高寒湿地近自然恢复技术基于小流域尺度高寒湿地进行系统性恢复技术研发，通过人工植被配置、秋春季补水、有害生物控制、围栏和补播时空调控等，明确高寒湿地退化原因和近自然恢复方式潜力。

针对目前高寒湿地植被建群种种源稀缺的现状，采用传统方法，通过物理化学等手段对湿生植物种子进行处理，解决种子萌发问题，进行湿生植物的繁育。选择适宜湿生野生种和禾草品种，结合土壤水分和养分条件，设置群落生态位分化和谱系多样性梯度实验，通过植被盖度、土壤湿度和冻土活动层数据，分析群落生态位分化和谱系多样性与植被水源涵养的关系，筛选出湿地稳定性高的野生种型、禾草组合型以及野生种－禾草组合型人工组合植被建植。

通过害鼠防治、补播更新和合理放牧等管理技术的实施，研发维持湿地人工草地水源涵养功能稳定性技术。通过地面人工作业方法实施流域人工增雨作业，基于WRF-GSI的数值模拟方法进行人工增雨效果评估。采用地面定点观测和遥感面上监测结合方法，实现高寒湿地功能演变监测，采用层次分析法进行生态健康评价（水源涵养、固碳、生物多样性和植被生产力）。通过野外试验设计，科学评估各种恢复技术效果，在三江源国家公园，进行推广示范，形成高寒湿地恢复和管理技术体系，为源区高寒湿地恢复工程措施提供技术及理论支撑。

因此，选择高寒湿地典型分布区果洛州玛沁县、玛多县和玉树州玉树市隆宝镇，开展如下研究。

（1）退化高寒湿地近自然恢复技术研究与示范

根据高寒湿地生态系统退化过程的三个不同阶段，原生状态—中度退化—重度退化，研究时间和空间内不同阶段生物阈值与非生物阈值，提出生态修复阈值。结合青藏高原特殊气候特点，分析近50年来退化高寒湿地演变规律，基于小流域空间尺度，根据陆地生态系统近自然恢复技术理论，研发基于5～10年时间尺度高寒退化湿地生态系统恢复标准。内容包括：退化高寒湿地近自然植被配置、秋春季补水、有害生物控制、围栏和补播时空调控等技术和时空放牧制度等研究，进行典型退化湿地恢复的推广示范。

（2）退化高寒湿地草种繁育与人工植被稳定性群落建植技术研究与示范

通过研发高寒湿地植被建群种的人工繁育、退化裸地植被仿自然免耕生态快速恢复技术以及人工植被稳定性维持技术，解决高寒湿地植被低干扰条件下人工恢复问题。内容包括：湿地植被建群种华扁穗草、苔草和嵩草等野生草种繁育技术；湿地退化裸地野生种型、禾草组合型以及野生种-禾草组合型人工植被建植技术；人工群落稳定性维持技术；湿地及湿地过渡带植被建植示范。

（3）人工补水及冻土保育型高寒湿地恢复技术提升与示范

流域中高寒沼泽、河流、湖泊湿地生态系统相互影响，以三江源一期工程湿地人工补水恢复技术为基础，通过试验区增水潜力研究、作业方案优化等措施提升人工补水湿地修复技术；借鉴青藏铁路冻土保护技术，采用喷灌降温和植被保护等近自然技术措施，减少地热通量的流入，遏制冻土活动层上限加深，增加高寒湿地保水能力，促进湿地恢复。内容包括：符合试验区当地云物理条件的人工增雨作业方案研究；人工增雨湿地修复技术作业；采用目标区比对和数值模式模拟等方法进行的人工增雨效果检验；人工补水法高寒湿地恢复技术效果评估；喷灌降温和减压放牧冻土保护湿地恢复技术；喷灌降温、减压放牧对高寒湿地植被和下垫面冻土的影响研究；最佳喷灌模式和减压放牧模式研究；人工补水型高寒湿地恢复技术与冻土保育型湿地修复技术组装。

（4）三江源退化高寒湿地恢复技术体系构建与示范推广

监测示范推广区高寒湿地生态功能（监测因子包括植被生产力、土壤湿度、生物多样性和湿地水文特征等）状况，评估各项恢复技术的综合效果，组装配套三江源湿地修复适宜性评价，开展三江源区高寒湿地恢复技术示范推广，提出三江源退化高寒湿地恢复和管理技术体系，构建高寒湿地近自然恢复技术信息化平台。

1.3.2 总体实施方案

总体实施方案设计如图 1-1。

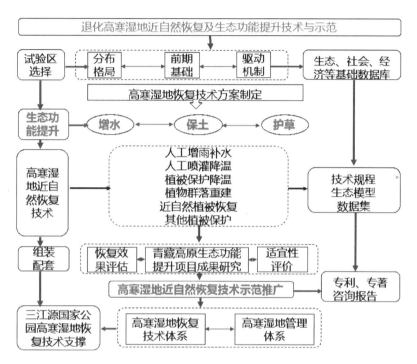

图 1-1 实施方案图

基于三江源区湿地特征（表 1-1、1-2），在果洛州玛沁县大武镇进行退化高寒湿地植被恢复技术研发，在玉树州玉树市隆宝镇进行人工补水和冻土保育技术研发，在果洛州玛沁县大武镇、果洛州玛多县玛查理镇和玉树州玉树市隆宝镇进行技术集成示范（图 1-2）。

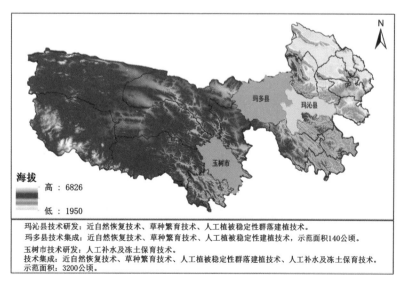

图 1-2 试验点设置

2 退化高寒湿地近自然恢复技术

2.1 研究方法

通过害鼠防治、补播更新、增强营养和合理放牧等管理技术的实施，研发维持湿地人工草地水源涵养功能稳定性技术。采用地面定点观测和遥感面上监测相结合的方法，实现退化高寒湿地的功能恢复演变监测。采用层次分析法进行生态健康评价（水源涵养、固碳、生物多样性、植被生产力），科学评估各种恢复技术效果，进行推广示范。技术路线如图 2-1 所示。

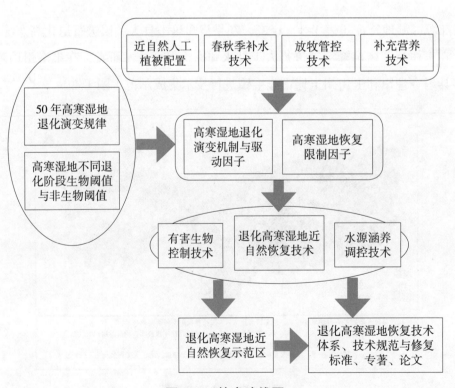

图 2-1 技术路线图

2.1.1 高寒湿地三个不同退化阶段研究

样线和样方布置:在玛沁县大武滩选择高寒沼泽湿地与外围退化区作为研究调查样地,其中,在湿地中心随机布设 3 个 1m×1m 的样方作为湿地剖面样地。原生状态湿地以冻融丘藏嵩草为优势种,其盖度可达 95% 左右,主要伴生的物种是丘间的矮嵩草、苔草等植物;中度退化(样地冻融丘和丘间的盖度各为 50%,冻融丘以藏嵩草为优势种,丘间以矮嵩草、苔草等为主);重度退化湿地以矮嵩草为主的高寒草甸,无冻融丘,毒杂类草和禾草等植物种增多。随着退化程度的加剧,冻融丘的数量增加,大小明显减少,达到重度退化程度高寒沼泽湿地冻融丘特征消失,演替为高寒草甸(图 2-2)。不同退化程度的湿地样方布置,是结合湿地中藏嵩草优势度、植被盖度多少等指标综合判断,将试验样地划分为未退化、轻度退化、重度退化共 3 个退化程度(调查样方采用线样法),由湿地中心向外延伸取样,从湿地中心拉 3 条样线(即为设置 3 次重复),样线长为 150m,每隔 50m 设置取样样方,最外围退化区属于非湿地样地,每个退化阶段的各个阶段各设置 1 个 1m×1m 的样方,即不同退化程度各设置 3 次重复,进行群落学调查(图 2-3)。

图 2-2 高寒沼泽湿地不同退化程度样地

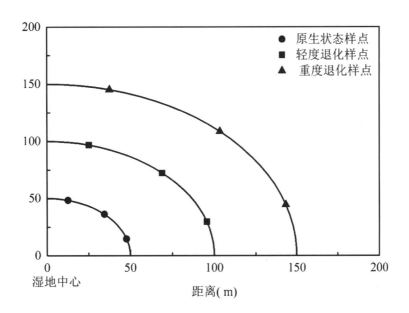

图 2-3 高寒湿地不同退化程度样点选取图

植被特征包括植物高度、盖度、种类和生物量，土壤理化特征包括含水率、pH、紧实度、有机质含量，全 N、全 P、全 K，速效 N、速效 P 和速效 K 的含量。如此延伸样线，直到样线贯穿所有退化类型为止。取得数据后，通过阈值分析模型分析高寒湿地退化的生物和非生物阈值。未退化和轻度退化阶段内的样方里有冻融丘和丘间，故分别记录样方内不同种类植物的名称、不同种类植物对应的高度和盖度后，齐地剪样方内所有植物后称取地上生物量。

2.1.2 高寒湿地生态系统退化不同阶段生物阈值与非生物阈值

（1）黄河源区河漫滩湿地植被特征

研究区域：研究区在有一定研究基础和气象观测数据容易获得的黄南州河南县和泽库县境内，沿河南—泽库、泽库—同仁等公路沿途，随机选取河漫滩湿地样地共计 13 个。河南县和泽库县境内的所有河漫滩湿地样地作为空间重复的样地，地理位置详见研究区域图 2-4。研究区气候为高原大陆性气候，属高原亚寒带湿润气候区，平均海拔 3600m。全年四季特征不明显，仅分冷（干）季和暖（湿）季，冷季寒冷干燥而漫长，暖季温和湿润而短暂。年平均气温为 0.0℃，最冷月平均气温为 –10.6℃，最热月的平均气温为 9.4℃。年降水量 597.1 ~ 615.5mm，年平均蒸发量为 1349.7mm，年相对湿度为 65.0%，全年日照时数 3241.8h，日照时间长，昼夜温差较大，平均无霜期为 16.5d。

图 2-4 研究区域图

研究方法：于生长季节末期（8 月）在黄河源区河南县和泽库县进行野外实地观测。在河南县和泽库县境内的所有 13 个河漫滩湿地样地里，随机选取 3 个样方，样方面积为 1m×1m，保证样方与整个群落外貌的一致性。测定样方内的植物种类、盖度、高度和地上生物量等指标。多度和盖度通过目测法测定；高度测定以自然高度为准，每种植物测量 5 株，对于不足 5 株的种，全部测定；地上生物量测定是将每种植物的所有个体齐地面剪下后称其鲜质量。

（2）黄河源区河漫滩湿地退化过程植被变化特征及生物阈值

研究区域：黄河源区河漫滩湿地退化样地位于青海省黄南藏族自治州河南县南旗村和吉仁村（图 2-5）。研究区气候为高原大陆性气候，属高原亚寒带湿润气候区。河南县年均气温在 9.2℃～14.6℃，年降水量 597.1～615.5mm，降水总量 41.8761m³。平均年蒸发量为 1349.7mm。年相对湿度为 65%，全年日照时数 3241.8h，日照时间长，昼夜温差较大，平均无霜期为 16.5 天。

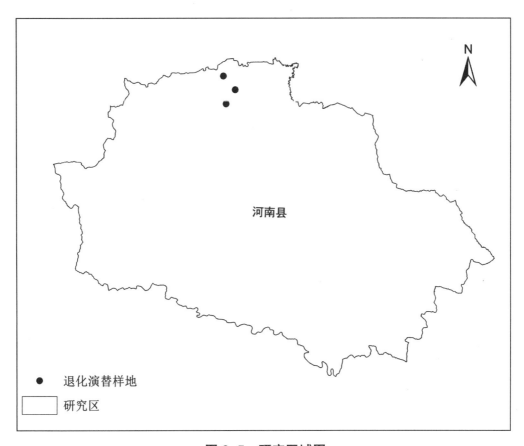

图 2-5 研究区域图

研究方法：于生长季节末期（8 月），根据湿地中藏嵩草优势度、植被盖度从河漫滩湿地中心向外围，将河漫滩湿地人为划分为退化阶段 1、阶段 2、阶段 3、阶段 4、阶段 5，共 5 个退化阶段。黄河源区河漫滩湿地退化调查样方采用线样法，由湿地中心向外延伸取样，重复 3 条样线，样线长为 150m，每隔 30m 设置 1 个取样样方，最外围退化阶段 5 属于非湿地，为草原景观。每个退化系列的各个阶段各设置 1 个 1m×1m 的样方进行群落学调查，记录植物名称、盖度、高度、鲜重等指标。在各样方（1m×1m）内，用 BDS 测定海拔、经度、纬度，用袖珍经纬仪测定坡向、坡度，用钢卷尺测定植物高度 5 次，用目测法测定植物盖度。

（3）黄河上游河曲地区不同类型高寒湿地植物多样性分析

研究区域：选取高原湿地较为集中的四川省若尔盖县、甘肃省玛曲县及青海省的泽库县、河南县为研究范围（图2-6）。该地区年平均温度为0.6℃～1.2℃，年均降水量为590.4～762.2mm。该地区地貌类型为低山、丘陵、河谷阶地，丘陵与宽谷相间分布为主要特征，谷底海拔3500m左右，丘顶海拔3800m左右，周围山地海拔达4000m。黄河在该地区形成第1个大湾，巨大宽谷在分豁高原形成丘陵过程中形成，为沼泽发育提供了良好的地貌条件。

图2-6　研究区域图

研究方法：湿地地形地理指标及植物群落指标测定于生长季节末期（8月），在黄河上游河曲地区若尔盖县、玛曲县、河南县、泽库县进行野外实地观测。在各个样方（1m×1m）内，用BDS测定海拔、经度、纬度，用袖珍经纬仪测定坡向、坡度，用目测法测定植物种类，用便携式水分测定仪（HH2型）测得每一样方0～10cm土层的水分，重复2次。

（4）黄河源区河漫滩湿地土壤特征

研究方法：每一样方用土钻取土3钻，分为0～7.5cm、7.5～15cm、15～22.5cm 3层，将同一样地的同一层土壤混合在一起，装入自封袋编号，带回实验室使其自然风干，在实验室检测土壤养分指标。采用甲种土壤比重计法测定土壤悬浮液的比重，确定土壤质地。不同退化草地的土壤质地可以由土壤粒级组成确定，即小于0.01mm的物理黏粒土粒，并根据卡庆斯基土壤质地分类法确定土壤质地类型；土样自然风干后用土壤筛等工具分出土样中的草根，再用电子天平称出草根质量和取出草根后的土质量，二者之比即为草土比；将39个土壤样品送青海鑫隆农业科技有限公司，测定土壤的全N总量、全P_2O_5总量、全K_2O总量、碱解N总量、速效P

总量、速效 K 总量、有机质总量。

（5）黄河源区河漫滩湿地退化过程土壤的变化特征

研究方法：每一样方用土钻取土 3 钻，分为 0 ~ 7.5cm、7.5 ~ 15cm、15 ~ 22.5cm 3 层，将同一样地的同一层混合在一起，装入自封袋编号，带回实验室使其自然风干，在实验室检测土壤养分指标。采用甲种土壤比重计法测定土壤悬浮液的比重，确定土壤质地。不同退化草地的土壤质地可以由土壤粒级组成确定，即小于 0.01mm 的物理黏粒土粒，并根据卡庆斯基土壤质地分类法确定土壤质地类型；草土比是指土壤中未分解的有机物（即枯枝落叶）与土壤无机物的重量比，其值大小表明土壤潜在有机质的含量，但有机质必须在适宜的条件下经过微生物的分解作用变为可利用的无机态营养物质，才能被植物吸收利用而成为有效养分。土样自然风干后用土壤筛等工具分出土样中的草根，再用电子天平称出草根重和取草根后的土重，二者之比即为草土比；将 135 个土壤样送青海鑫隆农业科技有限公司，检测土壤的全 N 总量、全 P_2O_5 总量、全 K_2O 总量、碱 N 总量、速效 P 总量、速效 K 总量、有机质总量。

（6）不同退化高寒沼泽湿地土壤碳氮和贮量分布特征

研究区域：试验样地选择在三江源果洛州玛沁县大武滩高寒湿地典型分布区（图 2-7），选择沼泽湿地样地作为高寒湿地与外围退化区土壤有机碳变化研究调查样地。玛沁县地处青海省东南部，果洛藏族自治州东北部，系国家级"三江源"生态保护区。玛沁县位于东经 98° ~ 100° 56′，北纬 33° 43′ ~ 35° 16′，属大陆性寒润性气候，年平均气温 –3.8℃ ~ 3.5℃，年降水量 423 ~ 565mm，全年日照时间为 2313 ~ 2607h，相对日照 45% ~ 63%。春季干旱多风，夏秋季短而多雨。大武滩位于玛沁县东南角，是一个四面环山的典型的高原盆地，整个面积约

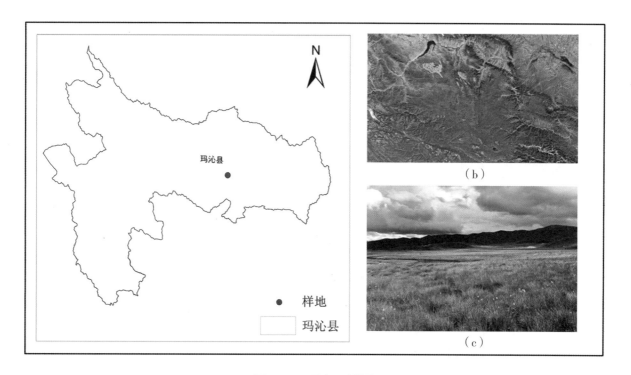

图 2-7　研究区域图

有数十平方公里，其高寒湿地资源丰富。湿地中冻融丘是一种高出水面几十厘米甚至一米的草墩，是由沼泽地里各种苔草的根系死亡后再生长，再腐烂，再生长，周而复始，并和泥灰碳长年累月凝结而形成的，冻融丘之间的凹槽则为丘间。研究区未退化样地以冻融丘藏嵩草为优势种，其盖度可达95%左右，主要伴生的物种是丘间的矮嵩草、苔草等植物；轻度退化样地冻融丘和丘间的盖度各为50%，冻融丘以藏嵩草为优势种，丘间以矮嵩草、苔草等为主；重度退化样地是以矮嵩草为主的高寒草甸，无冻融丘，毒杂类草和禾草等植物种增多。随着退化程度的加剧，冻融丘的数量增加，大小明显减少，达到重度退化程度高寒湿地冻融丘特征消失，演替为高寒草甸。

研究方法：在玛沁县大武滩选择高寒湿地与外围退化区作为研究调查样地，其中，在湿地中心随机布设3个1m×1m的样方（即为3次重复）作为湿地剖面样地，结合湿地中藏嵩草优势度、植被盖度等指标综合判断，将试验样地划分为未退化、轻度退化、重度退化共3个退化程度，调查样方采用线样法，由湿地中心向外延伸取样，从湿地中心拉3条样线（即为设置3次重复），样线长为150m，每隔50m设置取样样方，最外围退化区属于非湿地景观，每个退化阶段的各个阶段各设置1个1m×1m的样方，即不同退化程度各设置3次重复，进行群落学调查，主要包括植被覆盖度、地上生物量等。未退化和轻度退化阶段内的样方里有冻融丘和丘间，故分别记录植物名称、高度、盖度、鲜重指标。

湿地土壤样品取样时要先清除覆盖在土壤上的植被地上部分，在湿地剖面取样点用土钻自上而下采集土样，每10cm为一层，直到土钻钻到离地面130cm处为止。不同退化程度土壤样品分冻融丘（其中重度退化无冻融丘故不采集）和丘间采集，自上而下用移除法分别采集0～10cm、10～20cm、20～30cm三个深度的土样，将同一样地同一退化程度同一层的冻融丘土样混合在一起，将同一样地同一退化程度同一层的丘间土样混合在一起，分别装入自封袋编号，带回实验室使其自然风干，拣去植物残根和石砾等，磨碎过0.25mm筛，将土壤样送杨凌启翔生物科技有限公司，利用varioMACROcube元素分析仪测定土壤有机碳和总氮。采集土样的同时，分土层测定土壤水分和土壤温度等。土壤采样于2018年8月份进行。

2.1.3 高寒湿地退化演变规律研究

利用3S技术（遥感、地理信息系统和全球定位系统技术）对样区50年卫星图像数据进行处理，分析样区湿地面积与归一化植被指数（NDVI）变化情况，并和50年来人类活动强度历史动态（主要是放牧强度历史动态）的数据进行相关分析。同时收集该地区50年气象数据（降水与温度），研究高寒湿地退化演变规律。人类活动强度历史动态数据通过走访60岁以上牧民，填写牧户调查表获得50年前、40年前、30年前、20年前、10年前和现在的载畜量、草地植被高度、丰水期湿地水位、湿地分界线位置等数据。结合相应年代的卫星图像数据和气象数据，可得出高寒湿地退化演变的大致规律。

2.1.4 退化高寒湿地近自然人工植被配置技术与有害生物控制技术

（1）人工补播恢复效果比较研究

研究区域：选取玛沁县大武滩高寒沼泽湿地的外围退化区作为试验地（图 2-8、2-9）。原始群落高寒沼泽湿地优势种有藏嵩草和苔草等，退化高寒沼泽湿地的优势种有委陵菜、苔草，并伴有黄花棘豆等毒杂草。

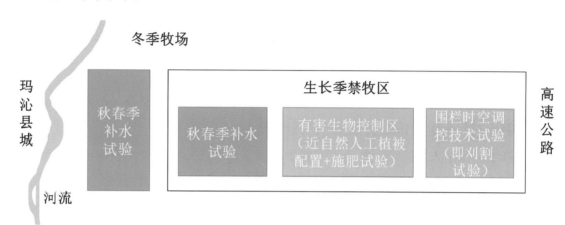

图 2-8　样区布置示意图

研究方法：在样区设置 30 个 10×10m 人工植被配置试验小区，缓冲带 2m，随机布置播种样区（3 个播种量梯度），施肥样区，施肥+播种样区和对照样区，重复 5 次。于 2017 年 5 月中旬在播种样区内均匀播撒短芒披碱草、老芒麦、中华羊茅、草地早熟禾、扁茎早熟禾、小花碱茅和菭草（种子重量比例 4∶4∶2∶1∶1∶1∶1）。播种量设为 $1g \cdot m^{-2}$、$3g \cdot m^{-2}$、$5g \cdot m^{-2}$。施肥量为 $30g \cdot m^{-2}$（磷酸氢二铵），并与 $3g \cdot m^{-2}$ 播种样区交互（图 2-9）。

FB-1	F-1	CK-1	B3-1	B5-1	B1-1	F-2	B1-2	FB-2	B3-2
CK-2	B5-2	FB-3	CK-3	F-3	B3-3	B1-3	B5-3	B3-4	B5-4
F-4	B1-4	FB-4	CK-4	CK-5	FB-5	B3-5	B1-5	B5-5	F-5

图 2-9　人工补播试验地样方设计图

注：B1-B3 播种量分别为 $1g \cdot m^{-2}$、$3g \cdot m^{-2}$、$5g \cdot m^{-2}$，F 施肥 $30g \cdot m^{-2}$，FB 为补播 $3g \cdot m^{-2}$+施肥

（2）退化高寒湿地围栏时空调控技术

研究方法：设置 15 个 10×10m 试验小区，缓冲带 2m，随机布置刈割区、无纺布区与对照区，重复 5 次。

（3）退化高寒湿地秋春季补水技术

研究方法：实验设置于两个独立的区块中（Block），分别为围栏禁牧区和正常放牧区块；每个区块中设置 15 个小样区（Plots），小样区大小为 10×10m，每个小样区之间设置 2m 的缓冲带。实验设置 3 个处理，每个处理 5 个重复。采用随机区组的方法，将每个处理的 5 个重复随机分布。3 个实验处理包括：

a. 对照（CK）。

b. 低补水（LP）：人工补水平均降雨量的 20%，约合 100mm 降雨。

c. 高补水（HP）：人工补水平均降雨量的 40%，约合 200mm 降雨。

补水时间及补水量：

根据气象数据，实验区玛沁县平均降雨量为 500mm，主要集中在夏季（6–8 月份）。本实验的补水量和补水时间就是基于该地区的历史气象数据。

a. 人工补水时间：人工补水主要集中在春季和秋季，春季补水 4 次，于每年的 4 月 20 开始第一次补水，每隔 20 天补水一次（分别为 4 月 20 日、5 月 10 日、5 月 30 日、6 月 20 日）；秋季补水 2 次，分别为 9 月 20 日和 10 月 20 日。

b. 人工补水量：根据实验设计，高补水每次补水约 33mm，低补水每次补水约 16.5mm。

c. 补水方式：利用两台汽油抽水泵，从实验区附近的河流中抽水到样方中。每次补水时，根据抽水泵的流速和补水量，计算出每个样方需要的补水时间，从而控制补水量。

（4）退化湿地边缘与外围进行模拟放牧试验

在退化湿地边缘与外围进行模拟放牧试验（图 2–10），分别设置全刈割样区（10×10m）6 个，半刈割样区与对照样区（10×10m）各 6 个（图 2–11）。连续三年监测土壤温度与湿度变

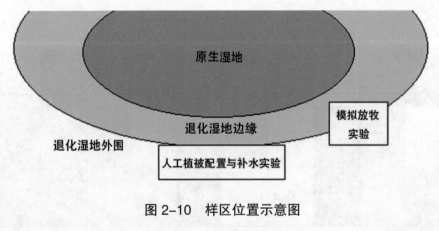

图 2-10　样区位置示意图

图 2-11　近自然人工植被配置试验样区布置图

化，调查植被状况（总盖度、物种多样性、分盖度、植物最大高度）与土壤状况（土壤含水量、土壤养分与 pH）。研究模拟放牧对退化湿地边缘与外围植被及土壤的影响（图 2-12）。

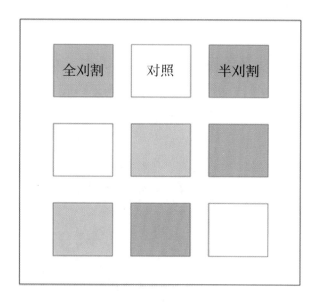

图 2-12　模拟放牧试验样区布置图

2.1.5　退化高寒湿地近自然恢复示范区建设

在总结高寒湿地演变规律与高寒湿地恢复技术基础上，运用工程与生物耦合综合恢复技术，即：运用有害生物控制技术（主要针对鼠害）、水源涵养调控技术（修建拦洪坎）、人工植被配置技术（经筛选后的物种）和补充营养技术，在退化河漫滩湿地（或湖泊湿地）上建立退化高寒湿地近自然恢复示范区。

（1）河漫滩湿地的处理操作

灭鼠；免耕机处理；混播（正常播量）；施肥（化肥、牛粪、有机肥混施）；设置围栏，并预留移栽样区；移栽苔草、藏嵩草和华扁穗草。

（2）湖泊湿地的处理操作

灭鼠；免耕机处理；混播（双倍播量，无纺布覆盖）；施肥（化肥、牛粪、有机肥混施）；设置围栏。

2.2　高寒湿地三个不同退化阶段生物和非生物阈值

高寒湿地作为青藏高原上最重要、独特以及脆弱的自然生态系统，具有涵养水源、调节气候和碳储存等生态功能。近年来，随着气候变暖和人为因素的干扰，使高寒湿地的退化速度加快，并逐渐向高寒草甸演替。高寒湿地的面积呈现减少趋势，且面积和土壤水分随着时间的推移减少得越来越快。高寒湿地的退化将导致湿地生态功能丧失，其退化由外到内逐渐萎缩。高寒沼泽湿地退化导致湿地生态系统的结构破坏、功能衰退、优势种减少、土壤养分下降以及湿地资源逐渐丧失。土壤退化特征表现为土壤干旱化和有机质减少，植被特征表现为系统生产力下降、生物群落及结构改变等方面。土壤有机碳是湿地土壤的重要成分，是维持湿地土壤环境和生态系统的重要因子，显著影响湿地生态系统的生产力。湿地生态系统退化会改变植被结构和土壤有机质的积累、分解速率，进而影响到碳循环和土壤碳储量。冻融丘作为高寒湿地的典型特征，是一种高出积水面几十厘米以藏嵩草为主的草丘，是湿地里各种苔草的根系死亡后再生长，再腐烂，再生长，周而复始，并和泥炭长年累月凝结而形成的，其主要功能是固碳。冻融丘之间的凹槽称为丘间，优势种为苔草（图2-13）。

图 2-13　高寒湿地冻融丘和丘间示意图

2.2.1　高寒湿地三个不同退化阶段地形和植被分析

（1）黄河源区河漫滩湿地植被特征

黄河源区河漫滩湿地群落调查的样方内共出现高等植物 23 种，分属于 11 科 21 属。河漫滩湿地和山前湿地遍布以西藏嵩草、甘肃嵩草为群落的优势种。其物种按经济类群分为 4 类，优势种植物为西藏嵩草；禾本科植物有草地早熟禾、垂穗披碱草和紫花针茅；莎草科植物主要有西藏嵩草、双柱头藨草、华扁穗草、苔草、线叶嵩草、小嵩草；杂草主要有多裂委陵菜、蒲公英、美丽风毛菊、条叶垂头菊；毒草主要有云生毛茛、四数獐牙菜、黄花棘豆、甘肃马先蒿、蓝玉簪龙胆、花葶驴蹄草、夏河紫菀、甘青老鹳草、海韭菜、弱小火绒草。在黄河源区河漫滩湿地样方内藏嵩草的重要值为 36.87%，禾本科的重要值为 10.53%，莎草科的重要值为 27.23%，杂草的重要值为 17.42%，毒草的重要值最低，为 7.95%（表 2-1）。

（2）黄河源区河漫滩湿地退化过程植被变化特征

黄河源区河漫滩湿地退化演替中，不同演替阶段河漫滩湿地群落调查的样方内共出现高等植物 20 种，分属于 10 科 17 属（表 2-2）。其物种按经济类群分为 4 类，优势种植物为西藏嵩草；禾本科植物有草地早熟禾和垂穗披碱草；莎草科植物主要有西藏嵩草、双柱头藨草、华扁穗草、

表 2-1 黄河源区河漫滩湿地植被组成及特征

植物功能群和种名	相对盖度（%）	相对高度（%）	相对鲜质量（%）	重要值（%）
禾本科（3种）	1.02	28.00	2.58	10.53
莎草科（3种）	31.63	21.33	28.71	27.23
杂草（4种）	19.39	9.33	23.55	17.42
毒草（10种）	1.02	17.33	5.48	7.95
藏嵩草（1种）	46.94	24.00	39.68	36.87

表 2-2 高寒湿地的退化过程中地形和植被分析

	原生状态	中度退化	重度退化
地形	凹凸明显	凹凸逐渐变缓	平坦
优势种的组成	藏嵩草、苔草	藏嵩草、矮嵩草、苔草	矮嵩草、早熟禾、垂穗披碱草
	Kobresia tibetica、*Carex moorcroftii*	*Kobresia tibetica*、*Kobresia humilis*、*Carex moorcroftii*	*Kobresia humilis*、*Poa pratensis* L. cv. Qinghai、*Elymus nutans*
冻融丘数量	5±1	10±1	/
冻融丘大小	0.10±0.02	0.02±0.01	/
植被盖度	98	88	60
植被高度	16.21	12.42	7.45

苔草，线叶嵩草、小嵩草；杂草主要有多裂委陵菜、蒲公英，美丽风毛菊；毒草主要有云生毛茛、四数獐牙菜、黄花棘豆、甘肃马先蒿、蓝玉簪龙胆、花葶驴蹄草、夏河紫菀、甘青老鹳草、达乌里秦艽。

在阶段 1 样方内出现高等植物 7 种，莎草科植物重要值最大为 24.84%，毒草的重要值最低为 7.27%；在阶段 2 样方内出现高等植物 9 种，莎草科植物重要值最大为 21.91%，毒草的重要值最低为 9.28%；在阶段 3 样方内出现高等植物 11 种，杂草重要值最大为 21.09%，禾本科重要值最小为 14.36%；在阶段 4 样方内出现高等植物 12 种，杂草重要值最大 29.04%，莎草科重要值最小 14.95%；在阶段 5 样方内出现高等植物 17 种，杂草重要值最大 26.25%，禾本科重要值最小 16.43%。河漫滩湿地 5 个退化演替阶段中杂草重要值增加最为明显，莎草科植物重要值降低最为明显，其中藏嵩草植物重要值显著下降（36.22% ~ 9.73%）。

黄河源区河漫滩湿地退化过程中禾本科植物随着退化加剧变化趋势明显，多重比较的结果表示：相对盖度阶段 1、阶段 2、阶段 3 之间差异显著；相对高度各阶段之间差异显著；相对鲜重阶段 1、阶段 2、阶段 3、阶段 5 之间差异显著；禾本科重要值阶段 2 和阶段 4 表现为最大（$P < 0.05$）。

黄河源区河漫滩退化湿地在演替的初始阶段，样地内主要以藏嵩草为主，只有零星的杂草和毒草，物种组成简单。随着演替的进行，藏嵩草植物的重要值逐渐降低，杂草和毒草的种类增多，重要值逐渐增加，并在群落占有一定的位置，使群落的结构趋向复杂，丰富度越来越大。多样性指数也表明，黄河源区河漫滩湿地在退化演替发生过程中，群落的物种多样性变大的趋势普遍存在，原生湿地的群落物种多样性明显低于退化湿地。

2.2.2 高寒湿地三个不同退化阶段生物阈值

（1）高寒湿地三个不同退化阶段植被生物阈值

原生状态湿地以冻融丘藏嵩草为优势种，其盖度可达 95% 左右，主要伴生的物种是丘间的矮嵩草、苔草等植物；中度退化冻融丘以藏嵩草为优势种，丘间以矮嵩草、苔草等为主；重度退化湿地是以矮嵩草为主的高寒草甸，无冻融丘，毒杂类草和禾草等植物种增多。总盖度在原生状态大于 98%，中度退化在 95% ~ 98%，重度退化小于 95%；禾本科盖度在原生状态小于 2%，中度退化在 2% ~ 30%，重度退化大于 30%；莎草科盖度在原生状态大于 83%，中度退化在 15% ~ 83%，重度退化小于 15%；杂类草盖度在原生状态小于 11%，中度退化在 11% ~ 19%，重度退化大于 29%；平均株高在原生状态大于 48cm，中度退化在 25 ~ 48cm，重度退化小于 25cm；地上生物量在原生状态大于 1000g·m^{-2}，中度退化在 840 ~ 1000g·m^{-2}，重度退化小于 840g·m^{-2}（表 2–3）。

表 2–3　不同退化程度高寒沼泽湿地植被特征

指标	总盖度（%）	禾本科盖度（%）	莎草科盖度（%）	杂类草盖度（%）	平均株高（cm）	地上生物量（g·m^{-2}）
原生状态	> 98	< 2	> 83	< 11	> 48	> 1000
中度退化	95 ~ 98	2 ~ 30	15 ~ 83	11 ~ 29	25 ~ 48	840 ~ 1000
重度退化	< 95	> 30	< 15	> 29	< 25	< 840

从整个退化演替过程来看，在演替初期河漫滩湿地以藏嵩草为主，随着演替的进行，藏嵩草的重要值逐渐降低，杂草和毒草的重要值逐渐增加，并在河漫滩湿地中占有一定的位置，物种多样性增加，群落的结构趋向复杂，丰富度越来越大。若以莎草科植物重要值作为高寒湿地退化生物阈值，则该值约为 0.5（出现在阶段 3，中度退化），莎草科植物重要值从湿地原生状态到阶段 3 缓慢下降，之后急剧下降。

（2）高寒湿地三个不同退化阶段非生物阈值土壤 0 ~ 10cm 细菌和真菌主要微生物门水平相对丰度阈值

土壤微生物参与众多生态系统的土壤物质循环，对维持生态功能具有重要作用。湿地土壤微生物作为土壤养分状况的重要指标，较敏感地反馈湿地土壤养分和生态系统的演变。其群落功能多样性可以反映微生物分解代谢活动，群落结构的变化在有机质分解、腐殖质合成和土壤养分转化等方面作用明显。土壤微生物群落结构的变化对土壤生境和生物演变具有指示性。冻融丘和丘间变形菌门在原生状态大于 45% 和 41%，中度退化在 41% ~ 45%

和38% ~ 41%，重度退化小于38%；放线菌门在原生状态大于14%和12%，中度退化在10% ~ 14%和10% ~ 12%，重度退化小于10%；酸杆菌门在原生状态小于11%和8%，中度退化在11% ~ 13%和8% ~ 13%，重度退化大于13%；绿弯菌门在原生状态小于8%，中度退化在8% ~ 11%，重度退化大于11%（表2-4）。

表2-4 高寒湿地退化过程中细菌主要微生物门水平相对丰度阈值

指标	冻融丘				丘间			
	变形菌门 /%	放线菌门 /%	酸杆菌门 /%	绿弯菌门 /%	变形菌门 /%	放线菌门 /%	酸杆菌门 /%	绿弯菌门 /%
原生状态	> 45	> 14	< 11	< 8	> 41	> 12	< 8	< 8
中度退化	41 ~ 45	10 ~ 14	11 ~ 13	8 ~ 11	38 ~ 41	10 ~ 12	8 ~ 13	8 ~ 11
重度退化	< 38	< 10	> 13	> 11	< 38	< 10	> 13	> 11

冻融丘和丘间子囊菌门在原生状态大于60%和60%，中度退化在30% ~ 60%和38% ~ 60%，重度退化小于30和38%；隐真菌门在原生状态小于10%和10%，中度退化在2% ~ 10%和2% ~ 10%，重度退化大于20%和5%；担子菌门在原生状态小于9%和3%，中度退化在9% ~ 20%和3% ~ 5%，重度退化大于13%；被孢霉门在原生状态小于3%和3%，中度退化在3% ~ 5%和3% ~ 5%，重度退化大于5%（表2-5）。

表2-5 高寒湿地退化过程中真菌主要微生物门水平相对丰度阈值

指标	冻融丘				丘间			
	子囊菌门 /%	隐真菌门 /%	担子菌门 /%	被孢霉门 /%	子囊菌门 /%	隐真菌门 /%	担子菌门 /%	被孢霉门 /%
原生状态	> 60	> 10	< 9	< 3	> 60	> 10	< 3	< 3
中度退化	30 ~ 60	2 ~ 10	9 ~ 20	3 ~ 5	38 ~ 60	2 ~ 10	3 ~ 5	3 ~ 5
重度退化	< 30	< 2	> 20	> 5	< 38	< 2	> 5	> 5

（3）黄河上游河曲地区不同类型高寒湿地植物多样性分析

本研究根据研究区区域特性，采用 Jay Gao 的分类体系，样地选在黄河上游河曲地区河南县、泽库县、玛曲县和若尔盖4个县，确定7种湿地类型，分别是山前湿地（P）、高山湿地（A）、河漫滩湿地（F）、阶地湿地（T）、河谷湿地（V）、河流湿地（R）和湖泊湿地（L）（表2-6）。每种湿地类型空间重复4 ~ 11次，每种湿地类型重复2个样方。

黄河上游河曲地区山前湿地（P）样地中共有14科31属38种，其中菊科的种类最多，共7属8种。黄河上游河曲地区高山湿地（A）样地中共有15科35属44种，其中禾本科的种类最多，为6属6种；其次是莎草科和菊科，均为4属6种。黄河上游河曲地区河漫滩湿地（F）样地中共17科35属45种，其中菊科的种类最多，共8属10种；其次是毛茛科，为5属8种。黄河上游河曲地区阶地湿地（T）样地中共有 15 科 34 属 39 种，其中菊科的种类最多，共 8 属 9 种；其次是莎草科，共 4 属 5 种。黄河上游河曲地区河谷湿地（V）样地中共有 11 科 17 属 20 种，其中莎草科的种类最多，共 4 属 7 种；其次是毛茛科，为 3 属 3 种。黄河上游河曲地区河流湿地（R）样地中共有 12 科 20 属 22 种，其中莎草科的种类最多，共 3 属 4 种；其次是豆科和菊科，均为 3 属 3 种。黄河上游河曲地区湖泊湿地（L）样地中共有 10 科 16 属 16 种，其中菊科的种类最多，共 4 属 4 种；其次是莎草科，为 3 属 3 种。本次初步野外调查结果显示，黄河上游河曲地区湿地植被组成中原生植物减少，菊科等杂类草增多；河漫滩湿地（F）物种多样性较高，湖泊湿地（L）相对较低。若以物种多样性作为退化高寒湿地生态系统的恢复标准（之一），应注意不同类型退化高寒湿地应有不一样的恢复标准（物种多样性）。

表 2-6　黄河上游河曲地区 7 种湿地的植物组成及土壤含水量

湿地类型	植物组成			土壤含水量（%）
	科	属	种	
山前湿地	14	31	38	63.63 ± 21.08a
高山湿地	15	35	44	63.39 ± 22.25a
河漫滩湿地	17	35	45	52.58 ± 9.22ab
阶地湿地	15	34	39	33.10 ± 15.70b
河谷湿地	11	17	20	63.22 ± 11.78a
河流湿地	12	20	22	39.11 ± 5.75cbd
湖泊湿地	10	16	16	57.75 ± 14.75a

注：表中土壤含水量的数据为平均值 + 标准差；同列数据后不同小写字母表示差异显著（$P < 0.05$）

山前湿地是指分布在两侧由山脉或部分被群山包围的沼泽型草地。山前湿地的大小由山脉或山脉之间的空间进行控制，其地形平缓开阔，地表长期或暂时积水，故山前湿地在高海拔地区呈斑块状镶嵌分布。黄河上游河曲地区山前湿地（P）8 个样地中共有 14 科 31 属 38 种，其中菊科的种类最多，共 7 属 8 种；其次是毛茛科和玄参科，均为 4 属 4 种。菊科的种类占总种数的 21.1%、总属数的 22.6%；毛茛科和玄参科的种类占总种数的 10.5%、总属数的 12.9%。黄河上游河曲地区山前湿地（P）样地中土壤含水量的平均值为 63.63%。分布于平均海拔 4310m 的山麓中央或底下部分的高原湿地，是所有湿地中分布海拔最高的。由于高海拔和高斜度，这种湿地的面积很小，通常为几十平方米，形状因地形条件不同而表现为不规则，可以分为 "V" 形或 "J" 形。

黄河上游河曲地区高山湿地（A）4 个样地中共有 15 科 35 属 44 种，其中禾本科的种类最多，为 6 属 6 种；其次是莎草科和菊科，均为 4 属 6 种。禾本科的种类占总种数的 13.6%、总属数的 17.1%；莎草科和菊科的种类占总种数的 13.6%、总属数的 11.4%。黄河上游河曲地区高山湿地（A）样地中土壤含水量平均值为 63.39%。

河漫滩指分布于河道和山之间广袤的平坦区域。河漫滩湿地即指分布于河漫滩的湿地。河漫滩湿地具有平坦的特点，而山前湿地则有倾斜度，可以由此区分这 2 类湿地。黄河上游河曲地区河漫滩湿地（F）11 个样地中共有 17 科 35 属 45 种，其中菊科的种类最多，共 8 属 10 种；其次是毛茛科，共 5 属 8 种。菊科的种类占总种数的 22.2%、总属数的 22.9%。黄河上游河曲地区河漫滩湿地（F）样地中土壤含水量的平均值为 52.58%。河漫滩湿地由于河水泛滥洪水补给，河漫滩湿地的蓄水量是这些湿地类型中最高的，物种多样性相对较其他几种湿地高。

阶地湿地分布于河流阶地，与阶地湿地比邻的是河流主流，河流水面与阶地表面高度几乎一致。平均海拔为 4248m，在地形和河流分布上与山前湿地相区别。黄河上游河曲地区阶地湿地（T）5 个样地中共有 15 科 34 属 39 种，其中菊科的种类最多，共 8 属 9 种；其次是莎草科，共 4 属 5 种。菊科的种类占总种数的 23.1%、总属数的 23.5%。黄河上游河曲地区阶地湿地（T）5 个样地中土壤含水量的平均值为 33.10%。

河谷湿地通常分布在山间谷地，由于山谷不会绝对闭合，因此河谷湿地不是闭合湿地。平均海拔为 4252m，略低于山前湿地。与高原湿地不同，山谷湿地的大小由周围的山脉来决定。黄河上游河曲地区河谷湿地（V）4 个样地中共有 11 科 17 属 20 种，其中莎草科的种类最多，共 4 属 7 种；其次是毛茛科，为 3 属 3 种。莎草科的种类占总种数的 35%、总属数的 23.5%。黄河上游河曲地区河谷湿地（V）样地中土壤含水量的平均值为 63.22%。

河流湿地与河流有关。在高原环境下，河流蜿蜒流动，形成很多交织的支流，2 条交织的支流中间通常分布岛状草地或河流湿地。河流湿地的平均海拔为 4220m，是这几类湿地中分布海拔最低的湿地。黄河上游河曲地区河流湿地（R）5 个样地中共有 12 科 20 属 22 种，其中莎草科的种类最多，共 3 属 4 种；其次是豆科和菊科，均为 3 属 3 种。莎草科的种类占总种数的 18.27%、总属数的 15%。黄河上游河曲地区河流湿地（R）样地中土壤含水量的平均值为 39.11%。河流湿地（R）周边基本上是自河谷向河谷两侧广大地区抬升的地形，容易诱发水力侵蚀和重力侵蚀，因此河流湿地（R）物种多样性相对低。

湖泊湿地分布于湖泊浅水区，内有水生植物和耐湿植物。由于高原植物都由草和低矮灌木组成，湖泊湿地的显著特征是有积水。湖泊湿地的另一特征是紧靠湖岸，或分布在河水流入湖泊的交接口附近。黄河上游河曲地区湖泊湿地（L）4 个样地中共有 10 科 16 属 16 种，其中菊科的种类最多，共 4 属 4 种；次是莎草科，为 3 属 3 种。菊科的种类占总种数的 25%、总属数的 25%。黄河上游河曲地区湖泊湿地（L）样地中土壤含水量的平均值为 57.75%。湖泊湿地（L）周边比较开阔，地形起伏较小，土壤水分含量相对比较高，基本上呈水渍状，故物种多样性较低。

2.2.3　高寒湿地三个不同退化阶段非生物阈值

（1）高寒湿地三个不同退化阶段土壤 0 ~ 10cm 的理化性质阈值

土壤含水量冻融丘和丘间子囊菌门在原生状态大于 54% 和 55%，中度退化在 51% ~ 54% 和 51% ~ 58%，重度退化小于 51% 和 51%；土壤容重在原生状态小于 0.36g·cm^{-3} 和 0.36g·cm^{-3}，中度退化在 0.36 ~ 0.87g·cm^{-3}，重度退化大于 0.87g·cm^{-3}；土壤有机碳在原生状态大于 151g·kg^{-1} 和 143g·kg^{-1}，中度退化在 83 ~ 151g·kg^{-1} 和 83 ~ 143g·kg^{-1}，重度退化小于 83g·kg^{-1}；土壤总氮在原生状态大于 13g·kg^{-1} 和 11.5g·kg^{-1}，中度退化在 9 ~ 13g·kg^{-1} 和 9 ~ 11.5g·kg^{-1}，重度退化小于 9g·kg^{-1}（表 2-7）。

表 2-7　高寒湿地退化过程中土壤 0 ~ 10cm 的理化性质阈值

退化程度	冻融丘				丘间			
	含水量 /%	容重 /g·cm^{-3}	有机碳 /g·kg^{-1}	总氮 /g·kg^{-1}	含水量 /%	容重 /g·cm^{-3}	有机碳 /g·kg^{-1}	总氮 /g·kg^{-1}
原生状态	> 54	< 0.36	> 151	> 13	> 55	< 0.36	> 143	> 11.5
中度退化	51 ~ 54	0.36 ~ 0.87	83 ~ 151	9 ~ 13	51 ~ 58	0.36 ~ 0.87	83 ~ 143	9 ~ 11.5
重度退化	< 51	> 0.87	< 83	< 9	< 51	> 0.87	< 83	< 9

（2）高寒湿地三个不同退化阶段土壤 0 ~ 10cm 的有机碳组分阈值

湿地土壤有机碳是评价湿地土壤质量的一个重要指标，在全球碳循环中作用重要。随着对有机碳研究的深入，学者们认识到有机碳对于土壤的作用更多地受有机碳组分的影响。土壤有机碳中活性有机碳能够反映土壤有机碳的存在状况以及土壤质量变化，如轻组分有机碳、可溶性有机碳和微生物碳，可作为土壤有机碳的早期变化的指示物；重组分有机碳作为非活性有机碳，能够表征土壤有机碳的积累和保持能力。因此，本研究以土壤有机碳、轻组分有机碳、可溶性有机碳、微生物碳和重组分有机碳为测定指标，分析高寒湿地三个不同退化阶段土壤 0 ~ 10cm 的有机碳组分阈值。冻融丘和丘间重组分有机碳在原生状态大于 150g·kg^{-1} 和 140g·kg^{-1}，中度退化在 90 ~ 150g·kg^{-1} 和 90 ~ 150g·kg^{-1}，重度退化 < 90g·kg^{-1} 和 80g·kg^{-1}；轻组分有机碳在原生状态大于 8g·kg^{-1} 和 5g·kg^{-1}，中度退化在 2 ~ 8g·kg^{-1} 和 3 ~ 5g·kg^{-1}，重度退化 < 2g·kg^{-1} 和 3g·kg^{-1}；可溶性有机碳在原生状态大于 350g·kg^{-1} 和 375g·kg^{-1}，中度退化在 275 ~ 350g·kg^{-1}，重度退化 < 275g·kg^{-1} 和 280g·kg^{-1}；微生物碳在原生状态大于 1500g·kg^{-1} 和 1750g·kg^{-1}，中度退化在 500 ~ 1500g·kg^{-1} 和 250 ~ 1500g·kg^{-1}，重度退化 < 100g·kg^{-1} 和 275g·kg^{-1}（表 2-8）。

（3）高寒湿地三个不同退化阶段土壤 0 ~ 10cm 的腐殖质阈值

表 2-8　高寒湿地退化过程中土壤 0 ~ 10cm 有机碳组分阈值

退化程度	冻融丘				丘间			
	重组分有机碳 /g·kg^{-1}	轻组分有机碳 /g·kg^{-1}	可溶性有机碳 /mg·kg^{-1}	微生物碳 /mg·kg^{-1}	重组分有机碳 /g·kg^{-1}	轻组分有机碳 /g·kg^{-1}	可溶性有机碳 /mg·kg^{-1}	微生物碳 /mg·kg^{-1}
原生状态	> 150	> 8	> 350	> 1500	> 140	> 5	> 375	> 1750
中度退化	90 ~ 150	2 ~ 8	275 ~ 350	500 ~ 1500	90 ~ 140	3 ~ 5	275 ~ 350	250 ~ 1500
重度退化	< 90	< 2	< 275	< 100	< 80	< 3	< 280	< 275

土壤腐殖质是土壤有机碳的主要组成部分和土壤有机碳库的重要来源，在促进土壤良好结构形成和调控养分供应等方面发挥着重要作用。土壤腐殖质主要由胡敏酸、富里酸、胡敏素等组成，对维持土壤有机碳库的稳定有重大意义。高寒湿地退化过程中植被凋落物分解和根系分泌等变化，对土壤腐殖质的含量产生影响，在高寒泽湿地不同退化阶段，土壤的腐殖化程度有差异。经分析，冻融丘和丘间腐殖质碳在原生状态大于 $35g \cdot kg^{-1}$ 和 $33g \cdot kg^{-1}$，中度退化在 $27 \sim 35g \cdot kg^{-1}$ 和 $27 \sim 33g \cdot kg^{-1}$，重度退化小于 $27g \cdot kg^{-1}$；胡敏酸在原生状态大于 $24g \cdot kg^{-1}$ 和 $19g \cdot kg^{-1}$，中度退化在 $14 \sim 24g \cdot kg^{-1}$ 和 $15 \sim 19g \cdot kg^{-1}$，重度退化小于 $14g \cdot kg^{-1}$；富里酸在原生状态大于 $13g \cdot kg^{-1}$，中度退化在 $9 \sim 13g \cdot kg^{-1}$ 和 $11 \sim 13g \cdot kg^{-1}$，重度退化小于 $8g \cdot kg^{-1}$；胡敏素在原生状态大于 $70g \cdot kg^{-1}$ 和 $74g \cdot kg^{-1}$，中度退化在 $45 \sim 70g \cdot kg^{-1}$ 和 $34 \sim 74g \cdot kg^{-1}$，重度退化小于 $35g \cdot kg^{-1}$（表 2-9）。

表 2-9 高寒湿地退化过程中土壤 0 ~ 10cm 腐殖质阈值

退化程度	冻融丘				丘间			
	腐殖质碳 /g·kg⁻¹	胡敏酸 /g·kg⁻¹	富里酸 /g·kg⁻¹	胡敏素 /g·kg⁻¹	腐殖质碳 /g·kg⁻¹	胡敏酸 /g·kg⁻¹	富里酸 /g·kg⁻¹	胡敏素 /g·kg⁻¹
原生状态	> 35	> 24	> 13	> 70	> 33	> 19	> 13	> 74
中度退化	27 ~ 35	14 ~ 24	9 ~ 13	45 ~ 70	27 ~ 33	15 ~ 19	11 ~ 13	34 ~ 74
重度退化	< 27	< 14	< 8	< 35	< 27	< 14	< 8	< 35

（4）黄河源区河漫滩湿地土壤特征

黄河源区河漫滩湿地土壤偏碱性，随着土层的加深，草土比减小，黄河源区河漫滩湿地土壤为松沙土，土壤含水量随着土层的加深而减少；黄河源区河漫滩湿地主要养分在垂直方向上都表现出上层高于下层的规律。

黄河源区河漫滩湿地土壤的 pH 值都大于 7，说明黄河源区河漫滩湿地土壤偏碱性，且土壤的 pH 值随着土层的加深而增大，但是在 0 ~ 7.5cm、7.5 ~ 15cm、15 ~ 22.5cm 土层之间差异不显著；黄河源区河漫滩湿地的草土比随着土层的加深而减小，草土比在 0 ~ 7.5cm、7.5 ~ 15cm、15 ~ 22.5cm 之间差异显著（$P < 0.05$）；黄河源区河漫滩湿地土壤为松沙土，0 ~ 7.5cm、7.5 ~ 15cm、15 ~ 22.5cm 土层之间差异不显著；土壤含水量随着土层的加深而减少，但是土层之间差异不显著（表 2-10）。

表 2-10 黄河源区河漫滩湿地土壤特征

土层 （cm）	pH 值	草土比	质地（< 0.01mm 物理性）黏粒的含量，%）	含水量 （%）
0 ~ 7.5	7.70a ± 0.32	0.0658a ± 0.0075	2.82a ± 0.20	54.65a ± 12.78
7.5 ~ 15	8.81a ± 0.24	0.0302b ± 0.0053	3.04a ± 0.50	49.50a ± 6.84
15 ~ 22.5	7.93a ± 0.29	0.0135c ± 0.0030	3.93a ± 0.04	48.65a ± 4.96

注：同列不同小写字母表示差异显著（$P < 0.05$）

黄河源区河漫滩湿地主要养分在垂直方向上都表现出上层高于下层的规律，这种变化主要是由植被枯落物返还量引起的。全 N 总量在 4.59 ~ 12.55g·kg^{-1} 变化，全 N 总量在 0 ~ 7.5cm 土层与 15 ~ 22.5cm 土层之间差异显著（$P < 0.05$），0 ~ 7.5cm 土层与 7.5 ~ 15cm 土层之间差异不显著；全 P$_2$O$_5$ 总量在 1.57 ~ 2.83g·kg^{-1} 变化，全 P$_2$O$_5$ 总量 0 ~ 7.5cm 土层与 15 ~ 22.5cm 土层之间差异显著（$P < 0.05$），0 ~ 7.5cm 土层与 7.5 ~ 15cm 土层之间差异不显著；全 K$_2$O 总量在 13.86 ~ 18.34g·kg^{-1} 变化，全 K$_2$O 总量 0 ~ 7.5cm 土层、7.5 ~ 15cm 土层、15 ~ 22.5cm 土层之间差异不显著；碱解 N 总量在 322.39 ~ 662.79mg·kg^{-1} 变化，碱解 N 总量 0 ~ 7.5cm 土层与 15 ~ 22.5cm 土层之间差异显著（$P < 0.05$），0 ~ 7.5cm 土层与 7.5 ~ 15cm 土层之间差异不显著；速效 P 总量在 7.93 ~ 26.9mg·kg^{-1} 变化，速效 P 总量 0 ~ 7.5cm 土层与 7.5 ~ 15cm 土层、15 ~ 22.5cm 土层之间差异显著（$P < 0.05$），7.5 ~ 15cm 土层与 15 ~ 22.5cm 土层之间差异不显著；速效 K 总量在 34.85 ~ 253.71mg·kg^{-1} 变化，速效 K 总量 0 ~ 7.5cm 土层与 7.5 ~ 15cm 土层、15 ~ 22.5cm 土层之间差异显著（$P < 0.05$），7.5 ~ 15cm 土层与 15 ~ 22.5cm 土层之间差异不显著；有机质总量在 86.95 ~ 263.06g·kg^{-1} 变化，有机质总量 0 ~ 7.5cm 土层与 15 ~ 22.5cm 土层之间差异显著（$P < 0.05$），0 ~ 7.5cm 土层与 7.5 ~ 15cm 土层之间差异不显著（表 2-11）。

表 2-11　黄河源区河漫滩湿地土壤养分状况

土层（cm）	全 N（g·kg^{-1}）	全 P$_2$O$_5$（g·kg^{-1}）	全 K$_2$O（g·kg^{-1}）	碱解 N（mg·kg^{-1}）	速效 P（mg·kg^{-1}）	速效 K（mg·kg^{-1}）	有机质（g·kg^{-1}）
0 ~ 7.5	10.22a ± 2.33	2.08a ± 0.30	14.49a ± 1.85	543.69a ± 119.10	18.68a ± 8.22	191.13a ± 59.58	204.83a ± 58.23
7.5 ~ 15	0.09ab ± 2.19	2.04ab ± 0.34	16.91a ± 2.42	487.69ab ± 91.72	13.42bc ± 4.42	79.26ab ± 29.03	176.68ab ± 47.45
15 ~ 22.5	7.77b ± 3.18	1.81b ± 0.27	16.44a ± 2.58	413.13b ± 90.74	10.98b ± 3.05	60.03b ± 25.38	155.48b ± 68.53

注：同列不同小写字母表示差异显著（$P < 0.05$）

（5）黄河源区河漫滩湿地退化过程土壤的变化特征

黄河源区河漫滩湿地土壤偏碱性（pH7.19 ~ 7.60），且土壤的 pH 表现为上层低于下层的规律，pH 随退化程度加剧有明显降低。在同一退化梯度下随着土层的加深，土壤 pH 增大。黄河源区河漫滩湿地退化中随着退化梯度的加剧，草土比也逐渐减小，在 0 ~ 7.5cm 深度土层的草土比随着退化梯度的加剧减小幅度大。同一地区随着土层的加深，草土比也逐渐减小，在 0 ~ 7.5cm 土层中草土比最大。河漫滩湿地退化土壤为松砂土。黄河源区河漫滩湿地退化随着退化程度的加剧，< 0.01mm 物理黏粒含量基本上呈现减少的趋势。河漫滩湿地退化过程中随着退化加剧，土壤含水量减少。此外，各退化阶段土壤含水量数均是上层高于下层，即随土层加深而减少。多重比较的结果，阶段 1、阶段 2 和阶段 3 之间差异不显著；阶段 1、阶段 2 和阶段 3 与阶段 4 和阶段 5 之间差异显著（$P < 0.05$）。河漫滩湿地主要养分在垂直方向上都表现出上层高于下层的规律，土壤有机质和全氮随着黄河源区河漫滩湿地退化都呈现了逐渐减少的规律，这说明了随着河漫滩湿地退化的进行，土壤的肥力在下降。多重比较的结果显示，全 N、全 K 和有机质阶段 5 与阶段 1、阶段 2、阶段 3 和阶段 4 之间差异显著（$P < 0.05$），阶段 1、阶段 2、

阶段 3 和阶段 4 之间差异不显著；碱解 N 阶段 2 与阶段 5 之间差异显著（$P < 0.05$），阶段 1、阶段 3 和阶段 4 之间差异不显著；全 P、速效 P 和速效 K 在黄河源区河南县河漫滩湿地退化过程中差异虽未达到显著水平，但随着退化进行，速效 P 是呈现出减少趋势，全 P 和速效 K 呈现出增加趋势。

黄河源区河漫滩湿地不同退化阶段土壤的酸碱值大于 7，说明黄河源区河漫滩湿地土壤偏碱性（pH7.19 ~ 7.60），且土壤的 pH 都表现为上层低于下层的规律，pH 也随退化程度加剧有明显降低。在同一退化梯度下随着土层的加深，土壤 pH 增大。阶段 1 与阶段 4 和阶段 5 之间 pH 差异显著（$P < 0.05$），阶段 1、阶段 2、阶段 3 之间差异不显著。

黄河源区河漫滩湿地不同退化梯度草土比随着草地退化梯度的加剧而减小，在 0 ~ 7.5cm 深度土层的草土比随着退化梯度的加剧减小幅度大，在 7.5 ~ 15cm、15 ~ 22.5cm 深度土层的草土比随着退化梯度的加剧变化较小。在同一退化梯度下随着土层的加深，草土比减小。草地植物地下生物量（根系）的多少是地上部分生长强弱的表征量之一，生长势强的草地植物具有丰富发达的地下生物量（根系）。根系变化与地上部分变化情况相符合，其地上生物量也随着退化梯度的加剧而减小。

通过以上分析可以看出：黄河源区河漫滩湿地退化中随着退化梯度的加剧，草土比也逐渐减小，在 0 ~ 7.5cm 深度土层的草土比随着退化梯度的加剧减小幅度大，在 7.5 ~ 15cm、15 ~ 22.5cm 深度土层的草土比随着退化梯度的加剧变化较小。同一地区随着土层的加深，草土比也逐渐减小，在 0 ~ 7.5cm 土层中草土比最大。

黄河源区河漫滩湿地退化土壤为松砂土。黄河源区河漫滩湿地退化随着退化程度的加剧，< 0.01mm 物理黏粒含量基本上呈现减少的趋势。多重比较的结果表明，各阶段之间差异不显著。

黄河源区河漫滩湿地退化过程中随着退化加剧，土壤含水量减少。湿地土壤含水量主要受植被根系蓄水的影响，随着黄河源区河漫滩湿地退化演替程度的加剧，湿地植被组成中嵩草属植物和禾本科原生植物减少，毒杂类草植物却增多，由于毒杂类草植物属于轴根性植物，其数量的增加不能引起地下生物量的增加，同时它也不能避免水土流失使得土壤含水量降低。此外，各退化阶段土壤含水量均是上层高于下层，即随土层加深而减少。多重比较的结果表明，阶段 1、阶段 2 和阶段 3 之间差异不显著；阶段 1、阶段 2 和阶段 3 与阶段 4 和阶段 5 之间差异显著（$P < 0.05$）。

在退化样地中各样地主要养分在垂直方向上大部分都表现出上层高于下层的规律，这种变化主要是由植被枯落物归还量引起的。土壤养分主要来源于土壤母岩母质的风化和枯落物养分的归还。植被枯落后，主要是在表层聚集分解，土壤上层的养分质量分数高于下层。有机质和全氮是土壤中各种营养元素的重要来源，是土壤肥力的重要指标。土壤有机质既是形成土壤结构的重要因素，又是植物矿质营养的源泉。因此，土壤有机质受土壤的理化性质的影响，土壤肥力高低重要指标是土壤有机质的含量。黄河源区河漫滩湿地土壤有机质和全氮随着河漫滩湿地退化都呈现了逐渐减少的规律，这说明了随着河漫滩湿地退化的进行，土壤的肥力在下降。

黄河源区河漫滩湿地全 N 退化中阶段 1、阶段 2、阶段 3、阶段 4 为阶段 5 的 1.76、1.64、1.68、1.72 倍；有机质阶段 1、阶段 2、阶段 3、阶段 4 为阶段 5 的 1.92、1.74、1.68、1.87 倍。土壤有机质质量分数随退化进程呈减少趋势，阶段 5 各土层有机质质量分数与阶段 1、阶段 2、阶段 3 和阶段 4 差异显著（$P < 0.05$），退化后期土壤有机质质量分数平均比初期降低 48%，说明随着植物群落衰退进程加速有机质的分也加速、降低土壤有机质含量。退化中土壤全氮质量分数 5.76 ~ 10.12g·kg^{-1}、碱解氮 334 ~ 416mg·kg^{-1}、速效磷质量分数为 7.87 ~ 11.92mg·kg^{-1}，碱解氮、全氮、速效磷在退化各阶段的土层间呈现了减少趋势，这与土壤有机质质量分数的变化趋势相一致。黄河源区河漫滩湿地退化各阶段土壤全磷质量分数为 2.26 ~ 2.44g·kg^{-1}，土壤全钾质量分数为 17.73 ~ 22.92g·kg^{-1}，速效钾质量分数为 121 ~ 204mg·kg^{-1}，随退化加剧而增加。比较多重比较的结果，全 N、全 K 和有机质阶段 5 与阶段 1、阶段 2、阶段 3 和阶段 4 之间差异显著（$P < 0.05$），阶段 1、阶段 2、阶段 3 和阶段 4 之间差异不显著；碱解 N 阶段 2 与阶段 5 之间差异显著（$P < 0.05$），阶段 1、阶段 3 和阶段 4 之间差异不显著；全 P、速效 P 和速效 K 在黄河源区河漫滩湿地退化过程中差异虽未达到显著水平，但随着退化进展，速效 P 呈现出减少趋势，全 P 和速效 K 呈现出增加趋势。

（6）不同退化高寒沼泽湿地土壤碳氮和贮量分布特征

研究区 0 ~ 30cm 是高寒湿地有机碳和总氮的主要分布区，有机碳和总氮呈正相关。冻融丘和丘间的土壤含水量与土壤有机碳、全氮均是极显著相关的（$P < 0.01$）。随着退化程度的加重，冻融丘和丘间的土壤含水量、有机碳、总氮、有机碳贮量和氮贮量均随着退化程度的加剧而呈下降趋势，其中，土壤含水量、有机碳、总氮、有机碳贮量未退化与重度退化间差异显著（$P < 0.05$），且冻融丘的下降速度较丘间快。有机碳、总氮、有机碳贮量和氮贮量与冻融丘的数量呈极显著负相关，与冻融丘的大小呈极显著正相关（$P < 0.01$）。这些结果表明，高寒沼泽湿地不同退化程度上土壤碳氮和贮量有显著的差异并表现出一定的规律性，土壤含水量、冻融丘的数量和大小对高寒湿地退化中土壤碳氮及贮量具有指示性，建议在高寒湿地修复中加强水分补充和冻融丘的保护。

冻融丘各层未退化与轻度退化、重度退化之间差异显著，相同状态不同土层之间土壤有机碳差异显著（$P < 0.05$）；丘间相同状态不同土层之间土壤有机碳差异显著，0 ~ 10cm 未退化与轻度退化、重度退化之间差异显著，10 ~ 20cm 未退化、轻度退化、重度退化之间差异显著（$P < 0.05$），20 ~ 30cm 未退化与轻度退化、重度退化之间差异显著（$P < 0.05$）。与未退化相比，轻度退化和重度退化 0 ~ 10cm 冻融丘和丘间土壤有机碳含量降低了 35.42%，42.14% 和 32.91%，39.82%；10 ~ 20cm 降低了 21.61%，34.20% 和 19.50%、32.92%；20 ~ 30cm 土层土壤有机碳含量平均降低了 40.60%、47.12% 和 29.63%、44.87%（图 2-14）。

高寒湿地不同退化程度土壤全氮含量如图 2-15 所示，冻融丘和丘间轻度退化、重度退化湿地土壤中全氮含量均显著低于未退化（$P < 0.05$）。相对于未退化，轻度退化和重度退化 0 ~ 10cm 冻融丘和丘间分别下降了 27.46%、32.15% 和 23.12%、29.55%；10 ~ 20cm 分别下降

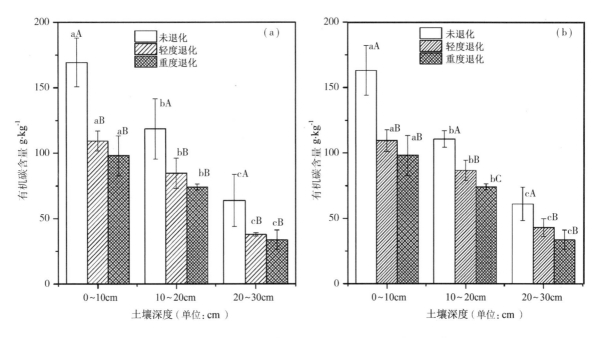

图 2-14　不同退化程度高寒湿地不同土层土壤有机碳变化

注：（a）冻融丘；（b）丘间

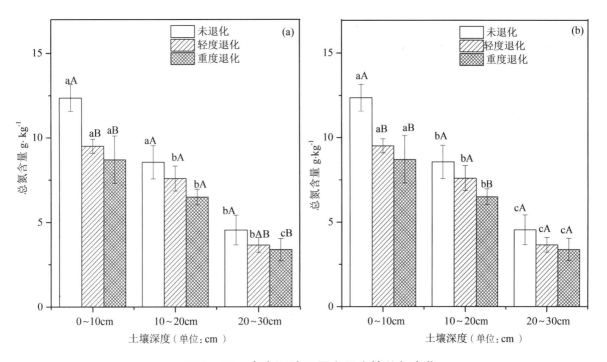

图 2-15　高寒湿地不同土层土壤总氮变化

注：（a）冻融丘；（b）丘间

了 29.20%、35.26% 和 11.25%、24.16%；20 ~ 30cm 分别下降了 31.08%、34.30% 和 19.61%、25.68%。

高寒湿地在未退化阶段 0 ~ 10cm 土壤含水量最大，冻融丘和丘间分别为 55.21%±3.56% 和 57.25%±2.37%。退化过程中随着退化加剧，冻融丘和丘间土壤含水量随着退化加剧呈减少趋势，未退化与重度退化之间差异显著（$P < 0.05$）（图 2-16）。冻融丘 0 ~ 10cm 和 20 ~ 30cm 未退化

与重度退化之间差异显著（$P < 0.05$），10 ~ 20cm 各阶段之间差异显著（$P < 0.05$）；丘间各层之间未退化与重度退化之间差异显著（$P < 0.05$）。相对于未退化，轻度退化和重度退化 0 ~ 10cm 冻融丘和丘间分别下降了 27.46%、32.15% 和 23.11%、29.55%；10 ~ 20cm 分别下降了 29.20%、35.26% 和 11.25%、24.16%；20 ~ 30cm 分别下降了 23.45%、34.30% 和 19.61%、25.69%。

冻融丘和丘间的土壤含水量与土壤有机碳、全氮是极显著相关的（$P < 0.01$）。土壤含水量

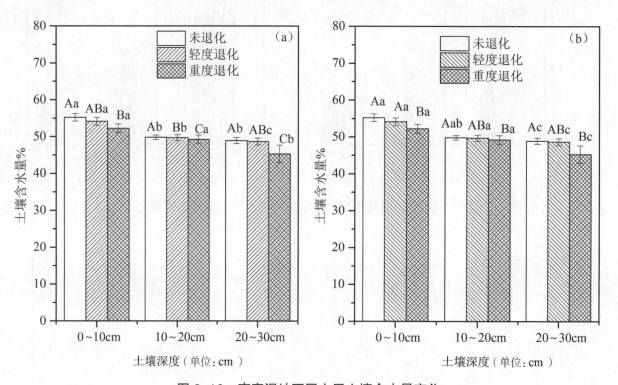

图 2-16 高寒湿地不同土层土壤含水量变化

注：（a）冻融丘；（b）丘间

与土壤有机碳和全氮呈正相关，随着土壤含水量的增加而增加。冻融丘和丘间土壤含水量与土壤有机碳、总氮相关系数分别为 0.74、0.64 和 0.75、0.63，变化规律基本一致（图 2-17、2-18）。

不同退化梯度下土壤有机碳和氮贮量具有明显的垂直分布特征，随着土壤深度的增加土壤有机碳贮量和氮贮量均呈明显的下降趋势。多重比较表明，冻融丘和丘间不同土层土壤有机碳贮量呈现出未退化阶段显著高于轻度退化阶段和严重退化阶段（$P < 0.05$）；土壤氮贮量随退化程度的加剧呈现减少趋势，但没有显著性差异（$P > 0.05$）。对于未退化，轻度退化、重度退化土壤有机碳贮量在 0 ~ 10cm 冻融丘和丘间分别下降了 15.76%、20.75% 和 13.89%、19.02%；10 ~ 20cm 分别下降了 16.05%、22.55% 和 12.58%、20.64%；20 ~ 30cm 分别下降了 31.96%、38.55% 和 23.18%、37.23%。土壤氮贮量在 0 ~ 10cm 冻融丘和丘间分别下降了 4.16%、6.06% 和 1.16%、5.05%；10 ~ 20cm 分别下降了 16.55%、19.67% 和 9.36%、10.22%；20 ~ 30cm 分别下降了 21.38%、23.92% 和 12.24%、15.54%（表 2-12）。

冻融丘数量与土壤有机碳、全氮是极显著相关的（$P < 0.01$），相关系数分别为 0.90、0.88 和 0.73、0.53。冻融丘数量与土壤有机碳、总氮和碳氮贮量呈负相关，随着冻融丘数量的增加而

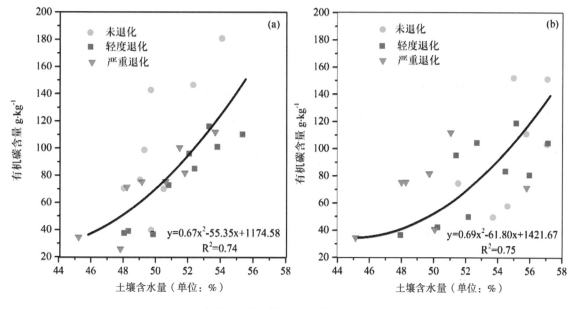

图 2-17　高寒湿地土壤含水量与有机碳显著相关性

注：（a）冻融丘；（b）丘间

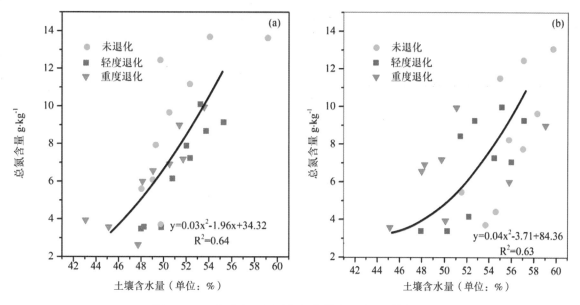

图 2-18　高寒湿地土壤含水量与总氮显著相关性

注：（a）冻融丘；（b）丘间

表 2-12　不同退化程度高寒湿地不同土层土壤碳氮贮量变化

指标	状态土层	冻融丘			丘间		
		0 ~ 10cm	10 ~ 20cm	20 ~ 30cm	0 ~ 10cm	10 ~ 20cm	20 ~ 30cm
有机碳贮量（t·hm⁻²）	未退化	106.04A ± 2.70	93.08A ± 2.26	64.11A ± 9.20	104.98A ± 2.92	92.32A ± 7.71	63.45A ± 15.10
	轻度退化	89.58B ± 3.32	78.86B ± 4.09	47.71B ± 5.97	89.57B ± 3.15	77.51B ± 6.53	43.16B ± 1.17
	重度退化	84.26B ± 7.42	71.50B ± 1.42	38.99C ± 7.35	84.26B ± 7.42	71.50B ± 1.42	38.98B ± 7.35
总氮贮量（t·hm⁻²）	未退化	7.96A ± 0.16	6.97A ± 0.21	4.62A ± 0.37	7.94A ± 0.19	6.79A ± 0.59	5.13A ± 0.67
	轻度退化	7.79A ± 0.03	6.91A ± 0.15	4.06A ± 0.30	7.63A ± 0.28	6.50A ± 0.35	4.04A ± 0.05
	重度退化	7.48A ± 0.68	6.26A ± 0.21	3.91aA ± 0.50	7.47A ± 0.69	6.26A ± 0.21	3.90A ± 0.50

减少。因此，随着退化程度的加剧，冻融丘的数量增多，土壤有机碳、总氮和碳氮贮量呈下降趋势（图 2-19）。

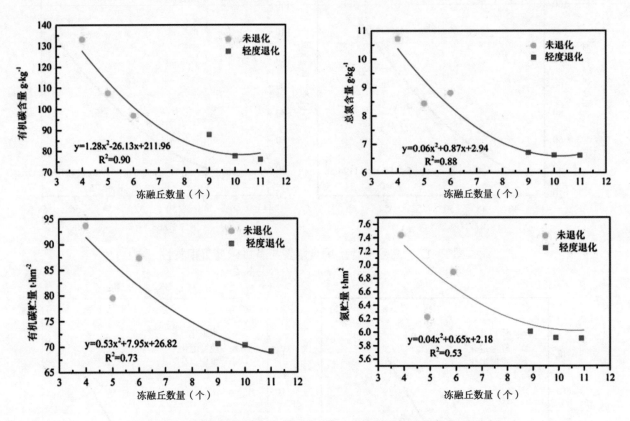

图 2-19　冻融丘数量和土壤有机碳、总氮和碳氮贮量相关分析

冻融丘大小与土壤有机碳、总氮和碳氮贮量的相关性分析结果表明，冻融丘大小与土壤有机碳、总氮和碳氮贮量是极显著相关的（$P < 0.01$），相关系数分别为 0.94、0.54 和 0.73、0.54。冻融丘数量与土壤有机碳、总氮和碳氮贮量呈正相关，随着冻融丘大小的增大而增大。由此可见，随着退化程度的加剧，冻融丘变小，从而导致土壤有机碳、总氮和碳氮贮量下降。

2.2.4　其他非生物因子对高寒湿地变化影响分析

（1）气象因子对高寒沼泽湿地变化影响分析

气候变化是影响高寒沼泽湿地变化最主要的自然因素，气候因素主要包括气温、太阳辐射、降水、蒸发、风力等。根据有关资料的推算，下垫面变化对黄河源区径流的影响占径流减少量的 38.7%，年均气温升高 1℃，蒸发蒸腾量增加 7% ~ 8%。面对黄河源区高寒沼泽湿地减少等生态环境问题，分析气候变化对该地区乃至青藏高原湿地退化的潜在影响，为保护源区的生态环境和退化湿地的恢复提供依据。

在气候变化的诸多因子当中，以气温、降水对湿地的影响最为明显。本研究选取玛沁县 1987 ~ 2018 年近 32a 的降水和气温资料，暖季与冷季的划分以月平均气温 0℃ 为基准，月平均气温大于 0℃ 为暖季，小于 0℃ 为冷季，分别计算暖、冷季的平均温度。玛沁县年均气温变化幅度高于三江源地区的年平均气温幅度 0.360℃·(10a)⁻¹。气温的上升造成了玛沁县高寒湿地的冰雪融化、冻土溶解和地面蒸发增加。气温上升，湿地大面积的冰雪融化，水的损失，不在原位形成湿地；冻土融化导致地下水的补给来源和供应方式的改变，湿地萎缩退化。此外，暖季的气温升高直接导致地面蒸发增加，湿地水土流失加剧，造成湿地退化（图 2-20）。

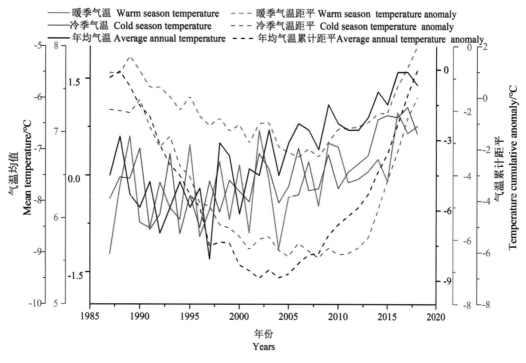

图 2-20　玛沁县 1987～2018 年气温变化

玛沁县 1987～2018 年年降水量、暖季降水量呈上升趋势，冷季降水量呈下降趋势（冷季降水量的减少，导致积雪的量减少，水的供应量下降）。从图 2-21 来看，在 1987～2004 年年降水和暖季降水分别以 19.253mm·(10a)⁻¹ 和 5.831mm·(10a)⁻¹ 呈下降趋势，2005～2018 年年降水和暖季降水分别以 26.811mm·(10a)⁻¹ 和 21.434mm·(10a)⁻¹ 呈上升趋势，这是因为启动了三江源夏秋季人工增雨工程，人工增雨使得玛沁县的降水量从 2005 年后保持增加的趋势。降水量的增加，有利于植物在生长季的生长，有利于有机碳的积累，对湿地的恢复有良好的作用。但冻融丘是湿地的标志性特征，是一种不可再生的天然植物"化石"，需要数百年才能形成。因此，湿地的恢复是一个漫长的过程。

（2）微地形对高寒湿地退化变化影响分析

微地形对土壤含水量起着至关重要的影响，为了阐明这种影响，我们将 9 个样点的位置绘制在研究区中的等高线图中。如图 2-22 所示，重度退化样点海拔高度的范围为 3732.56～3732.72m，平均值为 3732.62m，轻度退化样点海拔高度的范围为 3731.68～3732.73m，平均值为 3731.71m，未退化样点海拔高度的范围为 3731.18～3731.44m，平均值为 3731.33m。总而言之，在相近的海拔高度，土壤有机碳有小范围的变化。从高海拔到低海拔，土壤有机碳

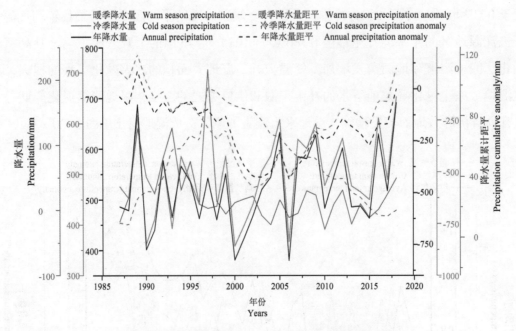

图 2-21　玛沁县 1987～2018 年降水量变化

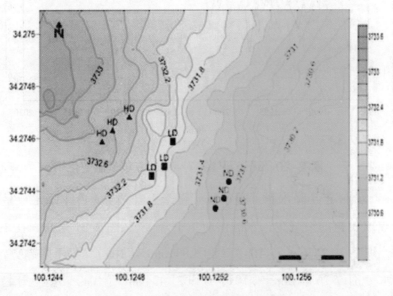

图 2-22　研究区海拔高度等值线

含量整体上呈下降趋势。相比之下,湿地退化程度与海拔高度的关系更明显和密切,海拔高度的大小为未退化<轻度退化<重度退化。即退化程度越严重,海拔越高。此外,退化程度越严重,海拔高差越大。比如,未退化与轻度退化间的海拔高差为 0.38m,而轻度退化与重度退化间的海波差异上升到了 0.91m,是前者的二倍多。这种非线性的增长关系,与观测到的土壤有机碳、氮变化与湿地退化程度非线性关系相吻合。

高寒沼泽湿地 0～200cm 土壤有机碳、氮、土壤含水量与海拔的相关性分析表明海拔与土壤有机碳、氮、含水量是负微弱相关(图 2-23)。整体而言,随着海拔的增加而减少。这种相关性随着剖面的深度而呈微弱变化,深层的相关性高于表层,造成这种差异的原因是表层的土壤有机碳、氮、土壤含水分含量变化范围大,而深层有机碳、氮、水分变化趋于一致。土壤有机碳、氮与海拔的关系可能比图 2-23 所显示的要密切，这是因为研究区的海拔范围太小，只有 1.6m。

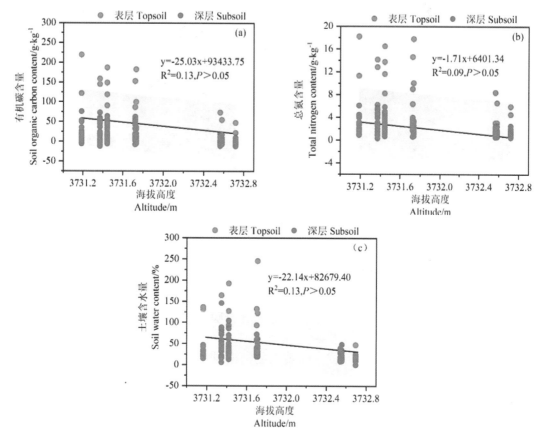

图 2-23　土壤有机碳、总氮、土壤含水量与海拔高相关性分析

2.3　基于小流域空间尺度气候和水文变化特征

研究区玛沁县属于黄河源区（图 2-24），高地区地处青藏高原，河流密布、沼泽众多，是世界上海拔高、湿地分布较集中的地区。黄河源区有无数条山河河流从西侧流入黄河，故该地区高寒湿地面积大，地貌多为高山、草甸、草原。研究区气候为高原大陆性气候，属高原亚寒带湿润气候区，平均海拔 3600m。全年四季特征不明显，仅分冷（干）季和暖（湿）季，冷季寒冷干燥而漫长，暖季温和湿润而短暂。年平均气温为 0.0℃，最冷月平均气温为 -10.6℃，最热月的平均气温为 9.4℃。年降水量 597.1～615.5mm，年平均蒸发量为 1349.7mm，年相对湿度为 65%，全年日照时数 3241.8h，日照时间长，昼夜温差较大，平均无霜期为 16.5d。主要受气候和地质地貌综合因素的作用，研究区沼泽以大气降水、地表水和地下水共同补给为主。水源主要来自高山冰雪融化水补给；夏季水量较大，冬季水量少；河流含沙量较小。研究区土壤类型多样，主要以高山草甸土、高山灌丛草甸土、山地草甸土和沼泽土为主。草场类型以山地草甸、高寒草甸和沼泽类草场为主。根据青海省环保厅的划分标准，黄河源区包括青海省果洛州境内久治县、

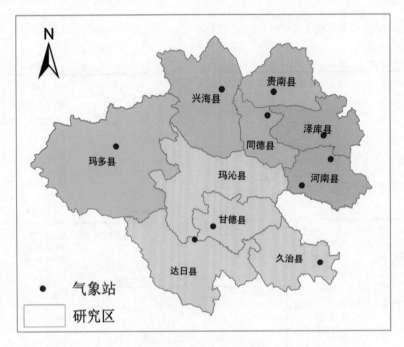

图 2-24　研究区范围

达日县、甘德县、玛沁县和玛多县，黄南州境内的河南县和泽库县，海南州境内的兴海县、同德县和贵南县共计 10 个县。

2.3.1　黄河源区气象特征

黄河源区气象资料选取久治县、达日县、甘德县、玛沁县、玛多县、河南县、泽库县、兴海县、同德县和贵南县气象站作为气候代表站。逐月资料来自青海省气候中心，时间范围自 1961 ~ 2019 年（其中甘德由于仪器故障等因素，缺失 1963 ~ 1974 年的数据）。由于研究区域范围较小，各站海拔高度相差不大，区域平均气温、降水、风速、日照时数和相对湿度采用算术平均值。

（1）降水

1961 ~ 2019 年，黄河源区年平均降水量呈现增加趋势，增幅为 10.8mm·$(10a)^{-1}$。年平均降水量的阶段性变化明显，20 世纪 60 年代至 70 年代为少雨期，70 年代中期至 80 年代末期为多雨期，90 年代明显偏少，进入 21 世纪以来有所增加。从空间分布来看，各县站年均降水量分布不均匀，久治县年均降水量最多，年均降水量为 732.6mm，玛多年均降水量最少，仅为 332.5mm。年均降水变化率在 -7.08 ~ 23.77mm·$(10a)^{-1}$ 之间，各县站年均降水量变化趋势略有差异，黄河源区北部地区增加趋势明显，其中兴海县增幅最大，河南县年均降水量变化率为负。从季节变化来看，黄河源区年平均降雨量均呈增加趋势，春、夏季降水量增幅较为明显，增加率分别为 16.04mm·$(10a)^{-1}$ 和 13.50mm·$(10a)^{-1}$，秋、冬季降水增加不明显，增加率分别为 0.22mm·$(10a)^{-1}$ 和 0.23mm·$(10a)^{-1}$（图 2-25）。

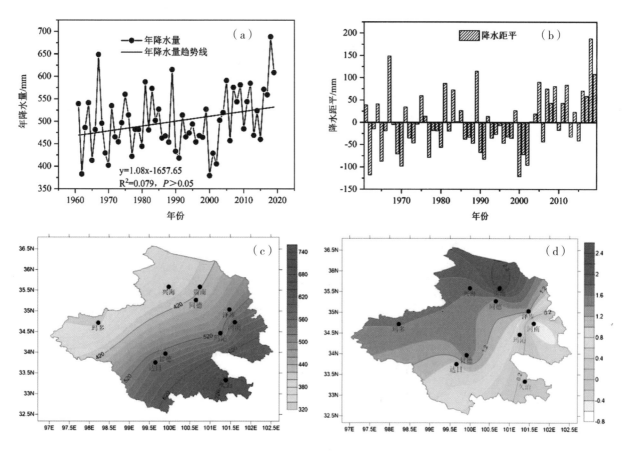

图 2-25　1961 ~ 2019 年黄河源区年降水量变化（a）、距平（b）、降水分布（c）和空间变率分布（d）

（单位：mm、mm·(10a)$^{-1}$）

（2）气温

1961 ~ 2019 年，黄河源区年平均气温呈升高趋势，升温率为 0.3℃·(10a)$^{-1}$。年平均气温的阶段性变化明显，20 世纪 60 年代至 90 年代中期为冷期，90 年代后期至 21 世纪为暖期，20世纪 90 年代末期以来增温尤为明显。从空间分布来看，各县站年均气温分布不均匀，贵南县年均气温最高，为 2.6℃，玛多年均气温最低，仅为 -3.3℃。年均气温变化率在 -0.09 ~ 0.98℃·(10a)$^{-1}$，各县站年均降水量变化趋势略有差异，除河南地区升温速率为负值外，其余地区均为正，同德是黄河源区年平均气温升温率最高的县。从季节变化来看，黄河源区年平均四季平均气温呈一致的升高趋势，增温幅度最明显的季节是秋季，春、夏、秋、冬季的升温率分别为0.21℃·(10a)$^{-1}$、0.28℃·(10a)$^{-1}$、0.34℃·(10a)$^{-1}$ 和 0.27℃·(10a)$^{-1}$（图 2-26）。

（3）风速

1961 ~ 2019 年，黄河源区年平均风速呈减少趋势，平均每 10 年减小 0.18m·s^{-1}。年平均风速的阶段性变化明显，20 世纪 60 年代和 20 世纪 90 年代以后为负距平，20 世纪 70 年代至80 年代为正距平。从空间分布来看，各县站年均风速分布不均匀，玛多县年均风速最高，为3.1m·s^{-1}，贵南年均风速最低，仅为 1.6m·s^{-1}。年均风速变化率在 -2.67 ~ -0.05m·s^{-1}，各县站年均风速变化趋势呈减少趋势（图 2-27）。

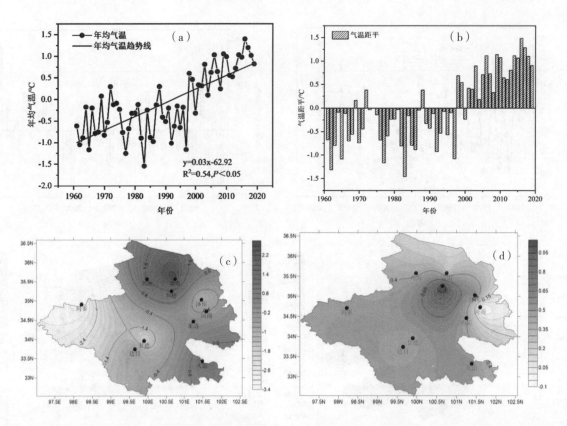

图 2-26　1961～2019 年黄河源区年均气温变化（a）、距平（b）、气温分布（c）和空间变率分布（d）
（单位：℃、℃·（10a）$^{-1}$）

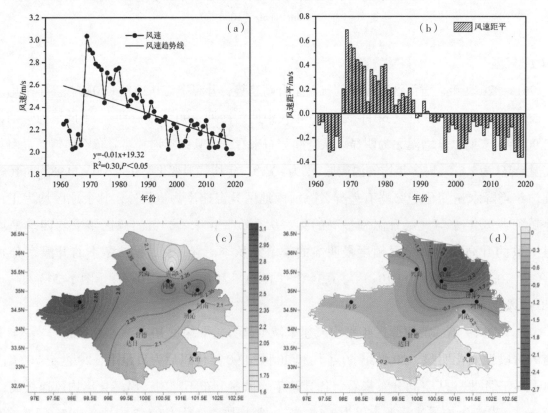

图 2.27　1961～2019 年黄河源区年均风速变化（a）、距平（b）、风速分布（c）和空间变率分布（d）
（单位：m·s^{-1}、m·s^{-1}·（10d）$^{-1}$）

（4）日照时数

1961 ～ 2019 年，黄河源区年日照时数呈减少趋势，减少率为 73h·（10a）$^{-1}$。从空间分布来看，各县站年日照时数分布不均匀，玛多县年日照时数最高，为 2849.3h，久治县年日照时数最低，为 2337.1h。年日照时数变化率在 –31.26 ～ 21.32h·（10a）$^{-1}$，各县站年日照时数变化趋势略有差异，黄河源区南部地区增加趋势明显，其中甘德县增幅最大，黄河源区北部年日照时数变化率为负（图 2-28）。

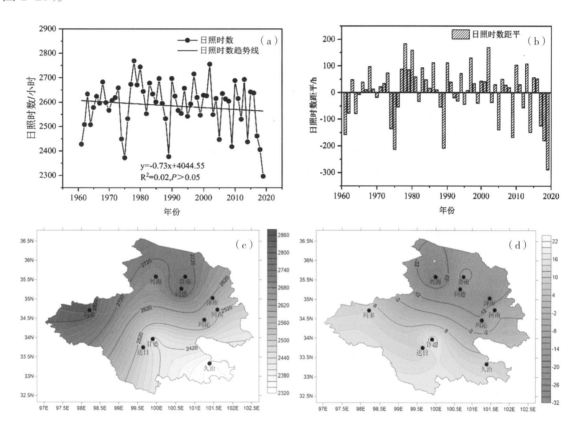

图 2-28　1961 ～ 2019 年黄河源区年日照时数变化（a）、距平（b）、日照时数分布（c）和空间变率分布（d）（单位：h、h·（10d）$^{-1}$）

（5）相对湿度

1961 ～ 2019 年，黄河源区相对湿度呈减少趋势，减少率为 0.3%·（10a）$^{-1}$。从空间分布来看，各县站相对湿度分布不均匀，甘德和久治县相对湿度最高，为 65%，兴海县相对湿度最低，为 51%。相对湿度变化率在 –12.31 ～ 9.16%·（10a）$^{-1}$，各县站年相对湿度变化趋势略有差异，兴海、贵南和甘德县变化率为正，其余县站相对湿度变化率为负（图 2-29）。

2.3.2　黄河源区径流变化

黄河源区境内地表水资源丰富，共有大小河流 30 余条，均系黄河外流水系，麦秀河、泽曲河及巴河为黄河一级支流（图 2-30）。河道迂回曲折，地面常年积水或季节性积水和临时性积水。

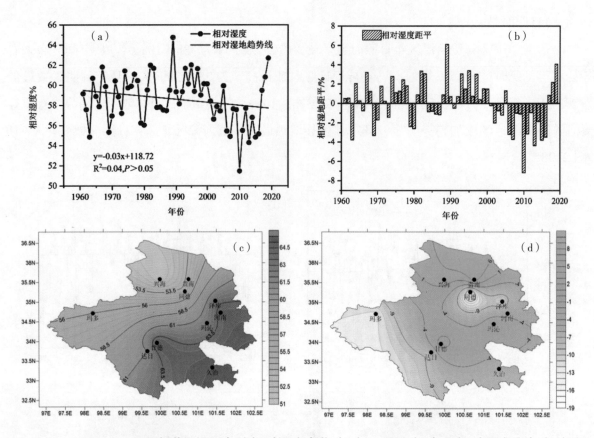

图 2-29　1961～2019 年黄河源区年均相对湿度变化（a）、距平（b）、相对湿度分布（c）和
空间变率分布（d）（单位：%、%·（10a）⁻¹）

图 2-30　研究区范围

黄河径流以降水补给为主，径流与降水量之间有密切的相关性。通常同期的径流量与降水量呈正相关关系，降水增加了流域水量的补给，径流量也随之相应增加。黄河上游河流径流量的变化与年降水量的变化趋势大致相符。

黄河源区流域出口位于玛曲水文站，该地区上游建有吉迈水文站，因此分析径流需要扣除吉迈以上流域来水影响。径流数据采用了吉迈、玛曲水文站的逐月径流量资料（径流量资料由青海黄河上游水电开发有限责任公司整理提供），时间范围1962～2016年（表2-13）。以吉迈和玛曲水文站分别作为研究区进出口控制站，研究区径流量为玛曲站径流量与吉迈站径流量的差值。

表2-13 选用水文站点概况

水文站	流域面积（km²）	资料长度（a）
玛曲、吉迈	41040	54

从图2-31中可以看出，黄河源区1962～2016年径流量呈下降趋势，气候倾向率为-5.70亿m³·(10a)⁻¹，未通过显著性水平检验。自1989年后降水量距平以负距平为主，说明黄河源区处于径流偏少期。用Mann-Kendall法对黄河上游河曲地区降水量序列进行检验，结果显示自

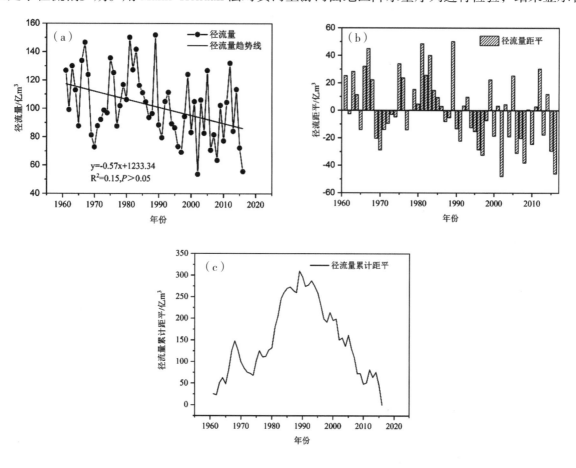

图2-31 1962～2016年黄河源区年均径流量变化（a）、距平（b）和累计距平（c）
（单位：亿m³·(10d)⁻¹、亿m³、亿m³）

20 世纪 60 年代末降水量呈减少趋势，70 年代至 80 年代中期降水量呈明显的增加趋势，80 年代后期至 90 年代末呈下降趋势，从 90 年代末至今较稳定，降水量经历了"减少—增加—减少—平稳"的过程，且在 2001 ~ 2004 年超过 0.05 显著水平临界线。根据 UF 和 UB 曲线的交点位置，确定黄河上游河曲地区降水量下降趋势突变出现在 1986 年。

2.4 人工补播恢复效果比较研究

在恢复退化的高寒湿地过程中，通过人工补播适宜高寒湿地环境的草种和施肥来增加土壤营养，来保证人工补播的植被生长和高寒湿地植被恢复。

2.4.1 人工播种配置样区群落物种组成

从表 2-14 中可以看出，整个试验地共出现 16 种植物，隶属于 7 科 13 属，其中 CK（对照）、B1（播种量为 1g·m^{-2}）、B3（播种量为 3g·m^{-2}）、B5（播种量为 5g·m^{-2}）、F（施肥量为 30g·m^{-2}）和 FB（施肥量为 30g·m^{-2}，并与 3g·m^{-2} 播种样区交互）样地均出现 11 种植物。人工播种配置试验小区样地物种组成发生明显变化，其中 CK 样地重要值最大为委陵菜，其次为苔草，火绒草重要值最低。不同播种和施肥在一定程度上对近自然恢复的高寒沼泽湿地植被发生较大变化。B1、B3、B5、F 和 FB 样地委陵菜重要值在减少，苔草、短芒披碱草、青海草地早熟禾、青海扁茎早熟禾、同德小花碱茅、青海中华羊茅的重要值在变大。火绒草重要值最低，在 F 样地中零星出现。

2.4.2 盖度

从表 2-15 中可以看出，人工补播对植物总盖度的影响较大。与对照相比，不同播种量和施肥水平措施均增加了地上植被的盖度，其中播种量为 1g·m^{-2} 增加程度不明显（$P > 0.05$），而播种量为 3g·m^{-2}、播种量为 5g·m^{-2} 和施肥量为 30g·m^{-2}，并与 3g·m^{-2} 播种样区交互增加程度显著（$P < 0.05$）。人工补播总植被盖度大小为：FB > B5 > B3 > F > B1 > CK。人工补播后不同植物的分盖度也发生了变化，随着播种量的增加，短芒披碱草、老芒麦、青海中华羊茅、青海草地早熟禾、青海扁茎早熟禾、同德小花碱茅和菭草盖度增加，委陵菜盖度减少，黄花棘豆盖度变化不大。施肥后苔草的盖度增加，委陵菜的盖度较对照减少。

表2-14　人工补播下植物群落物种组成及其重要值

科 Family	属 Genus	种 Species	重要值 Importance value（%）					
			人工补播 Artificial supplementary seeding					
			CK	B1	B3	B5	F	FB
禾本科 Cramineae	披碱草属 Elymus	短芒披碱草 E.nutans	7.12	11.68	13.05	13.34	7.69	14.01
		老芒麦 E.sibiricus	0	3.23	5.32	7.14	0	7.16
	早熟禾属 Poa	青海草地早熟禾 Poa pratensis L. cv. Qinghai	4.46	5.14	6.97	7.89	3.49	7.92
	早熟禾属 Poa	青海扁茎早熟禾 Poa pratensis var. anceps Gaud. cv. Qinghai	0	4.68	7.05	7.34	0	7.54
	碱茅属 Puccinellia	同德小花碱茅 Puccinellia tenuiflora (Griseb). Scribn. et Merr. cv. Tongde	0	5.64	7.33	8.23	0	8.35
	羊茅属 Festuca	青海中华羊茅 Festuca sinensis Keng cv. Tongde	4.12	6.68	7.05	7.34	4.69	7.38
	洽草属 Koeleria	洽草 Koeleria macrantha	0	4.6	6.05	7.34	0	7.46
莎草科 Cyperaceae	苔草属 Carex	苔草 Carex moorcroftii	20.41	22.45	26.12	23.89	21.4	26.06
豆科 Leguminosae	棘豆属 Oxytropis	黄花棘豆 Oxytropis ochrocephala Bunge	4.56	0	3.31	0	4.41	0
菊科 Asteraceae	火绒草属 Leontopodium	火绒草 Leontopodium leontopodioides	0	0	0	0	0	0
	风毛菊属 Saussurea	风毛菊 Saussurea japonica	1.01	0	0	0	0	0
蔷薇科 Rosaceae	委陵菜属 Potentilla L.	委陵菜 Potentilla chinensis Ser	43.35	32.14	30.56	17.49	45.21	14.13
毛茛科 anunculaceae	乌头属 Aconitum L	铁棒锤 Aconitum pendulum Busch	4.13	1.2	4.22	0	3.22	0
	毛茛属 Ranunculus L.	高原毛茛 Ranunculus tanguticus (Maxim.) Ovcz.	5.34	1.46	3.54	0	4.34	0
龙胆科 Gentianaceae	龙胆属 Gentiana	鳞叶龙胆 Gentiana squarrosa Ledeb.	2.36	1.1	2.1	0	2.1	0
		秦艽 Gentiana macrophylla	3.14	0	3.45	0	3.45	0

注：CK：对照；B1：播种量为1g·m^{-2}；B3：播种量为3g·m^{-2}；B5：播种量为5g·m^{-2}；F：施肥量为5g·m^{-2}；FB：施肥量为30g·m^{-2}，并与3g·m^{-2}播种样区交互，下同

表2-15　人工补播下植被盖度变化

	CK	B1	B3	B5	F	FB
总盖度 Totalcoverage（%）	76.50±13.95A	80.20±10.53A	87.10±11.48A	92.00±90.33A	80.25±15.74A	95.10±23.04A
分盖度 Coverageofonespeices（%） 短芒披碱草 *E.nutans*	4.00±2.91A	8.00±2.32AB	8.80±1.30BC	10.90±2.41C	4.00±0.81A	13.40±1.35D
老芒麦 *E.sibiricus*	0.00±0.00	1.20±0.45A	1.40±0.54A	1.60±0.49A	0.00±0.00	1.60±0.49A
青海草地早熟禾 *Poa pratensis* L. cv. Qinghai	1.80±0.20A	3.10±0.74A	3.40±0.89A	4.20±1.25AB	7.00±3.93B	10.10±1.51C
青海扁茎早熟禾 *Poa pratensis* var. anceps Gaud. cv. Qinghai	0.00±0.00	1.80±0.83A	2.70±0.21A	3.30±0.67A	0.00±0.00	7.60±2.07B
同德小花碱茅 *Puccinellia tenuiflora* (Griseb). Scribn. et Merr. cv. Tongde	0.00±0.00	1.80±0.44A	4.10±0.21B	4.60±0.89BC	0.00±0.00	8.40±2.30D
青海中华羊茅 *Festuca sinensis* Keng cv. Tongde	1.00±0.05A	2.00±1.45A	3.80±065A	10.10±4.61A	2.50±1.89A	3.30±1.64A
溚草 *Koeleria macrantha*	0.00±0.00	2.20±0.83A	2.60±0.89A	3.30±0.07A	0.00±0.00	9.00±2.23A
苔草 *Carex moorcroftii*	13.50±3.88A	18.70±5.80A	25.50±4.47A	19.00±8.02A	32.00±11.54B	11.80±3.06C
黄花棘豆 *Oxytropis ochrocephala* Bunge	6.00±0.00	0.20±0.00	0.60±0.07	0.20±0.00	0.40±0.00	1.00±0.00
火绒草 *Leontopodium leontopodioides*	0.00±0.00	0.00±0.00	0.00±0.00	0.00±0.00	0.20±0.00	0.00±0.00
风毛菊 *Saussurea japonica*	3.00±0.00	0.00±0.00	0.00±0.00	0.20±0.00	1.90±0.35	0.00±0.00
委陵菜 *Potentilla chinensis* Ser	30.80±7.16A	27.50±4.26A	25.80±13.51A	26.60±5.27A	25.25±5.18A	20.10±9.30B
铁棒锤 *Aconitum pendulum* Busch	1.00±0.00	1.50±0.11	0.60±0.07	0.00±0.00	2.00±0.91	0.20±0.00
高原毛茛 *Ranunculus tanguticus* (Maxim.) Ovcz.	6.80±1.61	1.20±0.10	6.60±1.34	1.20±0.40	2.10±1.15	0.70±0.20
鳞叶龙胆 *Gentiana squarrosa* Ledeb.	2.80±1.73	8.80±2.00	0.40±0.00	1.70±0.06	1.00±0.00	6.50±1.44
秦艽 *Gentiana macrophylla*	1.30±0.76	2.20±0.23	0.80±0.57	1.00±0.00	1.00±0.00	1.40±0.50

2.4.3 高度

从表 2-16 中可以看出，人工补播能影响植被平均高度，与对照相比，B1、B3、B5、F 和 FB 均能提高植被平均高度（$P > 0.05$）。对照植被平均高度仅为 13.97cm，通过播种和施肥措施，B1、B3、B5、F 和 FB 平均高度增加到 16.78cm、19.06cm、16.39cm、15.50cm 和 16.91cm。人工补播后植被平均高度为：B3 > FB > B1 > B5 > F > CK，按照 CK、B1、B3、B5、F 和 FB 的顺序来看，随着播种量的增加，短芒披碱草、落草和苔草高度逐步增加，老芒麦和青海扁茎早熟禾高度先增加后下降，委陵菜逐步下降。对照样地短芒披碱草、青海中华羊茅高度介于 25.33 ~ 32.40cm，差距不大，无老芒麦、青海扁茎早熟禾、同德小花碱茅和落草等植物。

2.4.4 地上植被生物量

人工补播后地上生物量发生较大变化（图 2-32）。与对照相比，不同播种量和施肥措施均增加了地上生物量，其中播种量为 $1g \cdot m^{-2}$ 增加程度不明显（$P > 0.05$），而播种量为 $3g \cdot m^{-2}$、播种量为 $5g \cdot m^{-2}$ 和施肥量为 $30g \cdot m^{-2}$，并与 $3g \cdot m^{-2}$ 播种样区交互增加程度显著（$P < 0.05$），其中施肥量为 $30g \cdot m^{-2}$，并与 $3g \cdot m^{-2}$ 播种样区交互地上生物量最大，达 $631.35g \cdot m^{-2}$。播种量为 $1g \cdot m^{-2}$ 的地上生物量平均增加了 $17.92g \cdot m^{-2}$，播种量为 $3g \cdot m^{-2}$ 的地上生物量平均增加了 $145.67g \cdot m^{-2}$，播种量为 $5g \cdot m^{-2}$ 的地上生物量平均增加了 $181.02g \cdot m^{-2}$，施肥量为 $30g \cdot m^{-2}$ 的地上生物量平均增加了 $35.11g \cdot m^{-2}$，施肥量为 $30g \cdot m^{-2}$，并与 $3g \cdot m^{-2}$ 播种样区交互的地上生物量平均增加了 $180.08g \cdot m^{-2}$。人工补播后地上植被生物量大小为：FB > B5 > B3 > F > B1 > CK。

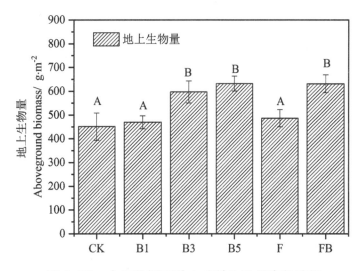

图 2-32 人工补播下地上植被生物量变化特征

注：CK：对照；B1：播种量为 $1g \cdot m^{-2}$；B3：播种量为 $3g \cdot m^{-2}$；B5：播种量为 $5 \cdot m^{-2}$；F：施肥量为 $30g \cdot m^{-2}$；FB：施肥量为 $30g \cdot m^{-2}$，并与 $3g \cdot m^{-2}$ 播种样区交互。相同土层不同大写字母表示达显著差异（$P < 0.05$），下同

表 2-16　人工补播下植被高度变化

		CK	B1	B3	B5	F	FB
	总高度 Totalcoverage（%）	13.97±1.89A	16.78±4.57A	19.06±3.47A	16.39±4.74A	15.50±4.08A	16.91±3.41A
分盖度 Coverageofonespeices（%）	短芒披碱草 E.nutans	32.40±3.35A	31.90±13.61A	42.50±7.56A	36.58±8.52A	35.40±11.25A	32.25±10.14A
	老芒麦 E.sibiricus	—	16.72±0.89A	19.08±1.81B	16.52±089A	—	16.76±0.69A
	青海草地早熟禾 Poa pratensis L. cv. Qinghai	24.20±1.73A	19.40±10.21A	19.36±4.33A	18.12±4.29A	25.78±12.07A	23.16±5.92A
	青海扁茎早熟禾 Poa pratensis var. anceps Gaud. cv. Qinghai	—	21.04±6.45A	25.10±6.55A	21.04±6.44A	—	23.16±5.92A
	同德小花碱茅 Puccinellia tenuiflora (Griseb). Scribn. et Merr. cv. Tongde	—	25.00±6.45A	21.10±6.44A	24.80±6.44A	—	35.07±6.25A
	青海中华羊茅 Festuca sinensis Keng cv. Tongde	25.33±3.30A	24.79±11.46AB	23.66±5.03AB	24.60±5.20A	33.33±0.97A	31.90±10.13B
	菭草 Koeleria macrantha	—	19.00±3.81A	18.88±3.76A	19.10±3.23A	—	19.06±3.34A
	苔草 Carex moorcroftii	12.30±1.76A	13.61±4.39A	16.08±2.95A	16.67±5.92A	14.00±6.79A	12.40±3.27A
	黄花棘豆 Oxytropis ochrocephala Bunge	10.50±4.94	10.20±0.00	4.55±0.78	2.20±0.00	3.30±0.00	1.80±0.00
	火绒草 Leontopodium leontopodioides	—	—	—	—	14.00±0.00	—
	风毛菊 Saussurea japonica	5.33±1.51	—	—	2.40±0.00	6.13±3.77	—
	委陵菜 Potentilla chinensis Ser	5.98±0.96A	7.20±1.12A	6.26±0.89A	5.88±1.62A	6.68±2.30A	6.74±1.20A
	铁棒锤 Aconitum pendulum Busch	14.20±0.00	22.69±11.79	38.00±12.72	35.10±18.27	26.18±5.53	4.60±0.00
	高原毛茛 Ranunculus tanguticus (Maxim.) Ovcz.	11.46±6.24	10.37±3.49	17.05±0.07	10.40±1.69	6.44±0.87	9.60±2.62
	鳞叶龙胆 Gentiana squarrosa Ledeb.	6.58±1.81	8.06±0.87	8.90±0.00	7.83±1.25	9.45±0.00	9.67±1.92
	秦艽 Gentiana macrophylla	5.17±0.64	4.93±2.44	6.34±3.70	4.60±0.00	5.60±0.00	8.78±2.26

2.4.5 土壤全氮含量

从图 2-33 中可以看出，人工补播在一定程度上对退化高寒沼泽湿地 0 ~ 10cm 土壤总氮含量造成了影响。与对照相比，人工补播增加了土壤总氮含量，其中播种量为 $1g \cdot m^{-2}$、$5g \cdot m^{-2}$ 和施肥量为 $30g \cdot m^{-2}$ 增加不显著（$P > 0.05$），而播种量为 $3g \cdot m^{-2}$ 和施肥量为 $30g \cdot m^{-2}$，并与 $3g \cdot m^{-2}$ 播种样区交互增加明显（$P < 0.05$）。播种量为 $1g \cdot m^{-2}$ 的土壤总氮平均增加了 $0.43g \cdot kg^{-1}$，播种量为 $3g \cdot m^{-2}$ 的土壤总氮平均增加了 $0.91g \cdot kg^{-1}$，播种量为 $5g \cdot m^{-2}$ 的土壤总氮平均增加了 $0.18g \cdot kg^{-1}$，施肥量为 $30g \cdot m^{-2}$ 的土壤总氮平均增加了 $0.05g \cdot kg^{-1}$，施肥量为 $30g \cdot m^{-2}$，并与 $3g \cdot m^{-2}$ 播种样区交互的土壤总氮平均增加了 $1.12g \cdot kg^{-1}$。通过比较可以看出，播种量为 $1g \cdot m^{-2}$、$3g \cdot m^{-2}$、$5g \cdot m^{-2}$、施肥量为 $30g \cdot m^{-2}$ 和施肥量为 $30g \cdot m^{-2}$，并与 $3g \cdot m^{-2}$ 播种样区交互的土壤总氮含量与对照区相比，分别提高了 17.80%、37.63%、7.58%、1.96% 和 46.23%。

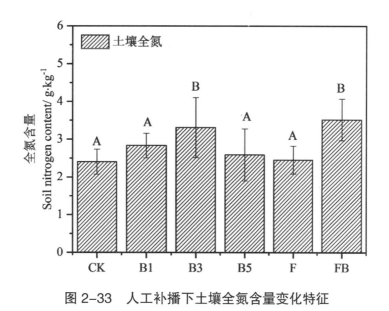

图 2-33　人工补播下土壤全氮含量变化特征

2.4.6 土壤有机碳含量

从图 2-34 中可以看出，人工补播在一定程度上对退化高寒沼泽湿地 0 ~ 10cm 土壤有机碳含量造成了影响。与对照相比，人工补播后土壤有机碳含量增加，其中播种量为 $1g \cdot m^{-2}$ 增加不明显（$P > 0.05$），而播种量为 $3g \cdot m^{-2}$、$5g \cdot m^{-2}$，施肥量为 $30g \cdot m^{-2}$ 和施肥量为 $30g \cdot m^{-2}$，并与 $3g \cdot m^{-2}$ 播种样区交互增加显著（$P < 0.05$）。播种量为 $1g \cdot m^{-2}$ 的土壤有机碳含量平均增加了 $2.35g \cdot kg^{-1}$，播种量为 $3g \cdot m^{-2}$ 的土壤有机碳含量平均增加了 $18.25g \cdot kg^{-1}$，播种量为 $5g \cdot m^{-2}$ 的土壤有机碳含量平均增加了 $35.01g \cdot kg^{-1}$，施肥量为 $30g \cdot m^{-2}$ 的土壤有机碳含量平均增加了 $14.93g \cdot kg^{-1}$，施肥量为 $30g \cdot m^{-2}$，并与 $3g \cdot m^{-2}$ 播种样区交互的土壤有机碳含量平均增加了 $37.82g \cdot kg^{-1}$。通过比较可以看出，播种量为 $1g \cdot m^{-2}$、$3g \cdot m^{-2}$、$5g \cdot m^{-2}$，施肥量 $30g \cdot m^{-2}$ 和施

肥量为 30g·m^{-2}，并与 3g·m^{-2} 播种样区交互的土壤有机碳含量与对照区相比，分别提高了 4.48%、33.38%、49.61%、17.09% 和 56.23%。

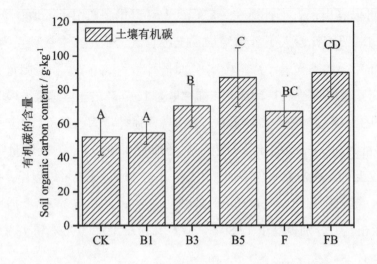

图 2-34　人工补播下土壤有机碳含量变化特征

2.4.7　土壤含水量

从图 2-35 中可以看出，人工补播在一定程度上对退化高寒沼泽湿地 0 ~ 10cm 土壤含水量造成了影响。CK、B1、B3、B5、F 和 FB 土壤含水量分别为：47.03%、49.29%、47.34%、48.89%、50.13% 和 49.42%，与对照相比，人工补播使土壤含水量增加，但差异不显著（$P > 0.05$），播种量为 1g·m^{-2} 的土壤含水量平均增加了 2.26%，播种量为 3g·m^{-2} 的土壤含水量平均增加了 0.30%，播种量为 5g·m^{-2} 的土壤含水量平均增加了 1.86%，施肥量为 30g·m^{-2} 的土壤含水量平均增加了 3.10%，施肥量为 30g·m^{-2}，并与 3g·m^{-2} 播种样区交互的土壤含水量平均增加了 2.38%。

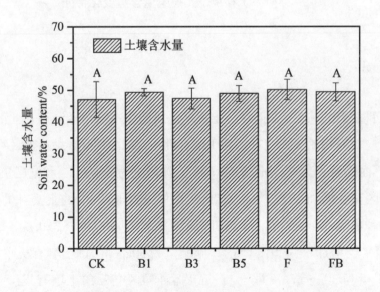

图 2-35　人工补播下土壤含水量变化特征

通过播种、施肥、施肥＋播种，退化高寒湿地植被盖度、高度和地上植被生物量等呈增加趋势，说明播种和施肥对植物生长有利，而播种＋施肥对植物盖度和地上植被生物量增加有利。播种、施肥、施肥＋播种使退化的高寒湿地土壤有机碳、全氮含量呈增加趋势。通过综合判断，人工植被建植措施增加了土壤有机碳的含量，土壤性质得到改良，是抑制高寒湿地的退化的有效措施。

人工补播对退化高寒湿地土壤含水量造成一定的影响。与对照相比，人工补播增加了土壤含水量，但其差异不显著（$P > 0.05$），且低于不同退化程度高寒沼泽湿地土壤含水量。因此，退化高寒沼泽湿地土壤含水量提升，无法通过植被恢复在短时间内来实现，可考虑采取人工增雨、拦截地表径流和补充土壤水等综合措施恢复。

2.5　退化高寒湿地近自然人工植被配置技术与有害生物控制技术

补播与施肥均能显著增加植物群落地上生物量与高度，但对地下生物量与物种数没有影响。不同补播种子量之间无显著差异。但补播效果不如施肥，同时施肥比补播＋施肥处理效果更明显（图 2-36）。

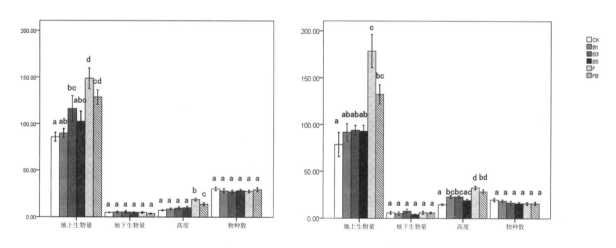

图 2-36　人工植被配置技术对植物群落的影响

有害生物控制（灭鼠）可使群落地上生物量、高度与物种数增加，且植物群落的变化随处理时间增加而更加明显（图 2-37）。

补播、施肥、补播＋施肥处理对土壤温度均无显著影响，补播＋施肥使土壤湿度有所增加，但不显著（图 2-38）。

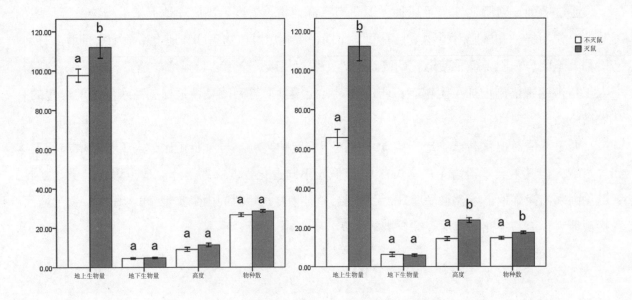

图 2-37　有害生物控制（灭鼠）对植物群落的影响

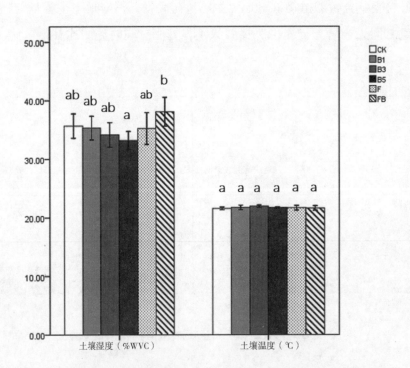

图 2-38　补播、施肥、补播＋施肥处理对土壤温湿度的影响

注：CK：对照，B：补播，F：施肥，FB：补播＋施肥

2.6   退化高寒湿地围栏时空调控技术

刈割与无纺布均能影响植物群落，其中刈割减少群落地上生物量，降低群落高度；无纺布增加群落地上生物量，增高群落高度（图 2-39）。

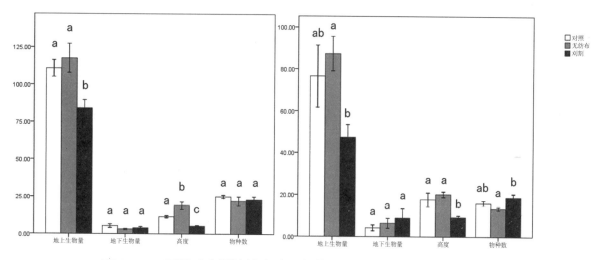

图 2-39   围栏时空调控技术（刈割模拟放牧）对植物群落的影响

2.7   退化高寒湿地秋春季补水技术

补水对植物群落地上生物量、地下生物量、物种丰富度及高度均无显著影响（图 2-40）。补水效果可能与补水频率有关。因此不建议采用人工补水方法进行退化高寒湿的恢复（拦洪坎等工程措施除外）。

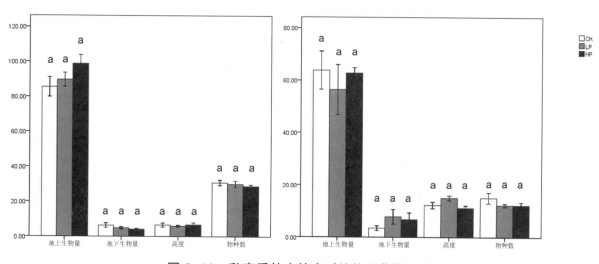

图 2-40   秋春季补水技术对植物群落的影响

2.8 结论

根据黄河源区河漫滩湿地退化过程植被变化特征研究，可将莎草科植物重要值作为高寒湿地（河漫滩）退化的生物阈值，约为 0.5。但是经过对黄河上游地区不同类型高寒湿地植被特征及植物多样性分析表明，对于不同类型高寒湿地退化的生物阈值不可一概而论。通过对不同退化程度高寒沼泽和河漫滩土壤特征分析也表明不同类型高寒湿地退化的非生物阈值会有所区别。而退化高寒湿地生态修复阈值则在短时间内难以确定。

退化高寒湿地修复技术中的近自然人工植被配置技术、有害生物控制技术、围栏和补播时空调控技术均能显著促进退化高寒湿地植物群落的恢复，但对土壤水分的影响有限。秋春季补水技术对退化高寒湿地植物群落无显著影响。在选用退化高寒湿地修复技术时，应根据实施地点具体情况而定。如鼠害严重，需考虑进行有害生物控制；如植被覆盖度过低，则需考虑进行人工植被配置等。

3　高寒湿地草种繁育技术

3.1　研究方法

针对适宜退化高寒沼泽湿地植被恢复的物种缺乏问题，从调查三江源区典型高寒沼泽湿地植物种入手，筛选出适宜于三江源区的植物。以解决高寒湿地植物繁育技术等瓶颈问题为切入点，通过研发高寒湿地植被建群种的人工繁育，解决高寒湿地植被低干扰条件下人工恢复问题。包括湿地植被建群种华扁穗草、苔草、嵩草等野生草种繁育技术和湿地及湿地过渡带植被建植示范。

依据上述研究内容，技术路线如图 3-1、3-2。

3.1.1　退化高寒湿地草种繁育技术

（1）种子来源

野外人工采集，在海拔 3200 ～ 4000m 区域采集，在 9 月中旬 ～ 10 月上旬，当植被色泽由绿开始泛黄时，进行种子采集。采集后晾干、脱粒、过筛和分选使种子净度达到 98%。

（2）繁育地点选择

繁育地选择在玛沁县，海拔 3400m，土壤条件为土层厚度 ≥ 30cm，土质疏松，排水良好，面积 6hm^2。

（3）种子处理

通过发芽试验结合解剖（切片）试验，判断其是否存在形态和生理后熟现象，如存在形态、生理后熟的种子，根据具体情况采用物理化学（利用温度、湿度、遮光和植物激素等条件）方法对种子进行处理。

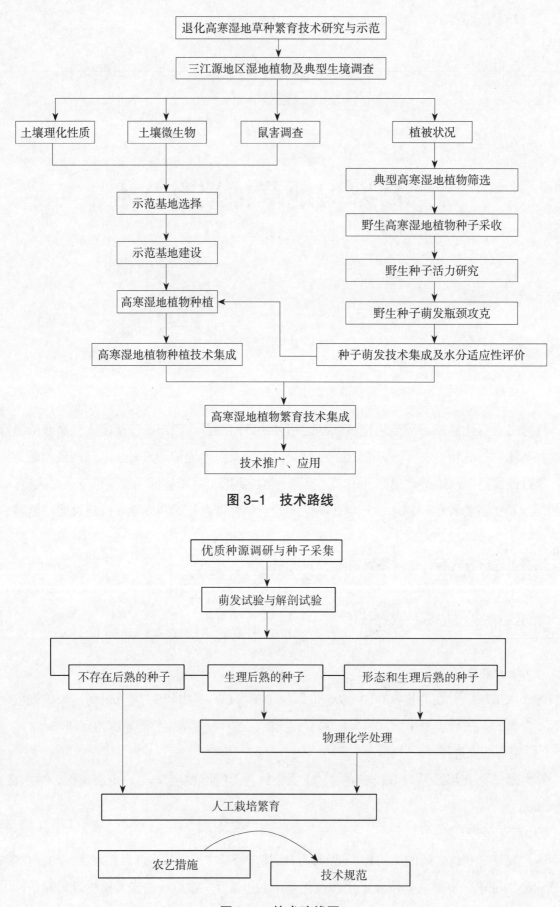

图 3-1　技术路线

图 3-2　技术路线图

（4）喷灌设施

在土地整理后进行喷灌设施的装配。

（5）生产管理

播前准备：整地时间选择在土地结冻前，以防土地结板不利于整地。整地之前要清除地面杂草，以免耕地时混在土中，之后复活影响苗本的生长。耕地时要深耕，然后细耙，将较大土块破碎成较细的粉末状，并挑去土中混入的草根和草茎等。

根据土壤肥力状况施磷酸二铵 75 ～ 100kg·hm^{-2} 或 22500 ～ 30000kg·hm^{-2} 家肥作基肥。耕翻时耕深 15 ～ 20cm，新开垦地翻耕深度 15 ～ 25cm。对耕翻过的土地进行平整、耙糖、镇压。

播种：种子田播种采用条播或撒播方法，条播行距为 15cm，可用磷钾肥作为种肥拌种撒入行沟中，播后需要耙糖覆土，种子田播量 15 ～ 23kg·hm^{-2}，播种深度为 2 ～ 3cm；撒播种子田播量 20 ～ 30kg·hm^{-2}，播后用耙子把地表层耙匀，耙深在 2 ～ 3cm。以春播为宜，春播在 4 月 ～ 5 月进行。

田间管理：湿生植物在出苗和苗期喜湿润，因而播种后要保持适宜的湿度，进行实时浇水，2 ～ 3 周左右出苗。在苗出齐后，及时除草，促进幼苗生长，在生长到 8 ～ 12 周再进行一次除草；在苗基本出齐后，要保证幼苗生长有良好的营养条件，以速效性氮肥为主，硫酸铵每亩 2.5 ～ 5kg；在每年 10 月下旬根据田间含水状况进行一次漫灌，灌水 1800 ～ 2400m^3·hm^{-2}。在植物拔节至孕穗期，应及时灌溉水一次，灌水 900 ～ 1200m^3·hm^{-2}。地势低洼易积水的地方，应注意排水。可在早春一次性施用尿素 60 ～ 80kg·hm^{-2} 和过磷酸钙 100 ～ 150kg·hm^{-2}。在分蘖期用中耕除草机或化学除莠剂除草，除莠按 DB63/T241 执行。在花期和成熟期应拔除杂株、病株和弱株。原种圃田间检验杂株率不应超过 1%，生产田田间检验杂株率不应超过 3%。主要病害有锈病。虫害有草原毛虫、蝗虫和小地老虎，鼠害主要为高原鼢鼠和高原鼠兔。在病虫害防治中所使用的农药应符合 GB4285 的有关规定。草地蝗虫生物防治按照 DB63/T788 执行，草地毛虫生物防治按照 DB63/T789 执行，草地鼠害生物防治按照 DB63/T787 执行。

收获与贮藏：当种子田中种子达到蜡熟期时，即可全部收获。收获参照 DB63/T-2012 的要求收获。成熟后脱粒、清选、干燥和装袋，按 GB/T2930.1-2930.11，GB6142，DB/5100B21001 的方法进行检验、分级，并保存。

（6）引用文件

GB/T2930.1-2930.11 牧草种子检验规程

GB6142 禾本科主要栽培牧草种子质量分级

DB/5100B21001 牧草种子质量分级

GB4285 农药安全使用标准

DB63/T241 青海省灭治草地毒草技术规程

DB63/T788 草地蝗虫生物防治技术规程

DB63/T787 草地鼠害生物防治技术规程

DB63/T789 草地毛虫生物防治技术规范

3.1.2 适生地植物群落特征及其生理生态适应性

（1）研究区概况

研究区位于黄河源区玛沁县境内。玛沁县地处青海省东南部（33°43′~35°16′N，98°~100°56′E），属典型高原大陆性气候，具有多风、寒冷、辐射强和日照丰富等特征。年降水量为 260~770mm，由西北向东南递增，并具有明显的区域分异性。年均温 –0.6℃（最高26.6℃，最低 –34.9℃），年均日照时长 2571.7h。该地区土壤类型主要为高山草甸土，土壤有机质丰富、含水量较高。主要植被类型为高寒湿地和高寒草甸。由于受气候条件、地貌特征以及土壤类型等综合影响，孕育了丰富、独特的生物种类与群落类型。

（2）样地设置

通过查阅《青海省植物志》及其他文献资料，根据玛沁地区发草生长的分布范围和生境特征，确定 5 个典型分布区域。通过路线踏察在研究区域选取发草分布较集中、群落类型具有一定差异的样点，记录各样点的经纬度、海拔、生境等环境因子。

（3）植物群落特征调查

2018 年 8 月中旬植物生长旺盛期，在每个样点选择群落结构和组成分布均匀的区域，随机选取 12~15 个 1m×1m 的调查研究样方，调查群落内各物种的高度和盖度。随后分不同物种把地上部分齐根部剪下，去除枯落物后装至档案袋带回实验室，65℃烘干至恒重后称干重记录。

（4）土壤样品采集

在测定完植物群落特征的各样方，将样方内土壤表面枯落物去除干净，用环刀分 0~10cm、10~20cm 土层取土样于干燥铝盒中准确称重，然后将其放于 100℃烘箱中烘干至恒重称其重量，计算土壤含水量（soilwater, W）。用内径为 3.5cm 土钻分 0~10cm、10~20cm 土层取土样，每个取土点采集 10 个土样混合，装入密封袋带回实验室。自然风干后去除杂草、根系和石块等，过 1mm、0.25mm 和 0.1mm 筛备用。其中过 1mm 筛土壤用于测定 pH 值，过 0.25mm 筛土壤用于测定有机质，过 0.1mm 筛土壤用于测定全氮、全磷、全钾和碳。

（5）群落多样性分析

群落生物多样性包含生物丰富度和均匀度等，有关群落生物多样性的计算模型很多，它们的差别在于对丰富度和均匀度这 2 个变量所赋予的权重不同。本研究选用 Simpson 优势度指数（D）、Shannon–Wiener 指数（H）、Alatalo 均匀度指数（Ea）和 Pielou 均匀度指数（Jsi 和 Jsw）。计算公式如下：

$$D = 1 - \sum_{i=1}^{S} P_i{}^2$$

$$H = -\sum_{i=1}^{S} P_i \ln P_i$$

$$Ea = \left[1 \bigg/ \left(\sum_{i=1}^{S} P_i{}^2 \right) - 1 \right] - \left[\exp\left(-\sum_{i=1}^{S} P_i \ln P_i \right) - 1 \right]$$

$$Jsi = \left(1 - \sum_{i=1}^{S} P_i{}^2 \right) \bigg/ (1 - 1/S)$$

$$Jsw = \left(-\sum_{i=1}^{S} P_i \ln P_i \right) \bigg/ \ln S$$

式中 P_i 为相对重要值，P_i＝（RC+RH+RB）/3；RC 为相对盖度；RH 为相对高度；RB 为相对生物量；S 为物种丰富度，即样方内出现的物种数。

（6）土壤理化性质测定

参照土壤指标常规方法测定。其中采用元素分析仪（CHNSO vario EL，德国 Elementar）测定全氮和碳含量，采用钼锑抗比色法测定全磷含量，采用重铬酸钾滴定法测定土壤有机质含量，利用原子吸收光谱仪（M6 AA System，美国 Thermo）测定全钾含量，采用酸碱度法测定土壤 pH 值（水土比为 1∶1，仪器为 PHS–3G，上海雷磁）。

（7）数据分析

采用 SPSS19.0 软件的完全随机设计模型，对不同发草适生地植物群落及土壤因子进行单因素方差分析；对发草种群特征与群落物种多样性和土壤因子进行相关性分析。采用 CANOCO4.5 对发草适生地植物群落物种多样性指数与土壤因子进行冗余分析。

3.1.3　9 种高寒沼泽湿地植物水分适应性比较

（1）材料与方法

栽培基质：土壤基质为河沙和壤土的混合物，其中河沙购买于建材市场，壤土取自青海省果洛藏族自治州玛沁县大武镇高寒草甸，沙和土以 1∶1（V/V）混合均匀。其理化性质为：碳 2.67%，有机质 1.45%，全氮 0.31%，全磷 0.26mg·g^{-1}，全钾 19.58mg·g^{-1}，pH7.63，电导率 225.52μS·cm^{-1}。

供试植物：9 种供试植物（表 3–1），均为带根营养体移栽。其中发草、中华羊茅、青海草地早熟禾、冷地早熟禾、垂穗披碱草、同德小花碱茅均从青海大学畜牧兽医科学院草原研究所在青海省果洛藏族自治州玛沁县大武镇种植的种子繁育田中获得；华扁穗草、藏嵩草、青藏苔草从种子繁育田附近的高寒草甸中获得。2018 年 5 月初天气转暖时挖取植物带根营养体，挑去枯落物，仔细将植株剪开，分成根系量和地上生物量一致的小簇，保湿备用。

表 3-1 供试种质材料的名称及编号

序号	编号	植物名称	备注
1	F	发草 (*Deschampsia cespitosa*)	新品系
2	L	冷地早熟禾 (*Poa crymophila* Keng)	育成种
3	QC	青海草地早熟禾 (*Poa pratensis* L. cv. Qinghai)	育成种
4	Y	中华羊茅 (*Festuca sinensis* Keng ex S. L. Lu)	育成种
5	T	同德小花碱茅 (*Puccinellia tenuiflora* (Griseb.) Scribn. et Merr. cv. Tongde)	育成种
6	C	垂穗披碱草 (*Elymus nutans* Griseb.)	地方种
7	Z	藏嵩草 (*Kobresia tibetica*)	野生种
8	H	华扁穗草 (*Blysmus sinocompressus* Tang et Wang)	野生种
9	QT	青藏苔草 (*Carex moorcroftii* Falc. Ex Boott)	野生种

（2）试验设计

本研究于青海师范大学城北校区进行。该试验点地处北纬 36.742°，东经 101.749°，海拔 2390.6m，夏季气温 5℃ ~ 20℃。2018 年 5 月将 9 种植物移栽至花盆，待幼苗稳定后进行定苗，每盆定苗 10 株。期间对植物进行正常水分管理。2018 年 7 月，进行水分胁迫处理。水分处理过程中，原地搭建遮雨棚。雨棚两侧通风，不影响温度和湿度。雨棚内放置便携式气象仪（霍尔德 HED-SQ，中国）监测实时气象数据。试验期间白天（20±2）℃，夜晚（5±2）℃。设置 3 个土壤水分处理：中度水涝胁迫（仅植株根颈部被淹，即积水厚度 3cm 左右，medium waterlogging stress，MW）、植物正常需水量（田间持水量的 70% ~ 80%，control check，CK）、中度干旱胁迫（田间持水量的 30% ~ 40%，medium drystress，MD）。每个处理设 10 个重复。试验采用完全随机设计，采用称重法和土壤水分传感器（ProCheck，美国）监测土壤含水量两种方式同时进行水分控制，每 2 天补充损失水分以控制土壤水分达到处理条件，每次浇水时间为 18：00 ~ 19：00，并设置 1 个无植物盆土作为对照，估计土壤表面蒸发水分量。水分胁迫处理共持续 35d。试验结束时测定株高，随后将整盆植物地上部分自茎基部剪下，从花盆中取出植株地下部分，用大量自来水冲洗干净，再用蒸馏水漂洗后拭干表面水分。随机选取 5 个重复植株，将叶片和根系分别装入冻存管经液氮速冻，置于 –80℃冰箱保存备用；另外 5 个重复植株用来测定形态指标。

（3）测定指标与方法

形态指标测定：植株的绝对高度采用常规卷尺测量法从每盆随机选取 5 株测量。植株的主根长采用常规卷尺测量法，随机选取 5 株清洗干净的根系测量。生物量采用烘干法测定，将植株的地上部和地下部分开，分别装袋于 105℃杀青 15min，在 80℃条件下烘干至恒重，称其生物量。

根冠比 = 地下生物量 / 地上生物量

光合色素含量测定：光合色素含量的测定采用混合液法。称取 0.1g 左右新鲜叶片，剪碎后置于刻度试管中。加入 10mL 体积比为 1：1 的 95% 乙醇和 80% 丙酮混合液，避光静置 48h 至绿叶组织变为无色。使用酶标仪（伯乐 xMark）分别在 470nm、645nm、663nm 波长下测定吸光值，用混合液做空白对照。光合色素含量绿素 a（Chl.a）、叶绿素 b（Chl.b）、总叶绿素（Chl）和类胡萝卜素（Cx.c）分别用以下公式计算：

Chl.a=$[$（12.72A663 − 2.59A645）$]×V×N/W$

Chl.b=$[$（22.88A645 − 4.67A663）$]×V×N/W$

Chl=Chl.a+Chl.b

Cx.c=（1000A470 − 2.05Chl.a − 114.8Chl.b）/245 × V × N/W

式中，V 为提取液体积（mL）；N 为稀释倍数；W 为样品鲜重（g）。

丙二醛含量测定：丙二醛（malondialdehyde，MDA）含量的测定采用硫代巴比妥酸法（高俊凤，2006）。称取 0.5g 植物样品入研钵中，加入 2mL 50mmol·L^{-1} 磷酸缓冲液（pH7.8）冰浴研磨，再以每次 1mL 磷酸缓冲液冲洗残渣 3 次，一并倒入离心管中，在 4℃条件下以 6000rpm 离心 20min。在 1mL 上清液中加入 5mL 0.5% 硫巴比妥酸，沸水浴 10min，取出后迅速冷却，在 4℃条件下以 12000rpm 离心 10min。以 0.5% 硫巴比妥酸作为对照，用酶标仪分别在 450nm、532nm 和 600nm 下测定上清液吸光值，计算 MDA 含量。

MDA=$[$6.452 ×（A532 − A600）− 0.559 × A450$]$ × V1/（W × V2）

式中，V1 为提取液总体积（mL）；V2 为测定时样品液体积（mL）；W 为样品鲜重（g）。

（4）渗透调节物质含量测定：

①脯氨酸含量测定

脯氨酸（proline，Pro）含量的测定采用磺基水杨酸浸提—酸性茚三酮显色法测定，参照 Lutts 等（1999）方法进行酶液提取。取 0.5g 植物样品，剪碎后放入带塞试管，加入 5mL 3% 磺基水杨酸溶液，沸水浴 15min，冷却后以 4000rpm 离心 10min，吸取 2mL 上清液加入 2mL 冰醋酸和 2mL 酸性茚三酮溶液，沸水浴中加热 30min 至呈红色。冷却后加入 4mL 甲苯，摇荡 30s，静置片刻，取 10mL 上层液以 3000rpm 离心 5min。以甲苯为空白对照，取上层脯氨酸红色甲苯溶液酶标仪 515nm 波长处测定吸光值，计算 Pro 含量。

Pro=C × V1/（W × V2）

式中，C 为提取液中脯氨酸含量（由标准曲线求得）；V1 为提取液总体积（mL）；V2 为测定时样品液体积（mL）；W 为样品鲜重（g）。

②可溶性糖含量测定

可溶性糖（soluble sugar，SS）含量的测定采用蒽酮比色法。称取 0.3g 植物样品，加 5mL 蒸馏水，研磨成浆，转入 10mL 刻度试管定容。沸水浴 20min，过滤后在 25mL 容量瓶中定容，得到提取液。取 0.5mL 提取液，加 0.5mL 蒽酮乙酸乙酯、1.5mL 蒸馏水、5mL 浓硫酸，摇匀后在沸水浴中显色 10min，冷却至室温。同法制空白对照液。用酶标仪于 620nm 波长下测定吸光值，计算 SS 含量。

③可溶性蛋白含量测定

可溶性蛋白（soluble protein，SP）含量采用考马斯亮蓝 G-250 染色法测定。称取 0.3g 植物样品，加 5mL 蒸馏水，研磨成浆，用 3000rpm 离心 10min，取 0.2mL 上清液加纯水放入具塞试管，加 5mL 考马斯亮蓝 G-250 溶液，充分混合，放置 2min 后，用酶标仪于 595nm 下测定吸光值，计算 SP 含量。

④甜菜碱含量测定

甜菜碱（betaine）含量参照 Grive 和 Grattan 及 Fallard 等的方法。将 0.5g 干组织研磨成细粉，然后浸入 20mL 蒸馏水中过夜。将提取物（1mL）与 1mL 2N 硫酸在冰上混合浸泡 1h，在 4℃条件下以 13000rpm 离心 15min。将 0.5mL 的上层液体与 0.2mL 三碘化钾溶液在冰浴中混合过夜。然后在 4℃下以 13000rpm 离心 15min，并将沉淀物溶解于二氯甲烷中。2h 后，在室温下使用酶标仪测量吸光度 365nm 下的吸光值。参照标准曲线计算甜菜碱含量。

（5）抗氧化酶活性测定

①酶液的提取

称取 0.5g 植物样品入研钵中，加入 2mL 50mmol·L^{-1} 磷酸缓冲液（pH7.8）冰浴研磨。再以每次 1mL 磷酸缓冲液冲洗残渣 3 次，一并倒入离心管中。在 4℃条件下以 6000rpm 离心 20min。收集上清液并分装，保存于超低温冰箱中进行酶活性的测定。

②超氧化物歧化酶活性测定

超氧化物歧化酶（superoxide dismutase，SOD，EC1.15.1.1）活性采用氮蓝四唑显色法测定。取 0.1mL 酶液加入到 3mL 反应介质（20μmol·L^{-1} 核黄素，50mmol·L^{-1} pH7.8 磷酸缓冲液，100μmol·L^{-1} 乙二胺四乙酸二钠，130mmol·L^{-1} 甲硫氨酸，750μmol·L^{-1} 氮蓝四唑）中，其中两支试管不加酶液（0.1mL 50mmol·L^{-1} pH7.8 磷酸缓冲液代替），一支加完酶液立即用黑布遮住作为暗中对照，另一支作为光下对照并与测定管一同置于 4000lx 光下照射 20min。反应结束后，立即用遮光布遮盖试管终止反应，以暗中对照作为空白，在 560nm 下测定吸光值。

SOD 活性单位以抑制氮蓝四唑光化还原 50% 为一个酶活性单位。

SOD 活性（U/gFW）=（A0 — As）× V/（0.5 × A0 × W × Vt）

式中，A0 为光下对照管吸光度；As 为样品测定管吸光度；V 为样品提取液总体积（mL）；Vt 为样品测定液体积（mL）；W 为样品鲜重（g）。

③过氧化物酶活性

过氧化物酶（peroxidase，POD，EC1.11.1.7）活性的测定参考愈创木酚法。取 0.1mL 酶液加入到 3mL 反应体系（100mL 0.1mol·L^{-1} pH6.0 磷酸缓冲液，56μL 愈创木酚加热搅拌溶解，冷却后加入 38μL 30% 过氧化氢，混匀）。以 0.1mL 50mmol·L^{-1} pH7.8 磷酸缓冲液代替酶液作为空白对照，在 470nm 下进行比色，每隔 1min 记录一次吸光值，共记录 4 次。

POD 活性以每分钟内 A470 变化 0.01 为 1 个酶活性单位。

POD 活性（U/gFW）=（ΔA470 × V）/（0.01 × Vs × W × t）

式中，ΔA470 为反应时间内吸光值的变化；V 为样品提取液总体积（mL）；Vs 为样品测定液体积（mL）；t 为反应时间（min）；W 为样品鲜重（g）；0.01 为每分钟增加 0.01 为一个酶活单位。

④过氧化氢酶活性测定

过氧化氢酶（catalase，CAT，EC 1.11.1.6）活性的测定参考方法。取试管 3 支，其中两支作为测定管，另一支作为空白对照管。依次加入 0.2mL 粗酶液、1.0mL 蒸馏水和 1.5mL 磷酸缓冲液。将对照管置于沸水浴中煮 1min，冷却后将所有试管在 25℃下预热 15min，逐管加入 0.3mL 0.1mol·L^{-1} 过氧化氢，迅速倒入比色皿，立即计时，在 240nm 下测定吸光值，每隔 1min 记录 1 次吸光值，共记录 4 次。

CAT 活性以每分钟内 A240 变化 0.1 为 1 个酶活性单位。

CAT 活性 =（ΔA240 × V）/（0.1 × Vs × W × t）

式中，ΔA240 为反应时间内吸光值的变化；V 为样品提取液总体积（mL）；Vs 为样品测定液体积（mL）；t 为反应时间（min）；W 为样品鲜重（g）；每分钟增加 0.1 为一个酶活单位。

（6）抗氧化剂含量测定

①抗坏血酸含量测定

称取 0.5g 植株样品，加 5% 的偏磷酸，冰浴下研磨成匀浆。转入 10mL 离心管中，再以每次 2mL 三氯乙酸冲洗残渣 3 次，一并倒入离心管中。在 4℃条件下以 12000rpm 离心 20min，收集上清液定容分装，保存于超低温冰箱中进行还原型 / 氧化型抗坏血酸含量的测定。

还原型抗坏血酸（ascorbicacid，AsA）、脱氢抗坏血酸（dehydroascorbate，DHA）含量测定参考 Turcs á nyi 等及 Umeo 和 Takayuki 的方法并作适当改进。测定 AsA 含量时，吸取一定量提取液加至 2mL 100mmol·L^{-1} 磷酸钾缓冲液（pH6.8）中。加入 1U 抗坏血酸氧化酶后记录 265nm 下的吸光值变化。测定 DHA 时，吸取一定量提取液加至 2mL 100mmol·L^{-1} 磷酸钾缓冲液（pH6.8）中。当加入 2mmol·L^{-1} 二硫苏糖醇后开始记录 265nm 下的吸光值变化。根据标准曲线计算样品中 AsA、DHA、AsA+DHA、AsA/DHA。

②谷胱甘肽含量测定

称取一定量植物样品放在含有 5mmol·L^{-1} 乙二胺四乙酸二钠的 0.1mol·L^{-1} 磷酸缓冲液（pH8.0）和 25% 磷酸的反应液中冰浴研磨，在 4℃条件下以 20000rpm 离心 30min，收集上清液定容分装，保存于超低温冰箱中进行还原型 / 氧化型谷胱甘肽含量的测定。

还原型谷胱甘肽（glutathione，GSH）和氧化型谷胱甘肽（glutathioneoxidized，GSSG）含量的测定根据 Hissn 和 Hilf 的方法。测定 GSH 含量时，取一定量上清液加入含 5mmol·L^{-1} 乙二胺四乙酸二钠的 0.1mol·L^{-1} 磷酸缓冲液（pH8.0），随后加入 0.1% 邻苯二甲醛和 0.1mol·L^{-1} 磷酸缓冲液（pH8.0，含有 5mmol·L^{-1} 乙二胺四乙酸二钠），室温放置 15min，发射光为 420nm，激发光为 350nm，测定溶液的荧光值。测定 GSSG 含量时，取一定量上清液加入 0.04mol·L^{-1} N- 乙基马来酰亚胺，室温放置 30min，加入 0.1mol·L^{-1} 氢氧化钠，混匀，发射光 420nm，激发光 350nm，测定荧光值。

（7）内源激素含量测定

采用上海江莱生物科技有限公司生产的酶联免疫分析试剂盒测定脱落酸（abscisicacid，ABA）（货号：YX-010201）、细胞分裂素（cytokinin，CTK）（货号：YX-032011）、吲哚乙酸（auxin，IAA）（货号：YX-090101）、赤霉素（gibberellin，GA）（货号：YX-000701）、乙烯（ethylene，ETH）（货号：YX-022008）和水杨酸（salicylicacid，SA）（货号：YX-001901）的含量，其测定方法详见试剂盒使用说明。

（8）隶属函数综合评价

植物水分胁迫抗逆性是由多基因控制的性状或多种因素互作的结果，以单一指标不能准确评价比较9种高寒湿地植物的抗水分胁迫能力。为此，采用了模糊数学中隶属函数的方法，对供试植物的生长参数及生理生化指标进行综合评价。隶属函数值均值越大，则表明对水分胁迫的抗逆性越强。

若指标与抗旱性呈正相关，计算公式为：

$$\mu（X）=（X_j-Xmin）/（Xmax-Xmin） \qquad （1）$$

若指标与抗旱性呈负相关，计算公式为：

$$\mu（X）=1-（X_j-Xmin）/（Xmax-Xmin） \qquad （2）$$

式中，μ（X）为各供试材料X的各个指标的隶属函数值，X_j 为各供试材料第 j 个指标值，Xmin、Xmax 分别为供试材料中第 j 个指标值的最大值和最小值。

先求出9种高寒沼泽湿地植物各指标的隶属函数值，然后进行累加计算各指标隶属函数值的平均值。即

$$\overline{\mu(X)}=\frac{1}{n}/\sum_{i-1}^{n}\mu(X) \qquad （3）$$

（9）主成分分析

利用数学降维思想，将原来多个变量转化为相互独立的少数变量，按照方差大小进行排序，再根据方差累积贡献率来确定主成分，以方差累积贡献率最大的为第一主成分，以此类推，有多少个变量就有多少个主成分。最后计算综合得分情况，得分越高，则表明该指标越能代表植物抗水分胁迫能力，反之越差。

3.1.4 典型高寒湿地植物栽培技术

（1）试验基地环境

大通县属青藏大陆性气候，海拔约 2280 ~ 4622m，干燥低温，冬季长而寒冷，夏季短而凉爽，无霜期短，日温差大，太阳辐射强，光能资源丰富，年气温 –6 ~ 5.2℃。海拔升高 100m，山区气温递减 0.52℃，农业区递减 0.6℃。降雨量约为 451 ~ 820mm，多夜雨，强度小。土壤为高山草甸土、砂质轻粘性栗钙土等。高寒湿地植物繁育基地位于大通县向化乡（101° 49′ 17″ E，

36° 34′ 3″ N，海拔 3090m），面积 0.5hm²。土壤为高山草甸土，能满足典型高寒湿地植物生长环境的基本要求。土壤养分见表 3-2。

表 3-2　种植地土壤养分含量

pH	有机质（g·kg⁻¹）	全氮（g·kg⁻¹）	速效氮（mg·kg⁻¹）	全磷（g·kg⁻¹）	速效磷（mg·kg⁻¹）	全钾（g·kg⁻¹）	速效钾（mg·kg⁻¹）
7.51	32.16	5.17	4.4	2.14	22.65	15.93	40.46

（2）栽培地处理

整地去杂

选地：种植地选择在排水良好、质地疏松和富含腐殖质的沙质土壤上。平整土地后要耙细，使土壤疏松、平整。

整地：按常规方法进行，土壤冻结前整地，清除地面杂草，深耕细耙，在春季四月初种植前进行翻地、耙地，在栽培前每公顷混沙 375m³，混锯末粉 900m³ 处理。

施肥：翻地时结合施肥，施磷酸二铵作为底肥。

喷灌设施：由于所栽培的植物均为喜湿的湿生植物，在播种后保持地表湿润是提高出苗率的关键，栽培用地均装备喷灌设备。

3.2　三江源地区湿地植物及典型生境调查

通过实地调查、标本查阅与文献统计，三江源地区湿地植物共有约 33 科 94 属 219 种。其中蓼科 2 属 10 种、石竹科 2 属 4 种、毛茛科 9 属 26 种、罂粟科 2 属 2 种、十字花科 5 属 10 种、景天科 1 属 1 种、虎耳草科 3 属 6 种、蔷薇科 4 属 6 种、豆科 3 属 4 种、牻牛儿苗科 1 属 2 种、水马齿科 1 属 1 种、柽柳科 1 属 4 种、柳叶菜科 1 属 2 种、小二仙草科 1 属 1 种、杉叶藻科 1 属 1 种、伞形科 2 属 2 种、报春花科 3 属 7 种、龙胆科 7 属 20 种、唇形科 2 属 2 种、玄参科 5 属 20 种、狸藻科 1 属 1 种、车前科 1 属 2 种、茜草科 1 属 1 种、菊科 8 属 23 种、眼子菜科 2 属 6 种、冰沼草科 1 属 1 种、泽泻科 1 属 1 种、禾本科 9 属 11 种、莎草科 5 属 32 种、灯心草科 2 属 3 种、百合科 2 属 2 种、鸢尾科 1 属 1 种、和兰科 4 属 4 种。在上述 33 个科中，9 个科是单属单种，分别为景天科、水马齿科、小二仙草科、杉叶藻科、狸藻科、茜草科、冰沼草科、泽泻科和鸢尾科。此外，毛茛科、十字花科、龙胆科、玄参科、菊科、禾本科和莎草科至少含 5 个属，这 7 科植物在三江源湿地中较为常见，禾本科和莎草科更是很多湿地的建群种和优势种。其余 17 个科所含属数介于 1 ~ 5 之间。

根据吴征镒关于中国种子植物科的分布类型的研究，可将三江源地区孕育的 33 科 94 属 219 种湿地植物划分为 4 个分布区类型和 6 个变型。世界分布的科有 25 个，占总数的 3/4。上述 7

个大科均为世界分布，除此之外，蓼科、石竹科、景天科、虎耳草科、蔷薇科、豆科、水马齿科、柳叶菜科、小二仙草科、伞形科、报春花科、唇形科、狸藻科、车前科、茜草科、眼子菜科、泽泻科和兰科这 18 个科均属世界分布。在上述大科中，菊科和豆科被认为是典型的温带科，且在这些科中分布于三江源湿地的属多为温带分布，特别是北温带分布为主。热带亚洲—热带非洲—热带美洲（南美洲）只有 1 科，为鸢尾科。北温带分布类型中，北温带广布的科有 2 个，为杉叶藻科和百合科；环极分布的为冰沼草科；北温带和南温带间断分布的科有 3 科，为罂粟科、牻牛儿苗科和灯芯草科。欧亚温带分布的科为怪柳科，该科植物一般在干旱地方常见，耐盐碱，也有部分植物生长在盐碱沼泽或者盐碱河漫滩。

3.3 三江源地区湿地被子植物属的分布类型

在三江源湿地分布的 94 属中，有 9 属所含种数大于 5（含），56 属只含有 1 个种，其余 29 属所含种数介于 1 ~ 5 之间。

根据吴征镒的关于中国种子植物属分布类型的研究，将三江源湿地种子植物属划分为 10 个类型和 16 个变型，温带性质明显。其中以北温带分布及其变型最多，共 46 属，约为总数一半；世界分布的属有 26 个，为总数的 27.7%；旧世界温带分布属有 11 个。其余分布类型只有 1 到 2 个属。

三江源地区沼泽湿地属沼泽化草甸类型。沼泽化草甸由湿中生多年生草本植物为优势种，或混生湿生多年生植物组成。主要分布于河漫滩、湖滨、泉水溢出地、山间盆地、河流阶地、高山鞍部及冰雪带下缘等地。群落结构相对简单。

根据植被建群种的不同，三江源地区沼泽湿地大体上可以分为藏嵩草 – 苔草沼泽化草甸和华扁穗草沼泽化草甸两种类型。

3.3.1 藏嵩草 – 苔草沼泽化草甸

由莎草科的嵩草属和苔草属植物为建群种所组成的湿地类型。三江源地区气候高寒，有季节性冻土和永久性冻土分布，在冻土的冻胀和冻融的作用下，形成面积大小不等的草丘。草丘间常有积水，草丘上密生嵩草，而积水洼地生长着喜湿的苔草以及杉叶藻和碱毛茛等水生植物。该湿地类型以特有的草丘微地貌为特征。

该类型的总盖度在 80% 以上，植物种类较为丰富，层次分化不明显，草层高度在 15 ~ 25cm 左右。草丘上草本层以藏嵩草和苔草为优势种，伴生许多杂类草，如草地早熟禾、栗花灯心草、鹅毛委陵菜和华扁穗草等，草丘间分布有黑褐苔草和无味苔草等次优势种，积水中生长着云生毛茛和杉叶藻等水生植物。

3.3.2　华扁穗草沼泽化草甸

由莎草科扁穗草属的华扁穗草为建群种所组成的湿地类型。该类型分布于河漫滩、湖滨和泉水溢出带，呈片状或带状分布。群落地下水位较高或有常年积水。群落以连续分布、生长茂密、外貌整齐为其特征。植被盖度较大，一般在90%以上。植物种类相对较为贫乏，群落结构简单，仅有草本层，冠层高度10～20cm。华扁穗草为绝对优势种，常与毛茛科、蓼科等湿生、沼生植物伴生。

3.4　典型高寒湿地植物萌发技术研究

3.4.1　华扁穗草的萌发技术

（1）华扁穗草的生物学特性及生态环境调研

华扁穗草为莎草科扁穗草属多年生草本，株高10～25cm，具有细长横走的黄褐色匍匐根状茎。秆直立，散生，扁3棱形，具有细的纵棱槽，基部具褐色残存叶鞘。叶在秆的中部以下着生，条形，比秆短，扁平，宽1～3.5mm，先端渐尖，边缘粗糙，具膜质叶舌。穗状花序顶生，长圆形，长1.5～3cm，直径7～9mm，有3～10枚排成2列的小穗，故使花序扁平状；小穗卵状披针形或长圆形，长5～7mm，内含2～9朵两性花；苞片叶状，一般长于花序；鳞片长卵圆形，深褐色，长3～5mm，背面具3～5脉；下位刚毛3～6，卷曲，长为小坚果两倍，有倒刺；雄蕊3，花药狭长圆形，长约3mm；柱头2。小坚果倒卵形，平凸状，长约2mm。花期6～9月。草质细软，各类牲畜都喜欢。据分析，含灰分4.99%～7.53%，粗蛋白12.69%～16.63%，粗脂肪4.24%～5.46%，粗纤维20.42%～27.22%，无氮浸出物45.75%～56.44%，是一种较好的优良牧草。

分布于华北地区及陕西、甘肃、青海、四川、云南和西藏等省区。在青海省的分布为海北、海南、黄南、果洛和玉树等州。生于海拔3000～4200m的溪旁、河边、河漫滩潮湿处和沼泽地上。

（2）华扁穗草种子特性

种子形态和解剖学研究：华扁穗草种子为小坚果，近棱形，腹面凸起，褐色，四边具粘毛。种子千粒重为0.62g。

通过切片观察表明，种子胚处于原胚阶段，表明胚具有后熟特性。

（3）种子发芽率测定

在实验室内对未处理的华扁穗草种子进行了发芽率测定实验。

发芽率测定方法：在消过毒的15cm玻璃培养皿内铺一层消过毒的浸湿滤纸，种子经过消毒处理后，每组随机数取 100 粒，分别均匀放入培养皿滤纸上，在不同温度下，处理 60 天，统计发芽率。

在 5 ~ 20℃室温状况下，进行了 60 天的发芽实验，发芽率均为 0%，并进行种子解剖检测，种子均未观察到胚。

（4）华扁穗草种子的后熟处理研究

种子在 5℃、10℃、20℃条件下通过物理化学处理，种子的原胚生长发育，并形成成熟胚。

在处理 15 周后种子胚长与胚向轴长约 80% 时，胚完全成熟，胚完成形态发育后，进行种子萌发实验，其发芽率为 0%，成熟后仍需打破休眠。

处理后种子在不同温度条件下发芽时间的测定，按上述发芽试验方法进行，统计发芽率（表3-3）和发芽时间（表3-4）。其中采用赤霉素 50 ~ 200ppm 条件下效果最好，通过 3 周赤霉素处理，种子即可用于栽培，处理后的种子进行种子发芽实验，其发芽率大于 87%。

表 3-3　后熟处理后不同温度下华扁穗草种子的发芽率

温度（℃）	5	10	20
发芽率（%）	87	85	80

表 3-4　后熟处理后不同温度下华扁穗草种子发芽需要的时间

温度（℃）	5	10	20
发芽所需时间（d）	15	11	8

3.4.2　青藏苔草的萌发技术

（1）青藏苔草的生物学特性及生态环境调研

青藏苔草为莎草科苔草属多年生草本，高 10 ~ 40cm，具明显地横走根状茎。秆直立，3 棱柱形，基部具褐色，分裂成纤维状的枯叶鞘。叶基生，短于秆，扁平，宽约 4mm，边缘粗糙。小穗 4 ~ 5 枚组成花序，排列紧密，顶生的为雄性，侧生的为雌性；雄小穗圆柱形，长 1.8 ~ 2.2cm，粗约 5mm；雌小穗卵形或椭圆状圆柱形，长 1 ~ 2.3cm，粗 7 ~ 10mm；苞片短叶状，稍长与本身所包小穗，无苞鞘，雌花鳞片卵状长圆形，长达 6mm，黑褐色，先端渐尖，具有白色膜质边缘；果囊椭圆形或倒卵状椭圆形，等长或稍短于鳞片，具钝 3 棱，革质，脉不明显，先端急缩成短喙，喙口具 2 短齿。小坚果倒卵状椭圆形，长约 2.3mm，具钝 3 棱；柱头 3。花期 7 ~ 9 月。可作牧草，本种含灰分 8.46%，粗蛋白 14.50%，粗脂肪 3.05%，粗纤维 26.59%，无氮浸出物 47.10%。

分布于甘肃、青海和西藏等省区。在青海省的分布为海北、海南、黄南、果洛和玉树等州。生于海拔 3700 ~ 4600m 的河漫滩、湿沙地、阴坡潮湿处。

（2）青藏苔草种子特性

种子形态和解剖学研究：青藏苔草种子为小坚果，近圆形，腹面扁平，灰白色，四边具翅。

种子千粒重为 1.49g。

通过切片观察表明，青藏苔草种子胚处于原胚阶段，表明胚具有后熟特性。

（3）种子发芽率测定

在实验室内对未处理的青藏苔草种子进行了发芽率测定实验。

发芽率测定方法：在消过毒的 15cm 玻璃培养皿内铺一层消过毒的浸湿滤纸，种子经过消毒处理后，每组随机数取 100 粒，分别均匀放入培养皿滤纸上，在不同温度下，处理 60 天，统计发芽率。

采集的种子在 5 ～ 20℃室温状况下，进行了 60 天的发芽实验，发芽率均为 0%，并进行种子解剖检测，种子未观察到胚。

（4）青藏苔草种子的后熟处理研究

种子在 5℃、10℃、20℃条件下通过物理化学处理，种子的原胚生长发育，并形成成熟胚。

在处理 24 周后种子胚长与胚向轴长约 75% 时，胚生长基本停止，胚完全成熟。

处理后种子在不同温度条件下发芽时间的测定，按上述发芽试验进行发芽试验，统计发芽率（表 3-5）和发芽时间（表 3-6）。其中采用赤霉素 150ppm 处理后的种子在 5℃条件下发芽率最高为 68%。

表 3-5　后熟处理后不同温度下青藏苔草种子的发芽率

温度（℃）	5	10	20
发芽率（%）	68	64	60

表 3-6　后熟处理后不同温度下青藏苔草种子发芽需要的时间

温度（℃）	5	10	20
发芽所需时间（d）	21	16	13

3.4.3　藏嵩草的萌发技术

（1）藏嵩草的生物学特性及生态环境调研

藏嵩草为莎草科嵩草属多年生草本，根状茎短。秆密丛生，纤细，高 20 ～ 50cm，粗 1 ～ 1.5mm，稍坚挺，钝三棱形，基部具褐色至褐棕色的宿存叶鞘。叶短于秆，丝状，柔软，宽不及 1mm，腹面具沟。穗状花序椭圆形或长圆形，长 1.3 ～ 2cm，粗 3 ～ 5mm；支小穗多数，密生，顶生的雄性，侧生的雄雌顺序，在基部雌花之上具 3 ～ 4 朵雄花。鳞片长圆形或长圆状披针形，长 3.5 ～ 4.5mm，顶端圆形或钝，无短尖，膜质，背部淡褐色、褐色至栗褐色，两侧及上部均为白色透明的薄膜质，具 1 条中脉。先出叶长圆形或卵状长圆形，长 2.5 ～ 3.5mm，膜质，淡褐色，在腹面边缘分离几至基部，背面无脊无脉，顶端截形或微凹。花柱基部微增粗，柱头 3 个。花果期 5 ～ 8 月。分布于甘肃、青海和西藏等省区。在青海省的分布为海北、海南、黄南、果洛和玉树等州。生于海拔 3700 ~ 4600m 的河漫滩、湿沙地和阴坡潮湿处。

（2）藏嵩草种子特性

种子形态和解剖学研究：藏嵩草种子为小坚果，椭圆形，长圆形或倒卵状长圆形，扁三棱形，长 2.3 ~ 3mm，成熟时暗灰色，有光泽，基部几无柄，顶端骤缩成短喙。种子千粒重为 1.21g。

通过切片观察表明，种子胚处于原胚阶段，表明胚具有后熟特性。

（3）种子发芽率测定

在实验室内对未处理的藏嵩草种子进行了发芽率测定。

发芽率测定方法：在消过毒的 15cm 的玻璃培养皿内铺一层消过毒的浸湿滤纸，种子经过消毒处理后，每组随机数取 100 粒，分别均匀放入培养皿滤纸上，在不同温度下，处理 60 天，统计发芽率。

采集的种子在 5 ~ 20℃室温状况下，进行了 60 天的发芽实验，发芽率均为 0%，并进行种子解剖检测，种子未观察到胚。

（4）种子的后熟处理研究

种子在 5℃、10℃、20℃ 条件下通过物理化学处理，种子的原胚生长发育，并形成成熟胚。

在处理 24 周后种子胚长与胚向轴长约 75% 时，胚生长基本停止，胚完全成熟。

处理后种子在不同温度条件下发芽时间的测定，按上述发芽试验进行发芽试验，统计发芽率（表 3-7）和发芽时间（表 3-8）。其中采用赤霉素 150ppm 处理 5℃ 条件下效果最好，其发芽率达到 49%。

表 3-7　后熟处理后不同温度下藏嵩草种子的发芽率

温度（℃）	5	10	20
发芽率（%）	49	34	30

表 3-8　后熟处理后不同温度下藏嵩草种子发芽需要的时间

温度（℃）	5	10	20
发芽所需时间（d）	20	18	17

3.4.4　金露梅的萌发技术

（1）金露梅的生物学特性及生态环境调研

金露梅隶属于蔷薇科委陵菜属落叶灌木。高 30 ~ 130cm，多分枝。树皮灰褐色，片状剥落，小枝浅红褐色或浅灰褐色，幼枝被长柔毛。单数羽状复叶，小叶 3 ~ 7 片，通常为 5 片，长椭圆形、矩圆状倒卵形或倒披针形，长 4 ~ 15mm，宽 3 ~ 6mm，先端急尖，基部楔形，全缘，边缘反卷，上面深绿色，被密或疏的绢毛，下面浅绿色，沿中脉被绢毛或近无毛，主脉下面突出，上面凹入；叶柄短，长约 1cm，被柔毛，与小叶片接合处有关节；托叶膜质，褐色，卵状披针形，先端渐尖，基部和叶枕合生。花单生叶腋或数朵成伞房状花序，直径 1.5 ~ 2.5cm，花梗长 6 ~ 12mm，被绢毛，花黄色，直径 1.5 ~ 3cm；副萼片 5 片，线状披针形，几与萼片等长，萼片 5，披针状卵形，先端渐尖，果期增大，与萼筒外面均被疏长柔毛和绢毛；花瓣 5 片，宽倒卵形或近圆形，比萼片长 1 倍；雄蕊多数，着生于花托边缘；花柱近基生，长约 2mm，子房近卵形，长约 1mm，密被绢毛。瘦果多数，密被长柔毛，褐棕色。花期 6 ~ 8 月。花和叶均可入药。叶能清暑热，益脑清心，调经、健胃，主治暑热眩晕、两目不清、胃气不和、滞食和月经不调；嫩叶亦可代茶用。花治妇科疾病、赤白带下。叶和果含鞣质，可提制栲胶。也可用作庭院绿化和观赏。

分布于吉林、辽宁、内蒙古、河北、山西、河南、山东、陕西、甘肃、青海、新疆、四川、云南和西藏等省区。在青海省分布于各州县。生于海拔 2500 ~ 4200m 的阴坡至半阳坡灌丛中、林缘及河滩上。

（2）金露梅种子特性

种子形态和千粒重：金露梅种子为真种子，近梨形，棕黄色，千粒重 0.33g。

（3）种子发芽率测定

在实验室内对未处理的金露梅种子进行了发芽率测定实验。

发芽率测定方法：在消过毒的 15cm 的玻璃培养皿内铺一层消过毒的浸湿滤纸，种子经过消毒处理后，每组随机数取 100 粒，分别均匀放入培养皿滤纸上，在不同温度下，处理 60 天，统计发芽率。

采集的种子在 5 ~ 20℃室温状况下，进行了 60 天的发芽实验，发芽率均为 2%，并进行种子解剖检测，种子未观察到胚。

（4）金露梅种子的后熟处理研究

在消过毒的 15cm 的玻璃培养皿内铺一层消过毒的浸湿滤纸，种子经过消毒处理后，每组随机数取 100 粒，分别均匀放入培养皿滤纸上，在 5℃、10℃、20℃条件下，进行发芽率实验，统计发芽率（表 3-9）及发芽时间（表 3-10）。其中采用赤霉素 200ppm 处理 10℃条件下发芽率最高，为 94%。

表 3-9　不同温度下金露梅种子的发芽率

温度（℃）	5	10	20
发芽率（%）	92	94	90

表 3-10　不同温度下金露梅种子发芽需要的时间

温度（℃）	5	10	20
发芽所需时间（d）	12	10	8

3.4.5 西伯利亚蓼的萌发技术

（1）西伯利亚蓼的生物学特性及生态环境调研

西伯利亚蓼是蓼科、蓼属多年生草本植物。植株高 6 ~ 30cm，根状茎细长，茎外倾或近直立，自基部分枝，无毛。叶片长椭圆形或披针形，无毛，长 5 ~ 13cm，宽 0.5 ~ 1.5cm，顶端急尖或钝，基部戟形或楔形；托叶鞘筒状，膜质，上部偏斜，开裂，无毛，易破裂。花序圆锥状，顶生；苞片漏斗状，无毛，通常每 1 苞片内具 4 ~ 6 朵花；花梗短，中上部具关节；花被 5 深裂，黄绿色，花被片长圆形，长约 3mm;雄蕊 7 ~ 8，稍短于花被。瘦果卵形，具 3 棱，黑色，有光泽，包于宿存的花被内或凸出。花果期 6 ~ 9 月。抗寒性、抗旱性强，耐刈割，再生性强，不耐践踏。

分布于中国、蒙古、俄罗斯（西伯利亚、远东）和哈萨克斯坦。在青海省分布于各州县。生长于海拔 30 ~ 5100m 的路边、湖边、河滩、山谷湿地和沙质盐碱地。

（2）西伯利亚蓼种子特性

种子形态和千粒重：西伯利亚蓼种子为瘦果，千粒重为 0.410g。

（3）种子发芽率测定

发芽率测定方法：在消过毒的 15cm 的玻璃培养皿内铺一层消过毒的浸湿滤纸，种子经过消毒处理后，每组随机数取 100 粒，分别均匀放入培养皿滤纸上，在不同温度下，处理 60 天，统计发芽率。

采集的种子在 5 ~ 20℃室温状况下，进行了 60 天的发芽实验，发芽率最高为 45%。

（4）西伯利亚蓼种子的后熟处理研究

种子通过物理化学处理后在 5℃、10℃、20℃条件下进行种子萌发研究（表 3–11）。处理后种子在不同温度条件下发芽时间的测定（表 3–12），按上述发芽试验进行发芽试验，统计发芽率和发芽时间。其中采用赤霉素 100ppm 处理 10℃条件下发芽率最高，为 92%。

表 3–11 后熟处理后不同温度下西伯利亚蓼种子的发芽率

温度（℃）	5	10	20
发芽率（%）	89	92	90

表 3–12 后熟处理后不同温度下西伯利亚蓼种子发芽需要的时间

温度（℃）	5	10	20
发芽所需时间（d）	15	16	17

3.4.6 发草的生物学特征研究

（1）发草的生物学特性及生态环境调研

发草别名无芒发草、小穗发草，是禾本科发草属多年生草本植物。须根柔韧，秆直立或基部稍膝曲，丛生，高 30 ~ 150cm，具 2 ~ 3 节。叶鞘上部者常短于节间，无毛；叶舌膜质，先端渐尖或 2 裂，长 5 ~ 7mm；叶片质韧，常纵卷或扁平，长 3 ~ 7mm，宽 1 ~ 3mm，分蘖长达 20cm。圆锥花序疏松开展，常下垂，长 10 ~ 20cm，分枝细弱，平滑或微粗糙，中部以下裸露，上部疏生少数小穗；小穗草绿色或褐紫色，含 2 朵小花；小穗轴节间长约 1mm，被柔毛；颖不等，第一颖具 1 脉，长 3.5 ~ 4.5mm，第二颖具 3 脉，等于或稍长于第一颖；第一外稃长 3 ~ 3.5mm，顶端啮蚀状，基盘两侧毛长达稃体的 1/3，芒自稃体基部 1/4 ~ 1/5 处伸出，劲直，稍短于或略长于稃体；内稃等长或略短于外稃；花药长约 2mm。花果期 7 ~ 9 月。

分布于全世界温寒地区，我国的分布范围为东北、华北、西北和西南等地区诸省，在青海省分布于祁连、刚察、海晏、玛沁、玛多、班玛、玉树、达日、甘德和同德等地。其适生范围广，分布于温寒地区海拔 1500 ~ 4500m 的灌丛、河滩、草甸、草原和沼泽等生境，具有耐刈割、耐寒、耐旱性。

（2）发草种子特性

种子形态和千粒重：发草种子为颖果，棕黄色，千粒重为 0.0271g。

（3）种子发芽率测定

发芽率测定方法：在消过毒的 15cm 的玻璃培养皿内铺一层消过毒的浸湿滤纸，种子经过消毒处理后，每组随机数取 100 粒，分别均匀放入培养皿滤纸上，在不同温度下，处理 60 天，统计发芽率。

采集的种子在 5 ~ 20℃室温状况下，进行了 60 天的发芽实验，发芽率最高为 86%。因发草自然发芽率较高，未对发草种子进行进一步的后熟处理。

3.5 适生地植物群落特征及其生理生态适应性

3.5.1 发草适生地植物群落结构组成和植物多样性特征

在玛沁地区野外调查的所有样地中，共记录到 83 种物种，均为被子、草本植物，隶属于 17 科 49 属。其中含种数较多的科为菊科 10 属 14 种，禾本科 9 属 14 种，莎草科 3 属 13 种，毛茛科 5 属 6 种，龙胆科 3 属 6 种，玄参科 3 属 6 种。根据群落中物种重要值的大小将所有样地中的植物群落划分为 5 种群落类型（表 3-13）。其中，Ⅰ：发草群落的优势物种为发草，次优势种为青藏苔草和垂穗披碱草，伴生种为鹅绒委陵菜；Ⅱ：华扁穗草群落的优势物种为华扁穗草，伴生种为发草、高原嵩草和甘肃嵩草；Ⅲ：华扁穗草 + 发草群落的优势物种为华扁穗草和发草，藏嵩草、细叶嵩草和垂穗披碱草是伴生种；Ⅳ：藏嵩草群落的优势物种为藏嵩草，伴生种为发草、垂穗披碱草、华扁穗草、甘肃嵩草和细叶嵩草；Ⅴ：藏嵩草 + 发草群落的优势物种为藏嵩草和

表 3-13 发草适生地植物群落类型及其结构组成

群落序号	群落类型	日期	经度（E）	纬度（N）	海拔（m）	群落面积（m²）
I	发草群落 D. caespitosa community	2018-08-15	100° 13′ 29″	34° 28′ 14″	3730	1000
II	华扁穗草群落 B. sinocompressus community	2018-08-20	100° 13′ 25″	34° 27′ 58″	3650	800
III	华扁穗草 + 发草群落 B. sinocompressus community+D. caespitosa community	2018-08-23	100° 13′ 22″	34° 27′ 57″	3646	900
IV	藏嵩草群落 K. tibetica community	2018-08-22	100° 13′ 28″	34° 28′ 17″	3640	900
V	藏嵩草 + 发草群落 K. schoenoides community+D. caespitosa community	2018-08-21	100° 13′ 24″	34° 28′ 20″	3660	1000

表 3-14 发草适生地植物群落物种多样性特征

群落	物种丰富度（S）	Simpson 优势度指数（D）	Shannon-Wiener 指数（H）	Alatalo 均匀度指数（Ea）	Pielou 均匀度指数（Jsi）	Pielou 均匀度指数（Jsw）	发草盖度（C_d, %）	发草株高（H_d, cm）	发草生物量（B_d, g·m^{-2}）	发草重要值（V_{alued}）
I	4±0.00c	0.69±0.01e	1.27±0.01e	0.86±0.01a	0.92±0.01b	0.92±0.01a	91.67±1.53a	75.40±2.36a	681.78±76.93a	0.453±0.014a
II	24±0.58b	0.83±0.01d	2.51±0.05d	0.43±0.01d	0.87±0.01d	0.80±0.01d	1.33±0.29d	37.08±4.91c	11.33±4.48c	0.029±0.005c
III	23±1.00b	0.92±0.00a	2.82±0.03a	0.77±0.04b	0.97±0.00a	0.90±0.01b	20.33±1.53c	43.87±3.63c	93.06±14.88b	0.129±0.017b
IV	27±1.15a	0.86±0.00c	2.69±0.03b	0.46±0.01d	0.90±0.00c	0.82±0.00cd	2.50±1.32d	56.42±11.43b	15.68±9.01c	0.039±0.007c
V	23±0.58b	0.88±0.01b	2.62±0.05c	0.58±0.01c	0.92±0.01b	0.83±0.01c	30.67±3.79b	60.40±5.57b	105.62±15.40b	0.128±0.003b
平均	20±8.40	0.84±0.08	2.38±0.58	0.62±0.18	0.91±0.03	0.85±0.05	29.30±34.29	54.63±14.84	181.50±263.75	0.156±0.160

注：同列不同小写字母表示不同发草适生地植物群落间差异显著（$P < 0.05$）。下同

发草，伴生种为垂穗披碱草、鹅绒委陵菜、高原嵩草和细叶嵩草。

通过发草适生地植物群落物种多样性特征分析发现（表3-14），各植物群落中物种多样性特征变幅较大。群落间物种丰富度（S）为 4 ~ 27；Simpson 优势度指数（D）为 0.69 ~ 0.92；Shannon-Wiener 指数（H）为 1.27 ~ 2.82；Alatalo 均匀度指数（Ea）为 0.43 ~ 0.86；Pielou 均匀度指数 Jsi 为 0.87 ~ 0.97；Pielou 均匀度指数 Jsw 为 0.80 ~ 0.92。发草在各群落中所起作用也有很大差异，发草盖度（C_d）为 1.33% ~ 91.67%；发草高度（H_d）为 37.08 ~ 75.40cm；发草生物量（B_d）为 11.33 ~ 681.78g·m^{-1}；发草重要值（V_{alued}）为 0.029 ~ 0.453。根据方差分析可知，群落Ⅲ的 Simpson 优势度指数、Shannon-Wiener 指数、Pielou 均匀度指数 Jsi 均显著大于其他群落（$P < 0.05$）。群落Ⅳ的物种数达到 27 种，显著高于其他群落（$P < 0.05$）。群落Ⅰ的物种只有 4 种，但是其 Alatalo 均匀度指数和 Pielou 均匀度指数 Jsw 显著大于其他群落（$P < 0.05$）。对于发草来说，群落Ⅰ中发草的盖度、株高、生物量和重要值均显著高于其他群落（$P < 0.05$）。

3.5.2 发草适生地土壤特征

植物群落的分布格局是不同尺度上经纬度、海拔、地形、气候和土壤等各种环境因子综合作用的结果。在微生境尺度上，土壤理化性质决定了植物群落类型及物种多样性。通过分析玛沁地区发草适生地植物群落土壤因子特征发现，对于 0 ~ 10cm 层，群落Ⅳ和Ⅴ的 N、C、SOM 和 W 含量显著高于群落Ⅰ、Ⅱ和Ⅲ（$P < 0.05$），群落Ⅳ的 P 含量显著高于群落Ⅰ、Ⅱ和Ⅲ（$P < 0.05$），群落Ⅰ和Ⅲ的 pH 显著高于群落Ⅱ、Ⅳ和Ⅴ（$P < 0.05$）（表3-15）。

3.5.3 发草种群特征与主要环境因子间的相关性

从发草种群特征与群落物种多样性指标间相关性（表3-16）分析发现，对于发草来说，其盖度和生物量与群落物种丰富度、Simpson 优势度指数、Shannon-Wiener 指数间存在极显著负相关关系（$P < 0.01$），与 Alatalo 均匀度指数、Pielou 均匀度指数 Jsw 间存在极显著正相关关系（$P < 0.01$）。发草的株高与群落物种丰富度和 Shannon-Wiener 指数存在极显著负相关关系（$P < 0.01$），与 Simpson 优势度指数存在显著负相关关系（$P < 0.05$），与 Alatalo 均匀度指数存在显著正相关关系（$P < 0.05$）。发草在群落中的重要值与群落物种丰富度、Simpson 优势度指数、Shannon-Wiener 指数间存在极显著负相关关系（$P < 0.001$），同时与 Alatalo 均匀度指数和 Pielou 均匀度指数 Jsw 间存在极显著正相关关系（$P < 0.001$）。

根据发草种群特征与土壤因子间相关性（表3-17）分析，发草的盖度、生物量和重要值与 0 ~ 10cm 土层 P 含量、水分含量及 10 ~ 20cm 土层 P 含量间存在显著的负相关关系（$P < 0.05$）。另外，作为研究某物种在群落中的地位和作用的综合数量指标，重要值与 0 ~ 10cm 土层 pH 间存在显著正相关关系（$P < 0.05$）。

表3-15　发草适生地植物群落土壤特征

土层（cm）	群落	全N（%）	全P（mg·g⁻¹）	全K（mg·g⁻¹）	全C（%）	有机质（%）	pH	土壤含水量（%）
0～10	I	0.25±0.04b	0.24±0.02c	6.50±1.55ab	3.43±0.21b	3.88±1.25b	7.14±0.10a	31.45±0.53c
	II	0.34±0.06b	0.46±0.03b	2.76±1.30b	4.30±0.60b	3.45±1.42b	6.66±0.24b	42.57±6.45b
	III	0.33±0.11b	0.48±0.03b	6.99±5.11ab	5.54±0.79b	5.48±1.45b	7.22±0.27a	44.29±4.41b
	IV	1.17±0.32a	0.60±0.06a	11.53±3.68a	15.07±4.13a	19.64±2.70a	6.80±0.12b	64.92±1.81a
	V	1.13±0.13a	0.55±0.08ab	5.62±2.84ab	13.42±1.38a	20.29±2.73a	6.76±0.07b	59.87±2.74a
	平均	0.64±0.45	0.46±0.13	6.68±4.00	8.35±5.33	10.55±8.17	6.92±0.28	48.62±13.01
10～20	I	0.27±0.04b	0.17±0.02c	6.55±4.89b	3.28±0.39c	2.99±1.40c	7.14±0.12b	35.51±4.83b
	II	0.23±0.03b	0.39±0.03b	6.59±1.90b	3.70±0.28bc	4.04±1.71c	6.85±0.10c	39.43±6.02ab
	III	0.40±0.24b	0.41±0.03b	17.00±2.36a	5.64±2.42bc	9.78±2.70b	7.41±0.13a	43.51±19.72ab
	IV	0.48±0.24b	0.53±0.06a	9.10±0.56b	7.48±3.59b	11.96±1.13ab	6.83±0.04c	49.68±4.27ab
	V	0.80±0.12a	0.48±0.08ab	4.88±4.37b	11.23±1.08a	14.85±3.92a	6.77±0.06c	59.07±6.63a
	平均	0.44±0.25	0.39±0.13	8.82±5.23	6.27±3.45	8.73±5.14	7.00±0.26	45.44±12.09

表 3-16　发草种群特征与群落物种多样性间相关性

多样性指数	盖度（Cd）	株高（Hd）	生物量（Bd）	重要值 Valued
S	−0.946***	−0.653**	−0.974***	−0.960***
D	−0.784**	−0.617*	−0.864***	−0.797***
H	−0.907***	−0.693**	−0.954***	−0.917***
Ea	0.827***	0.518*	0.779**	0.849***
Jsi	0.291	0.160	0.178	0.300
Jsw	0.764**	0.464	0.736**	0.800***

注：*** 在 0.001 水平极显著相关；** 在 0.01 水平极显著相关；* 在 0.05 水平显著相关。下同

表 3-17　发草种群特征与土壤因子间相关性

土层（cm）	土壤指标	盖度（Cd）	株高（Hd）	生物量（Bd）	重要 Valued
0 ~ 10	N	−0.373	0.119	−0.442	−0.436
	P	−0.816***	−0.33	−0.863***	−0.837***
	K	−0.072	0.133	−0.029	−0.051
	C	−0.403	0.090	−0.466	−0.455
	SOM	−0.314	0.200	−0.401	−0.381
	pH	0.491	0.304	0.482	0.545*
	W	−0.615*	−0.106	−0.668**	−0.660**
10 ~ 20	N	−0.127	0.306	−0.258	−0.184
	P	−0.816**	−0.330	−0.863**	−0.837**
	K	−0.208	−0.280	−0.240	−0.154
	C	−0.251	0.185	−0.375	−0.313
	SOM	−0.388	0.067	−0.509	−0.434
	pH	0.328	−0.001	0.312	0.392
	W	−0.260	0.094	−0.349	−0.304

3.5.4　发草适生地植物群落与主要土壤因子的排序分析

RDA 排序法能够有效对环境梯度下的多个环境指标进行统计检验，可以更好地反映群落物种多样性与环境因子之间的关系。RDA 排序图（图 3-3）中，蓝色箭头表示群落物种多样性指数，红色箭头表示环境因子。通过物种箭头之间的夹角来表示物种之间的相关性：其中夹角越大，表示相关性越小；如果箭头同向，表示正相关，箭头相反，表示负相关。从发草适生地植物群落物种多样性指数与 0 ~ 10cm 土层和 10 ~ 20cm 土层的 7 个土壤因子进行的 RDA 排序图分析发现，发草群落的 D、S、H 之间及 Jsw、Ea、C_d、B_d、V_{alued} 之间均具有强相关性，但 D、S、H 与 Jsw、Ea、C_d、B_d、V_{alued} 之间具有强烈负相关性。土壤 pH 跟其他土壤理化特征之间呈负相关，0 ~ 10cm 土层中 pH 显著负向影响植物群落的 D、S 和 H，显著正向影响植物

群落中的 Jsw、Ea、C_d、B_d 和 V_{alued}。

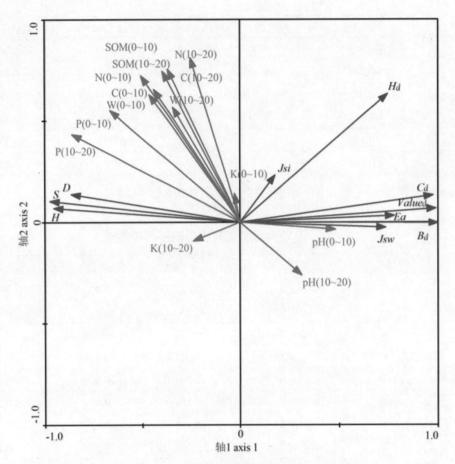

图 3-3　发草适生地植物群落物种多样性指数与土壤因子的 RDA 排序

3.5.5　发草种群分布的伴生群落特征及主要环境因子解释

（1）发草种群及伴生群落结构特征

植物与植物之间均存在着广泛而复杂的相互作用。植物种群结构可反映种群的数量动态、发展趋势与环境之间的相互关系（Xu et al.，2017），也可揭示植物种群与生境相适应的结果，对预测群落未来发展趋势具有重要意义（Barker et al.，2019；Litza & Diekmann，2020）。本研究黄河源区发草适生地植物群落的 5 个样地中，共记录到 83 种物种，隶属于 17 科 49 属。各群落的结构组成及物种多样性指数变幅较大，这可能是因为黄河源区地处青藏高原腹地，深居亚欧大陆内部，远离海洋，属典型高原大陆性气候（陈桂琛等，2003）。常年气候干燥、寒冷，年温差和日温差都很大。日照丰富、辐射强。降水由西北向东南递增，并具有明显的区域分异性。境内地貌复杂，土壤类型多样。由于受复杂的地理、气候以及土壤条件等综合影响，形成了复杂多样的生境类型，孕育了丰富、独特的生物种类与群落结构组成（陈桂琛等，2003；张雅娴等，2017）。这与卢慧在三江源区 6 个高寒草甸样地中发现共有 21 科 51 属 74 种植物的结果基本一致（卢慧等，2015）。本研究发现发草既可以成为某一群落的优势物种，也能够成为某一群落的亚优势种或者伴生种。某一物种在该群落中的功能或者角色受到生境地生物和非生物因素的综合影响（Xu et al., 2019）。

（2）发草种群分布的主要环境因子解释

植物种群多样性特征及其空间分布格局能够反映环境对种群内个体生长和生存的影响，也反映和指示植物种群的生态适应对策（Albrecht et al., 2016；Chatanga et al., 2019）。目前，关于环境因子与种群特征关系的研究多集中在特殊生境中植物种群对环境因子的适应与响应上。植物种群特征通常由最大限制环境因子决定，因此不同植物种群特征与环境因子关系的研究结果并不一致。研究发现四川牡丹种群密度平均基径受环境因子影响显著，其中坡度是影响种群特征的首要环境因子，其次是土壤自然含水率（夏小梅等，2017）。新疆天山中段典型中山带的天山云杉群落分布格局受人工采伐干扰因子和海拔、坡度、土壤含水量、土壤 pH 的影响显著（刘梦婷等，2019）。很多研究表明，群落物种多样性指数受到土壤营养元素的影响。在库车山区，影响新疆假龙胆适生地植物群落组成、物种多样性分布的主要环境因子是土壤 N、P、可溶性 K 和 pH（常凤等，2018）。通过对卡拉麦里山自然保护区准噶尔沙蒿群落结构与环境因子进行典范对应分析发现，N 和 P 是影响群落物种分布的关键因子，可以通过适当提高土壤 N 和 P 含量来提高该区准噶尔沙蒿群落的稳定和健康发展（李春娥 & 张丽君，2015）。但是本研究结果与以上结果相反，本研究中黄河源区发草的盖度、生物量和重要值均与 0 ~ 10cm 土层 P 和 W 含量及 10 ~ 20cm 土层 P 含量间存在显著负相关关系。pH 值是土壤重要的基本性质之一，与土壤的肥力状况、植物生长及微生物活动有密切关系。pH 能够通过影响土壤溶液中各种离子的浓度影响营养元素的有效性，进而影响植物生长（赵彦坤等，2008；Hou et al., 2017）。本研究中土壤 pH 跟其他土壤理化特征之间呈负相关，这与郭成久等（2012）在草甸土壤理化性质特征研究中的结果一致。0 ~ 10cm 土层中 pH 显著促进发草植物群落中的 Jsw、Ea、C_d、B_d 和 V_{alued}。在三江源区高寒草甸植物多样性分布格局研究中也发现，土壤 pH 值逐渐升高时禾本科和杂类草植物的数量增加，这些植物比嵩草属植物更加耐旱、抗盐碱，对环境适应性更强（卢慧等，2015）。CCA 分析结果表明，土壤 pH 值可能是影响高寒草甸植物群落结构最重要的因素（卢慧等，2015）。另外，本研究中发草的盖度、生物量和重要值均与群落物种丰富度、Simpson 优势度指数和 Shannon-Wiener 指数间存在显著负相关关系。这可能是因为发草耐贫瘠，而研究区处于未退化高寒沼泽湿地和高寒草甸，土壤水分及营养相对充足，对水肥要求较高的藏嵩草等莎草类植物生长旺盛（崔丽娟等，2013；王文颖等，2014），其物种丰富度、Simpson 优势度指数和 Shannon-Wiener 指数均较大，进而与发草产生对光照、空间和养分等的竞争。虽然关于发草对土壤不同 P 含量及 pH 的响应的研究尚未见报道，但任青吉等（2015）对高寒沼泽化草甸上的华扁穗草、草地早熟禾、发草和湿生扁蕾等包括莎草、禾本科草、双子叶类杂草的 51 种植物进行了叶片形态特征和光合生理的比较研究，发现发草的水分利用效率最高，达到 3.76μmol CO_2 · $mmol^{-1}H_2O$；而蒸腾速率最低，只有 4mmol H_2O · m^{-2} · s^{-1}。高的水分利用效率和低的蒸腾速率保证了发草可以在水肥状况较差的土壤上正常生长。

3.6 水分胁迫下9种高寒沼泽湿地植物生理生态适应性研究

3.6.1 水分胁迫下9种高寒沼泽湿地植物生长参数变化

根据不同处理对9种高寒沼泽湿地植物生长参数影响的方差分析结果（表3-18）可知，水分处理对根冠比具有极显著影响（$P < 0.001$）；物种及水分处理与物种互作对株高、根长和总生物量根冠比均具有极显著差异（$P < 0.01$）。

不同高寒沼泽湿地植物的生长参数对水分胁迫的响应不同，从表3-19中发现，发草、中华羊茅和垂穗披碱草在中度水涝胁迫（MW）下的株高大于对照（CK）（$P < 0.05$），中度干旱胁迫下（MD）的株高小于对照（$P < 0.05$），而冷地早熟禾则呈现相反趋势；青海草地早熟禾、同德小花碱茅和藏嵩草的株高在不同水分处理下无显著差异；华扁穗草在CK处理下株高显著高于MW和MD处理（$P < 0.05$），而青藏苔草则与之相反。MW条件下中华羊茅和青藏苔草草的株高最高，CK处理下中华羊茅株高最高，MD处理下冷地早熟禾和同德小花碱茅株高最高。MW处理下发草根长显著大于CK和MD处理（$P < 0.05$），MD处理下青海草地早熟禾根长显著大于CK和MW处理（$P < 0.05$），华扁穗草根长随着水分减少呈现显著降低趋势（$P < 0.05$），中华羊茅、同德小花碱茅、冷地早熟禾、藏嵩草、青藏苔草和垂穗披碱草的根长在不同水分处理下无显著差异。3种水分处理下发草、冷地早熟禾和青藏苔草的根长显著大于其他高寒沼泽湿地植物（$P < 0.05$）。水分处理对发草、冷地早熟禾和垂穗披碱草总生物量具有显著影响且CK > MD > MW（$P < 0.05$），藏嵩草、华扁穗草和青藏苔草总生物量为MW > CK > MD，青海草地早熟禾为MW > MD > CK，中华羊茅为CK > MW > MD，水分处理对同德小花碱茅总生物量无显著影响。MW处理下青藏苔草和同德小花碱茅总生物量最大；CK处理下垂穗披碱草、发草和青藏苔草总生物量最大；MW处理下冷地早熟禾、垂穗披碱草、发草和青藏苔总生物量最大。MD处理下发草、中华羊茅、同德小花碱茅、垂穗披碱草、藏嵩草和华扁穗草的根冠比显著大于CK和MW（$P < 0.05$），冷地早熟禾为MW > CK > MD，青海草地早熟禾和青藏苔草根冠比在3种水分处理下均无显著性差异。MW和CK处理条件下冷地早熟禾和华扁穗草根冠比均大于其他植物，MD处理下华扁穗草冠比最大。上述结果表明，同一水分处理对不同植物的影响不同，同一植物对干旱和水涝的响应也不尽相同。发草、中华羊茅、藏嵩草、华扁穗草和青藏苔草在中度水涝胁迫下的生长参数没有显著变化，但在中度干旱时受到显著抑制，垂穗披碱草和冷地早熟禾的变化趋势与之相反。

植物形态特征及资源分配策略是其生物学特征与环境因素共同作用的结果（Benjamin et al.，2014）。水分胁迫对植物的影响是多方面的，但最终都体现在植物的生长状况和形态特征上（Poorter et al.，2012）。本研究发现，水分胁迫对植物株高、根长和总生物量均具有极显著影响（$P < 0.01$），其中中度干旱胁迫显著抑制了植物株高和总生物量，这与很多研究结果一

表3-18 不同处理对9种高寒沼泽湿地植物生长参数影响的方差分析结果

变量来源	df	株高		根长		总生物量		根冠比	
		F	P	F	P	F	P	F	P
水分处理（W）Watertreatment	2	2.537	0.086	1.813	0.170	2.682	0.075	8.913	0.000**
物种（S）Species	8	4.115	0.000**	6.896	0.000**	3.123	0.004**	7.143	0.000**
W×S	16	4.120	0.000**	3.349	0.000**	9.578	0.000**	29.471	0.000**

注：** 在0.01水平极显著影响；* 在0.05水平显著影响。下同

表3-19 水分胁迫下9种高寒沼泽湿地植物的生长参数

指标	水分处理	发草 D.caespitosa	冷地早熟禾 P.crymophila	青海草地早熟禾 P.pratensis	中华羊茅 F.sinensis	同德小花碱茅 P.tenuiflora	垂穗披碱草 E.nutans	藏嵩草 K.tibetica	华扁穗草 B.sinocompressus	青藏苔草 C.moorcroftii
株高（cm）	MW	43.09±2.29ABa	37.67±4.33ABCb	34.33±2.91BCa	46.55±1.13Aa	42.89±3.40ABa	42.00±4.19ABa	24.11±0.73Da	32.22±0.78Cab	43.89±1.16Aa
	CK	38.40±0.86ABab	38.78±0.73ABab	33.66±3.38ABab	41.89±1.42Aa	33.89±7.53ABCa	37.22±1.06ABa	25.89±3.31Ca	36.89±2.63ABa	29.33±0.38BCc
	MD	32.12±4.64ABCb	41.33±5.77Aa	36.33±1.00ABa	33.45±3.01ABCb	41.33±1.00Aa	26.89±1.22Cb	30.50±0.87BCa	30.50±1.25BCb	38.66±1.54ABb
根长（cm）	MW	16.77±0.41ABCa	15.78±2.44ABCa	10.78±1.46Ca	18.72±1.16ABa	12.44±1.49BCa	13.52±0.75ABCb	18.56±3.51ABa	12.72±1.45BCa	19.83±2.77Aa
	CK	18.29±1.25ABa	16.55±1.18ABCa	10.89±2.02Da	12.73±1.83CDa	10.28±0.94Da	17.22±0.87ABCa	14.00±1.76BCDa	12.56±0.11CDa	19.50±1.83Aa
	MD	16.73±1.61ABa	18.00±0.51ABa	16.00±1.07ABCa	18.13±3.09ABa	12.11±0.73Ca	16.78±0.59ABa	17.73±1.19ABa	14.17±1.44BCa	19.50±0.48Aa
总生物量（g·pot⁻¹）	MW	5.74±0.32Cc	4.44±0.25Cc	8.17±0.68Ba	4.86±0.38Cb	8.80±0.96ABa	4.26±0.32Cc	8.07±0.21Ba	9.18±0.44Ba	12.00±0.63Aa
	CK	8.47±0.23ABa	6.43±1.66BCa	5.41±0.57Cb	6.72±0.21BCa	7.71±1.08ABCa	9.78±0.36Aa	7.42±0.25ABCa	6.41±0.72BCb	8.81±0.87ABb
	MD	6.87±0.18ABb	8.18±0.52Ab	5.75±0.47BCb	4.13±0.20Db	6.10±0.38Bb	7.71±0.39Ab	6.09±0.21Bb	4.70±0.67CDb	7.08±0.57ABb
根冠比	MW	0.60±0.06Bb	1.45±0.19Aa	0.75±0.05Ba	0.54±0.12Bb	0.53±0.06Bab	0.56±0.10Bc	0.63±0.05Bb	1.41±0.05Ab	0.58±0.05Ba
	CK	0.60±0.03Db	1.06±0.07Aa	0.65±0.05CDa	0.56±0.09Db	0.35±0.07Eb	0.98±0.06ABb	0.99±0.09ABa	1.12±0.06Ab	0.82±0.06BCa
	MD	1.60±0.13Ba	0.87±0.18Db	0.72±0.08Da	1.31±0.07BCa	0.73±0.05Da	1.34±0.09BCa	1.08±0.10CDa	2.94±0.18Aa	0.81±0.09Da

注：同列不同小写字母表示同一植物在不同水分处理下差异性显著（P＜0.05）；同行不同大写字母表示同一水分处理下不同植物间差异性显著（P＜0.05）。下同

致（Xu et al.，2015）。生长减缓是植物响应水分胁迫的一种生长适应策略，在众多反应植物生长状况的指标中叶片的生长对环境中水分含量最敏感（Aydogan et al.，2015）。对禾本科及莎草科植物而言，叶片几乎代表了其地上部分，因此，水分胁迫对禾本科植物和莎草科植物的影响显著。但本研究发现中度水涝胁迫下发草、中华羊茅、藏嵩草、华扁穗草和青藏苔草的株高和根长与对照间没有差异，甚至有增大趋势，这可能是因为这几种植物自身较喜水。这也进一步说明水分对植物的影响因植物种类和水分胁迫类型而异，同一水分处理对不同植物的影响不同，同一植物对干旱和水涝的响应也不尽相同。根冠比是体现植株生物量分配的一个重要指标，不同环境条件下，植物会通过体内调节机制调节植物各器官的生长来适应不同的环境，导致植物地上部分和根系生长速率改变，从而改变根冠比（Benjamin et al.，2014）。本研究中除了垂穗披碱草和藏嵩草以外，其他植物在 MW 胁迫下根冠比与对照间均没有显著性差异，但是在 MD 胁迫下所有植物的根冠比均呈现显著增加趋势（$P < 0.05$），这说明长期干旱胁迫下，9 种高寒沼泽湿地植物的根系生长受到严重抑制，也引起地上部分的生长受到限制，为了提高根系对水分的吸收，植株不得不利用提高根冠比来获取更多的水分来适应干旱造成的胁迫。许多研究认为，干旱胁迫显著影响了植物生物量的积累和分配（Xu et al.，2015）。植物的干旱适应能力与其地上部和根部之间的生物量分配密切相关（Tian et al.，2019）。干旱胁迫下，植物生物量向根部的分配增加，功能根的数目和长度增加，根冠比常被视为鉴定植物抗旱能力的指标之一（Xu et al.，2015）。本研究中干旱处理下植物根长没有显著增加，因此，有可能是通过增加根系数量、提高根系直径和减少地上生物量来增加了根冠比。干旱胁迫下根冠比增加可能是因为根系由于优先得到水分，所以此时整个植株的生长重心转移到根部，地上部分生产的有限光合产物也优先分配给地下部分,光合产物（主要是碳水化合物可溶性糖）的积累会降低根尖生长区的渗透势，导致渗透调节能力增强，膨压也得到部分的维持（Pirnajmedin et al.，2015）。另一方面，水分胁迫下，处在上层干土中的根系所产生的胁迫激素 ABA 对下层根系和地上部分生长的影响也不同。在相同条件下，ABA 可增加根末梢生长区细胞壁伸展性，而降低叶肉细胞壁的伸展性（Hussain et al.，2015）。在地上部分生长已经明显受到影响的情况下，由于根尖生长末梢膨压的维持和细胞壁伸展性的增加，根系仍然能够继续生长。一般认为根冠生长对低水势的这种不同反应是植物避免过分脱水的一种手段（Rewald et al.，2015），这对水分胁迫下植物的生存至关重要。地上部分尽管由于随后的渗透调节作用可以维持部分膨压，但由于其细胞壁伸展性的降低，生长明显受到一定程度的影响（Schachtman et al.，2008）。

3.6.2　水分胁迫下 9 种高寒沼泽湿地植物膜脂过氧化 MDA 变化

根据不同处理对 9 种高寒沼泽湿地植物 MDA 影响的方差分析结果（表 3–20），物种对植物地上部分 MDA 含量具有显著影响（$P < 0.05$）、对地下部分 MDA 含量具有极显著影响（$P < 0.01$），水分处理和物种的互作对地上部分和地下部分 MDA 含量均具有极显著影响（$P < 0.01$）。

表 3-20　不同处理对 9 种高寒沼泽湿地植物 MDA 影响的方差分析结果

变量来源	df	地上部分		地下部分	
		F	P	F	P
水分处理（W）Watertreatment	2	2.044	0.136	0.105	0.901
物种（S）Species	8	2.226	0.035*	48.129	0.000**
W×S	16	9.066	0.000**	25.600	0.000**

从水分胁迫下 9 种高寒沼泽湿地植物的 MDA 含量变化（图 3-4）发现，从整体来看，9 种高寒沼泽湿地植物地上部分 MDA 含量均高于地下部分。对地上部分来说，发草、青海草地早熟禾和青藏苔草在 MW 处理下 MDA 含量均显著低于 CK 和 MD 处理，而同德小花碱茅和藏嵩草 MDA 含量高于其他水分处理，不同水分胁迫间垂穗披碱草和华扁穗草 MDA 含量没有显著差异。MW 处理下冷地早熟禾 MDA 含量最高，而发草的含量最低。MD 处理下中华羊茅含量最高，而发草、青海草地早熟禾、藏嵩草、同德小花碱茅、垂穗披碱草、华扁穗草、青藏苔草的含量相对其他植物较低。对地下部分来说，华扁穗草在 MW 处理下 MDA 含量显著高于 CK 和 MD 处理（$P < 0.05$），青海草地早熟禾则与之相反，其他植物 MDA 含量在不同水分处理间没有显著变化。

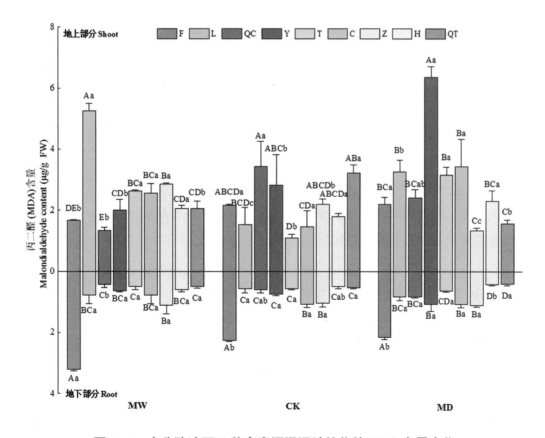

图 3-4　水分胁迫下 9 种高寒沼泽湿地植物的 MDA 含量变化

注：不同小写字母表示同一植物在不同水分处理下差异性显著（$P < 0.05$）；不同大写字母表示同一水分处理下不同植物间差异性显著（$P < 0.05$）。下同

MW 处理下冷地早熟禾、中华羊茅、垂穗披碱草、藏嵩草、华扁穗草相对其他植物 MDA 含量较高，而发草、青海草地早熟禾、同德小花碱茅、青藏苔草含量较低；MD 处理下中华羊茅、垂穗披碱草、藏嵩草 MDA 含量较高，而发草、青藏苔草含量较低。上述结果表明，9 种高寒沼泽湿地植物地上部分 MDA 含量均高于地下部分，MW 处理下冷地早熟禾、中华羊茅、垂穗披碱草 MDA 含量较高，MD 处理下中华羊茅、垂穗披碱草、藏嵩草 MDA 含量较高。

正常生理条件下，活性氧可以作为信号分子（Dietz et al., 2016），参与调控代谢和基因表达过程，如病原体防御、程序性细胞死亡和气孔行为等（Apel et al., 2004；Jaspers et al., 2010）。但是，当植物受到逆境胁迫时会普遍伴随发生联级氧化胁迫（Choudhury et al., 2017）。根据活性氧伤害学说，当逆境胁迫程度超过植物所忍耐的阈值时，体内电子传递链和酶代谢紊乱，包括超氧阴离子、氢氧基、过氧化氢和单线氧的活性氧水平超出活性氧清除系统的能力而大量积累，过多的活性氧导致机体膜脂过氧化水平增高，生成大量具有强氧化性的膜脂过氧化物（Dietz et al., 2016；Silva et al., 2016；Hasanuzzaman et al., 2018）。MDA 是膜质过氧化作用的产物之一，被广泛运用于氧化损伤的分析。MDA 具有很强的细胞毒性，可以与核酸、蛋白质反应，会使纤维束分子间的桥键松弛，还会引起生物膜结构的破坏和功能的丧失（Balakhnina, 2015）。MDA 含量高低是反映细胞膜脂过氧化作用强弱和质膜破坏程度的重要指标，可在一定程度上反映逆境胁迫对植物造成氧化损害程度（Parent et al., 2008；Aldesuquy et al., 2013）。本研究中，所有水分处理下 9 种高寒沼泽湿地植物地上部分 MDA 含量均高于地下部分，说明水分胁迫下，地上部分脂质过氧化程度相对较高，受到的胁迫损伤较强；地下部分脂质过氧化程度相对较低，受到的胁迫损伤较小，这一结果与根冠比变化趋势相吻合。Zhang 等（2015）在棉花的研究中得出同样结果，即干旱胁迫下根系中 MDA 含量增长幅度较小，膜质过氧化程度低于叶片。本研究中 MW 条件下冷地早熟禾、中华羊茅、垂穗披碱草 MDA 含量较高，而发草的含量最低；MD 条件下中华羊茅、垂穗披碱草、藏嵩草 MDA 含量较高，而发草、青藏苔草含量较低。这说明冷地早熟禾、中华羊茅、垂穗披碱草对水涝胁迫的耐受性较弱，发草对水涝胁迫的耐受性较强；中华羊茅、垂穗披碱草、藏嵩草对干旱的耐受性较弱，发草、青藏苔草对干旱的耐受性较强，发草对干旱和水涝都具有一定程度的抗逆性。

3.6.3 水分胁迫下 9 种高寒沼泽湿地植物光合色素变化

根据不同处理对 9 种高寒沼泽湿地植物生长参数影响的方差分析结果可知（表 3-21），水分处理除对 Cx.c 无显著影响外，对 chl.a、chl.b 和 chl 均具有极显著影响（$P < 0.001$）；物种及水分处理与物种的互作均对 chl.a、chl.b、chl 和 Cx.c 具有极显著影响（$P < 0.001$）。

不同高寒沼泽湿地植物的光合色素含量对水分胁迫下的响应不同。从表（表 3-22）中发现，MW 和 MD 处理下冷地早熟禾 chl.a 含量显著高于 CK（$P < 0.05$）；MW 处理下藏嵩草、华扁穗草、青藏苔草 chl.a 含量显著高于 CK（$P < 0.05$），而在 MD 处理下 chl.a 含量显著低于

表 3-21 不同处理对 9 种高寒沼泽湿地植物光合色素影响的方差分析结果

变量来源	df	chl.a		chl.b		chl		Cx.c	
		F	P	F	P	F	P	F	P
水分处理（W）Watertreatment	2	8.501	0.000**	7.208	0.001**	9.039	0.000**	2.336	0.103
物种（S）Species	8	7.208	0.000**	8.208	0.000**	7.195	0.000**	7.658	0.000**
W×S	16	40.004	0.000**	25.278	0.000**	45.208	0.000**	12.393	0.000**

CK（$P < 0.05$）；MW 和 MD 处理下中华羊茅 chl.a 含量显著低于 CK（$P < 0.05$）；发草、青海草地早熟禾、同德小花碱茅、垂穗披碱草 chl.a 含量在不同水分处理下无显著差异。CK、MW 处理下青藏苔草和藏嵩草 chl.a 含量最高，青海草地早熟禾、垂穗披碱草和同德小花碱茅 chl.a 含量最低；MD 处理下冷地早熟禾和发草 chl.a 含量最高，华扁穗草、同德小花碱茅 chl.a 含量最低。

MW 和 MD 处理下发草 chl.b 含量显著低于 CK（$P < 0.05$）；MW 处理下冷地早熟禾 chl.b 含量显著高于 CK（$P < 0.05$），MD 处理下 chl.b 含量高于 CK；MW 处理下藏嵩草、华扁穗草、青藏苔草 chl.b 含量显著高于 CK（$P < 0.05$），而 MD 处理下的 chl.b 含量显著低于 CK（$P < 0.05$）；青海草地早熟禾、中华羊茅、同德小花碱茅、垂穗披碱草 chl.b 含量在不同水分处理下无显著差异。MW 处理下藏嵩草 chl.b 含量最高，垂穗披碱草和同德小花碱茅 chl.b 含量最低；CK 下发草和藏嵩草 chl.b 含量最高，华扁穗草、青海草地早熟禾、垂穗披碱草、中华羊茅、同德小花碱茅 chl.b 含量最低；MD 处理下冷地早熟禾和发草 chl.b 含量最高，华扁穗草、同德小花碱茅 chl.b 含量最低。MD 处理下发草 chl 含量显著低于 CK（$P < 0.05$），MW 处理下发草 chl 含量低于 CK；MW、MD 处理下冷地早熟禾 chl 含量显著高于 CK（$P < 0.05$）；MW 处理下藏嵩草、华扁穗草、青藏苔草 chl 含量显著高于 CK（$P < 0.05$），而在 MD 处理下藏嵩草、华扁穗草、青藏苔草 chl 含量显著低于 CK（$P < 0.05$）；青海草地早熟禾、中华羊茅、同德小花碱茅、垂穗披碱草 chl 含量在不同水分处理下无显著性差异。MW 处理下藏嵩草、青藏苔草、华扁穗草 chl 含量最高，中华羊茅、青海草地早熟禾、垂穗披碱草、同德小花碱茅 chl 含量最低；CK 下藏嵩草、发草、青藏苔草 chl 含量最高，青海草地早熟禾、垂穗披碱草、同德小花碱茅 chl 含量最低；MD 处理下冷地早熟禾、发草 chl 含量最高，华扁穗草、同德小花碱茅 chl 含量最低。

MD 处理下发草 Cx.c 含量显著低于 CK（$P < 0.05$），而 CK 与 MW 处理间发草 Cx.c 含量无显著差异；MW、MD 处理下冷地早熟禾 Cx.c 含量显著高于 CK（$P < 0.05$）；MW 处理下华扁穗草 Cx.c 含量显著高于 CK（$P < 0.05$），而 MD 处理下华扁穗草 Cx.c 含量显著低于 CK（$P < 0.05$）；青海草地早熟禾、中华羊茅、同德小花碱茅、垂穗披碱草、藏嵩草、青藏苔草 Cx.c 含量在不同水分处理下无显著性差异。MW 处理下华扁穗草 Cx.c 含量最高，藏嵩草 Cx.c 含量最低；CK 下 Cx.c 含量华扁穗草、发草、冷地早熟禾最高，青海草地早熟禾、中华羊茅、同德小花碱茅、垂穗披碱草、藏嵩草 Cx.c 含量最低；MD 处理下冷地早熟禾、发草 Cx.c 含量最高，青藏苔草、德小花碱茅、华扁穗草 Cx.c 含量最低。上述结果表明，同一水分处理对不同植物的影响不同，同

表3-22 水分胁迫下9种高寒沼泽湿地植物的光合色素含量变化

指标	水分处理	发草 D.caespitosa	冷地早熟禾 P.crymophila	青海草地早熟禾 P.pratensis	中华羊茅 F.sinensis	同德小花碱茅 P.tenuiflora	垂穗披碱草 E.nutans	藏嵩草 K.tibetica	华扁穗草 B.sinocompressus	青藏苔草 C.moorcroftii
chl.a (mg·g⁻¹FW)	MW	1.28±0.11Ca	1.41±0.01Ca	0.63±0.07Da	0.74±0.20Db	0.47±0.05Da	0.57±0.08Da	2.32±0.09ABa	2.15±0.23Ba	2.57±0.08Aa
	CK	1.42±0.08BCa	1.07±0.02Dc	0.73±0.10Ea	1.34±0.09BCa	0.50±0.07Ea	0.73±0.06Ea	1.57±0.08ABb	1.32±0.09Cb	1.73±0.06Ab
	MD	0.90±0.04Bb	1.25±0.07Ab	0.84±0.02Ba	0.74±0.10Bb	0.32±0.09Ca	0.71±0.07Ba	0.73±0.06Bc	0.41±0.05Cc	0.81±0.12Bc
chl.b (mg·g⁻¹FW)	MW	0.55±0.04BCb	0.50±0.01Ca	0.22±0.02DEa	0.27±0.06Da	0.16±0.02Ea	0.21±0.03DEa	0.85±0.03Aa	0.62±0.01Ba	0.49±0.04Ca
	CK	0.63±0.07Aa	0.42±0.02Bb	0.25±0.03Ca	0.24±0.08Ca	0.24±0.08Ca	0.25±0.02Ca	0.59±0.04Ab	0.27±0.03Cb	0.29±0.02BCb
	MD	0.33±0.01Bc	0.44±0.02Aab	0.30±0.01BCa	0.26±0.04BCDa	0.13±0.02Ea	0.20±0.05DEa	0.25±0.02BCDc	0.13±0.02Ec	0.23±0.03CDc
Chl (mg·g⁻¹FW)	MW	1.83±0.12Ba	1.91±0.23Ba	0.85±0.09Ca	1.00±0.27Ca	0.63±0.07Ca	0.79±0.10Ca	3.17±0.10Aa	2.76±0.23Aa	3.06±0.08Aa
	CK	2.05±0.09Aa	1.49±0.03Bc	0.98±0.13Ca	1.57±0.01Ba	0.74±0.16Ca	0.98±0.08Ca	2.16±0.08Ab	1.59±0.07Bb	2.01±0.04Ab
	MD	1.23±0.06Bb	1.69±0.08Ab	1.14±0.03BCa	1.00±0.14BCa	0.45±0.11Da	0.91±0.11Ca	0.98±0.08BCc	0.53±0.06Dc	1.04±0.13BCc
Cx.c (mg·g⁻¹FW)	MW	0.39±0.04Ba	0.43±0.02Ba	0.18±0.01CDb	0.23±0.07Ca	0.16±0.01CDb	0.17±0.02CDa	0.12±0.02Db	0.58±0.03Aa	0.38±0.03Ba
	CK	0.39±0.03ABa	0.32±0.04ABCb	0.23±0.02Cab	0.21±0.08Ca	0.21±0.08Ca	0.21±0.01Ca	0.17±0.02Cab	0.45±0.03Ab	0.29±0.03BCab
	MD	0.26±0.01Bb	0.42±0.05Aa	0.26±0.01Ba	0.23±0.03BCa	0.12±0.02Da	0.21±0.02BCa	0.21±0.01BCa	0.12±0.02Dc	0.18±0.04CDb

一植物对干旱和水涝的响应也不尽相同。青藏苔草、藏嵩草和发草在中度水涝处理下光合色素较高，而发草、冷地早熟禾在中度干旱处理下光合色素较高。

光合作用为植物的生长和发育提供物质和能量，是所有绿色植物最重要的生理过程。光合色素在光合作用中起着光能吸收、传递和转化作用（Reinbothe et al.，2010；Arjenaki et al.，2012）。Chl.a 的主要功能是将汇集的光能转变为化学能进行光化学作用，Chl.b 则主要是收集光能，Chl.a 和 Chl.b 虽然均可作为集光色素接收和传递光能，但只有部分 Chl.a 才能充当光合反应的中心色素（Ramachandra et al.，2004）。Chl.a 和 Chl.b 含量的高低在一定程度上直接影响植物光合作用强弱及生长状况（Paknejad et al.，2007）。Cx.c 是位于叶绿体膜上的氧自由基的淬灭剂，同光合作用中心 PS Ⅰ 和 PS Ⅱ 连在一起，将激发态的叶绿素淬灭成激发态的 Cx.c，然后通过热耗散返回基态，以避免吸收的过多能量对光合系统造成光氧化损害。Cx.c 通过帮助维持光合作用以及降低膜氧化损伤程度来克服逆境对植物生长造成的影响（Havaux et al.，1998；Paknejad et al.，2007）。本研究中水分处理影响植物光合色素的含量，但是不同种类草种的光合色素对于干旱和水涝的响应不同，总体上 MW 处理下藏嵩草、华扁穗草、青藏苔草 chl.a、chl.b 含量显著高于 CK（$P < 0.05$），而在 MD 处理下显著低于 CK（$P < 0.05$）；发草、青海草地早熟禾、同德小花碱茅、垂穗披碱草 chl.a、chl.b 含量在不同水分处理下无显著差异；MW 和 MD 处理下中华羊茅 chl.a 含量显著低于 CK（$P < 0.05$），chl.b 含量无显著差异；MD 处理下冷地早熟禾 chl.a、chl.b 含量显著高于 CK（$P < 0.05$）。表明藏嵩草、华扁穗草、青藏苔草更适宜生活在中度水涝处理而非干旱处理，发草、青海草地早熟禾、同德小花碱茅和垂穗披碱草在干旱和水涝处理下 chl.a、chl.b 的响应不明显，干旱和水涝均抑制中华羊茅 chl.a 含量。水分胁迫下光合色素含量下降主要是因为胁迫引起植物细胞的膜系统包括与光合作用相关的膜结构受损，从而破坏光合生理场所；胁迫产生的过量活性氧自由基将叶绿素作为靶分子，致使叶绿素结构破坏（Arjenaki et al.，2012；Guo et al.，2016）。低浓度的光合色素会直接限制光合作用潜力，从而影响初级生产力（Jaleel et al.，2009）。因此，植物体内 Chl 含量的变化能够指示植物对水分胁迫响应的敏感程度（Manivannan et al.，2015；Qi et al.，2015；Zhang et al.，2017）。研究中 MW 处理下华扁穗草 Cx.c 含量显著高于 CK（$P < 0.05$），而 MD 处理下华扁穗草 Cx.c 含量显著低于 CK（$P < 0.05$）；青海草地早熟禾、中华羊茅、同德小花碱茅、垂穗披碱草、藏嵩草、青藏苔草 Cx.c 含量在不同水分处理下无显著性差异；MD 处理下发草 Cx.c 含量显著低于 CK（$P < 0.05$），而 MW 处理下 Cx.c 含量与 CK 无显著差异；MW、MD 处理下冷地早熟禾 Cx.c 含量显著高于 CK（$P < 0.05$）。Cx.c 对光合作用起保护作用。在水分胁迫下，Cx.c 含量减少，可能是生长速率下降和叶片颜色变黄的原因之一（Kosobrukhov et al.，2004；Maghsoodi et al.，2014；）。同一水分处理对不同植物的影响不同，可能是不同植物生长习性不同，对水分的需求不同。

3.6.4 水分胁迫下9种高寒沼泽湿地植物渗透调节物质变化

根据不同处理对9种高寒沼泽湿地植物渗透调节物质影响的方差分析结果（表3-23），物种、水分处理和物种的互作对植物地上部分和地下部分 SP、SS、Betaine、Pro 含量具有极显著影响（P < 0.01），水分处理对植物地上部分 SS 含量和地下部分 SS 含量分别具有极显著（P < 0.01）和显著（P < 0.05）影响。

表 3-23　不同处理对9种高寒沼泽湿地植物渗透调节物质影响的方差分析结果

SP	SS	Betaine	Pro		SS		Betaine		Pro	
			F	P	F	P	F	P	F	P
地上部分	水分处理（W）Watertreatment	2	0.048	0.953	8.020	0.001**	0.093	0.911	0.135	0.874
	物种（S）Species	8	45.604	0.000**	4.623	0.000**	14.395	0.000**	6.258	0.000**
	W×S	16	50.511	0.000**	31.451	0.000**	17.556	0.000**	16.119	0.000**
地下部分	水分处理（W）Watertreatment	2	0.903	0.409	3.992	0.022*	0.389	0.679	3.021	0.054
	物种（S）Species	8	46.296	0.000**	9.600	0.000**	20.763	0.000**	11.707	0.000**
	W×S	16	46.484	0.000**	146.807	0.000**	33.847	0.000**	54.695	0.000**

由水分胁迫下9种高寒沼泽湿地植物渗透调节物质含量的变化（图3-5）可知，对于地上部分 SP 含量来说，MD、MW 处理下发草、藏嵩草显著低于 CK（P < 0.05），而青藏苔草则呈现相反的趋势；MW 处理下青海草地早熟禾、华扁穗草 SP 含量显著高于 CK（P < 0.05），而同德小花碱茅则呈现相反的趋势，且 CK 与 MD 处理间青海草地早熟禾、华扁穗草、同德小花碱茅 SP 含量无显著差异；冷地早熟禾、中华羊茅和垂穗披碱草 SP 含量在不同水分处理下无显著性差异。对地下部分 SP 含量而言，MD、MW 处理下冷地早熟禾显著高于 CK（P < 0.05）；MD 处理下青海草地早熟禾 SP 含量显著高于 CK（P < 0.05），而垂穗披碱草、藏嵩草则呈现相反的趋势，但 MW 处理下青海草地早熟禾 SP 含量显著低于 CK（P < 0.05），CK 与 MW 处理间垂穗披碱草、藏嵩草 SP 含量无显著性差异；发草、中华羊茅、同德小花碱茅、华扁穗草、青藏苔草 SP 含量在不同水分处理下无显著性差异。MW 处理下，地上部分青藏苔草、发草、华扁穗草 SP 含量最高，垂穗披碱草、冷地早熟禾、中华羊茅 SP 含量最低；地下部分发草 SP 含量最高，中华羊茅 SP 含量最低。CK 下，地上部分发草 SP 含量最高，冷地早熟禾、垂穗披碱草 SP 含量最低；地上部分发草 SP 含量最高，中华羊茅、冷地早熟禾 SP 含量最低。MD 处理下，地上部分发草、青藏苔草 SP 含量最高，中华羊茅 SP 含量最低；地下部分发草 SP 含量最高，中华羊茅、垂穗披碱草 SP 含量最低。

对地上部分 SS 含量来说，MD、MW 处理下冷地早熟禾、青海草地早熟禾、垂穗披碱草显

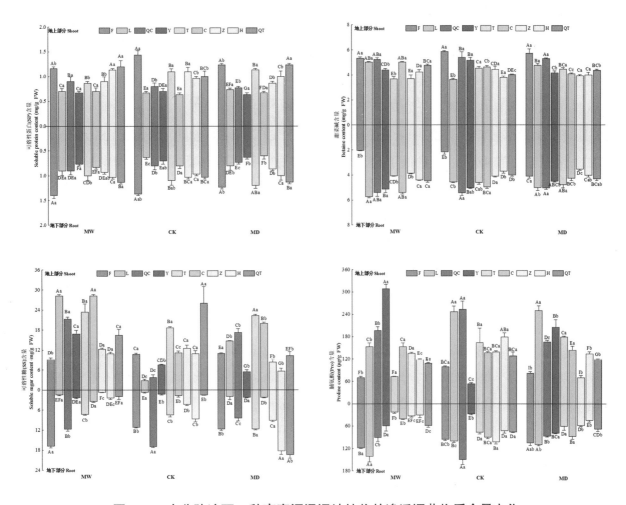

图 3-5　水分胁迫下 9 种高寒沼泽湿地植物的渗透调节物质含量变化

著低于 CK 处理（$P < 0.05$）；MD 处理藏嵩草、华扁穗草、青藏苔草 SS 含量显著低于 CK（$P < 0.05$）；MW 处理下发草 SS 含量显著低于 CK（$P < 0.05$），而中华羊茅则呈现相反的趋势，同德小花碱茅 SS 含量在不同水分处理下无显著性差异。对于地下部分 SS 含量来说，MD、MW 处理下青海草地早熟禾显著低于 CK（$P < 0.05$），而中华羊茅则与之相反；MW 处理下藏嵩草、华扁穗草 SS 含量显著低于 CK（$P < 0.05$），而发草、垂穗披碱草、同德小花碱茅、青藏苔草则呈现相反的趋势；MD 处理下藏嵩草、华扁穗草、发草、垂穗披碱草、同德小花碱茅、青藏苔草 SS 含量显著高于 CK（$P < 0.05$）；冷地早熟禾 SS 含量在不同水分处理下无显著性差异。MW 处理下，地上部分冷地早熟禾、垂穗披碱草 SS 含量最高，藏嵩草、华扁穗草、发草 SS 含量最低；地下部分发草 SS 含量最高，藏嵩草 SS 含量最低。CK 下，地上部分青藏苔草 SS 含量最高，青海草地早熟禾、冷地早熟禾 SS 含量最低；地下部分青海草地早熟禾、发草 SS 含量最高，垂穗披碱草、青藏苔草、中华羊茅、冷地早熟禾 SS 含量最低。MD 处理下，地上部分同德小花碱茅 SS 含量最高，华扁穗草、中华羊茅 SS 含量最低；地下部分青藏苔草、华扁穗草 SS 含量最高，垂穗披碱草、中华羊茅、冷地早熟禾 SS 含量最低。

对于地上部分 Betaine 含量来说，MD、MW 处理下冷地早熟禾、青藏苔草显著低于 CK（P

< 0.05），而中华羊茅则呈现相反的趋势；MW 处理下垂穗披碱草 Betaine 含量显著高于 CK（P
< 0.05），而同德小花碱茅则呈现相反的趋势；MD 处理下垂穗披碱草 Betaine 含量显著低于 CK（P
< 0.05），MD 处理下同德小花碱茅 Betaine 含量低于 CK；发草、青海草地早熟禾、藏嵩草、华
扁穗草 Betaine 含量在不同水分处理下无显著性差异。对于地下部分 Betaine 含量而言，MD、
MW 处理下藏嵩草显著低于 CK(P < 0.05)；MD 处理下发草 Betaine 含量显著高于 CK(P < 0.05)，
但 MW 处理下发草 Betaine 含量低于 CK，而垂穗披碱草则呈现相反的趋势；MW 处理下冷地
早熟禾、中华羊茅、青藏苔草 Betaine 含量显著高于 CK（P < 0.05），CK 与 MD 处理间冷地早
熟禾、中华羊茅、青藏苔草 Betaine 含量无显著性差异；青海草地早熟禾、同德小花碱茅、华
扁穗草 Betaine 含量在不同水分处理下无显著性差异。MW 处理下，地上部分发草、青海草地早
熟禾、冷地早熟禾、垂穗披碱草 Betaine 含量最高，藏嵩草、同德小花碱茅 Betaine 含量最低；
地下部分 MW 处理下冷地早熟禾 Betaine 含量最高，发草 Betaine 含量最低。CK 下，地上部分发
草 Betaine 含量最高，华扁穗草、冷地早熟禾 Betaine 含量最低；地下部分 Betaine 含量为青海草
地早熟禾最高，发草 Betaine 含量最低；MD 处理下，地上部分发草、青海草地早熟禾 Betaine 含
量最高，中华羊茅、垂穗披碱草、华扁穗草、藏嵩草 Betaine 含量最低；地下部分青海草地早熟禾、
冷地早熟禾 Betaine 含量为最高，藏嵩草 Betaine 含量最低。

对于地上部分 Pro 含量来说，MD、MW 处理下发草、青海草地早熟禾、华扁穗草、青藏苔
草显著低于 CK（P < 0.05），而中华羊茅则呈现相反的趋势；MW 处理下冷地早熟禾 Pro 含量
显著低于 CK（P < 0.05），而 MD 处理下冷地早熟禾 Pro 含量高于 CK；MD 处理下冷地早熟禾
Pro 含量显著低于 CK（P < 0.05），MW 处理下藏嵩草 Pro 含量低于 CK；同德小花碱茅、垂穗披
碱草 Pro 含量在不同水分处理下无显著性差异。对于地下部分 Pro 含量来说，MD、MW 处理下
冷地早熟禾、中华羊茅显著高于 CK（P < 0.05），而青海草地早熟禾、藏嵩草、华扁穗草、青
藏苔草则呈现相反的趋势；MW 处理下发草 Pro 含量显著高于 CK（P < 0.05），MD 处理下发草
Pro 含量高于 CK，而同德小花碱茅、垂穗披碱草则呈现相反的趋势。MW 处理下，地上部分中
华羊茅 Pro 含量最高，发草、同德小花碱茅 Pro 含量最低；地下部分冷地早熟禾 Pro 含量最高，
同德小花碱茅 Pro 含量最低。CK 下，地上部分和地下部分均为青海草地早熟禾、冷地早熟禾
Pro 含量最高，中华羊茅 Pro 含量最低；MD 处理下，地上部分冷地早熟禾 Pro 含量最高，发草、
藏嵩草 Pro 含量最低；地下部分冷地早熟禾、发草 Pro 含量最高，华扁穗草 Pro 含量最低。

水分胁迫下植物会启动渗透调节作用。通过渗透调节植物细胞主动积累或增加 SP、SS、
Betaine、Pro 等溶质，一方面使细胞渗透势下降，降低水势，使细胞维持一定的膨压，阻止或者
缓解植物脱水，从而有利于光合机构的稳定及光合作用的继续进行，另一方面可通过维持膨压
使植物叶片维持一定的气孔导性，有利于叶肉细胞间隙 CO_2 含量保持较高水平，从而避免或减
小光合器官受到的光抑制作用（Majid et al.，2012；Béjaoui et al.，2016）。另外，某些渗透调节
物质对光合机构有保护作用，也有利于光合机构的正常运转。植物渗透势的高低还能够影响蒸
腾速率，对物质运输及光合作用产生重要的影响（Farooq et al.，2009）。

本研究中不同水分胁迫下所有测定 9 种植物的渗透调节指标物质都有不同程度的变化。在对照试验条件下，较为适应干旱环境的冷地早熟禾、垂穗披碱草等植物具有较低的 SP、SS、Betaine 含量；较为适应湿润环境的华扁穗草，藏嵩草等植物中上述指标通常处于中等水平。这一结果表明渗透调节物质的含量与植物自生适应性有一定的相关性，反之渗透调节物质的含量也可以作为植物适应不同水分胁迫的重要指标。与 CK 条件相对比，在水分胁迫处理下，不同植物地上地下的渗透调节物质含量发生了显著变化，其中发草中地上部分的 SP 和 Pro 的含量在 MW 和 MD 处理条件下都有所降低，而地下部分 SP 的含量在不同水分处理条件下没有明显差异。发草地下部分 Betaine 的含量在 MD 条件下高于 CK 处理条件，在 MW 条件下 Betaine 的含量低于 CK 处理条件，除此之外地下部分的其他指标含量有不同程度的增加。以上结果表明，同一植物地上地下部分的渗透物质对于水分胁迫的响应不同。从渗透胁迫物质总体含量来看，发草地下部分 SP、SS 含量较高，地上部分 SP、Betaine 含量较高。这一结果说明，不同的渗透调节物质对于水分胁迫的响应存在差异，本研究并不能以单一渗透胁迫物质含量的高低判断植物应对水分胁迫的能力，这一结论在许多研究中得以证明。以 Pro 为例，Islam 等（2015）表明 Pro 在植物体内是有效的渗透调节剂，通常干旱、高盐等逆境胁迫会引起游离 Pro 含量增加。但在淹水逆境下，不同植物体内游离 Pro 含量变化不一致，淹水逆境下水薄荷叶片 Pro 含量显著升高（Haddadi et al.，2016）。湿害处理后桔梗叶片 Pro 含量与对照相比有所下降（欧泉等，2017）。肖强等（2005）研究表明，互花米草的 Pro 含量在不同水淹时长处理下差异不显著。

综合试验结果表明，不同植物对于不同水分胁迫条件下渗透调节物质的响应是多变而复杂的，以单一的渗透调节物质为指标不足以界定植物对水分胁迫的响应状况（Nahar&Ullah，2017）。同时对比发现对于水分胁迫潜在的综合耐受植物其渗透调节物质在地下部分的响应通常强于地上部分，这可能和植物地下部分直接感知外界水分环境的功能相关（Shahidi et al.，2017）。

3.6.5 水分胁迫下 9 种高寒沼泽湿地植物抗氧化保护系统变化

根据不同处理对 9 种高寒沼泽湿地植物抗氧化酶影响的方差分析结果（表 3-24），物种、水分处理和物种的互作对植物地上部分和地下部分 CAT、POD、SOD 活性均具有极显著影响（$P < 0.01$），水分处理对植物地下部分 CAT 活性具有显著影响（$P < 0.05$）。

根据水分胁迫下 9 种高寒沼泽湿地植物的抗氧化酶活性变化（图 3-6），对于地上部分 CAT 活性来说，MD、MW 处理下冷地早熟禾、垂穗披碱草显著高于 CK（$P < 0.05$），而华扁穗草则呈现相反的趋势；MW 处理下发草 CAT 活性显著低于 CK（$P < 0.05$），而 MD 处理下则呈相反趋势；MW 处理下青海草地早熟禾 CAT 活性显著低于 CK（$P < 0.05$），MD 处理下藏嵩草、青藏苔草 CAT 活性显著高于 CK（$P < 0.05$）；中华羊茅、同德小花碱茅 CAT 活性在不同水分处理下无显著性差异。对于地下部分 CAT 活性来说，MW 处理下发草、青藏苔草显著高于 CK（$P < 0.05$），

表 3-24　不同处理对 9 种高寒沼泽湿地植物抗氧化物酶影响的方差分析结果

部位	变量来源	df	CAT		POD		SOD	
			F	P	F	P	F	P
地上部分	水分处理（W）Watertreatment	2	0.412	0.664	0.522	0.596	0.422	0.657
	物种（S）Species	8	22.756	0.000**	17.640	0.000**	8.313	0.000**
	W×S	16	34.099	0.000**	13.179	0.000**	8.684	0.000**
地下部分	水分处理（W）Watertreatment	2	4.698	0.012*	1.528	0.223	0.370	0.692
	物种（S）Species	8	9.224	0.000**	13.514	0.000**	8.493	0.000**
	W×S	16	19.754	0.000**	10.650	0.000**	26.414	0.000**

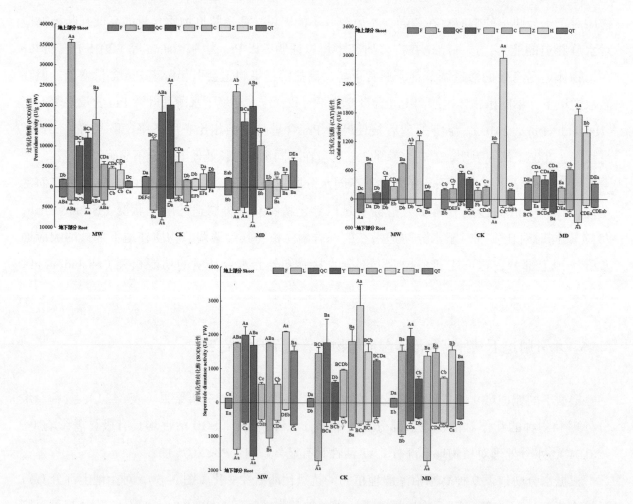

图 3-6　水分胁迫下 9 种高寒沼泽湿地植物的抗氧化酶活性变化

而藏嵩草则呈相反趋势；MD 处理下青海草地早熟禾、同德小花碱茅 CAT 活性显著高于 CK（P < 0.05）；冷地早熟禾、中华羊茅、垂穗披碱草、华扁穗草 POD 活性在不同水分处理下无显著性差异。MW 处理下，地上部分华扁穗草、藏嵩草 CAT 活性最高，青藏苔草、青海草地早熟禾、

发草 CAT 活性最低；地下部分发草 CAT 活性最高，同德小花碱茅 CAT 活性最低。CK 地上部分华扁穗草 CAT 活性最高，发草、青藏苔草、同德小花碱茅 CAT 活性最低；地下部分藏嵩草、发草 CAT 活性最高，同德小花碱茅 CAT 活性最低。MD 处理下，地上部分藏嵩草 CAT 活性最高，同德小花碱茅 CAT 活性最低；地下部分藏嵩草 CAT 活性最高，冷地早熟禾 CAT 活性最低。

对于地上部分 POD 活性而言，MD、MW 处理下冷地早熟禾、垂穗披碱草显著高于 CK（$P < 0.05$）；MW 处理下青藏苔草 CAT 活性显著低于 CK（$P < 0.05$），而 MD 处理下则呈相反趋势；MW 处理下发草 POD 活性显著低于 CK（$P < 0.05$），而垂穗披碱草、藏嵩草则呈相反趋势；青海草地早熟禾、中华羊茅、同德小花碱茅、华扁穗草 POD 活性在不同水分处理下无显著性差异。对于地下部分 POD 活性而言，MD 和 MW 处理下发草显著高于 CK（$P < 0.05$）；MW 处理下青海草地早熟禾、华扁穗草 POD 活性显著低于 CK（$P < 0.05$）；MD 处理下同德小花碱茅 POD 活性显著低于 CK（$P < 0.05$），而藏嵩草则呈相反趋势；冷地早熟禾、中华羊茅、垂穗披碱草和青藏苔草 POD 活性在不同水分处理下无显著性差异。MW 处理下，地上部分冷地早熟禾 POD 活性最高，发草和青藏苔草 POD 活性最低；地下部分中华羊茅 POD 活性最高，藏嵩草、华扁穗草和青藏苔草 POD 活性最低。CK 下，地上部分中华羊茅 POD 活性最高，华扁穗草、发草、藏嵩草和垂穗披碱草 POD 活性最低，地下部分青海草地早熟禾 POD 活性最高，青藏苔草 POD 活性最低。MD 处理下，地上部分冷地早熟禾 POD 活性最高，华扁穗草、发草、藏嵩草和垂穗披碱草 POD 活性最低；地下部分中华羊茅、冷地早熟禾和垂穗披碱草 POD 活性最高，青藏苔草 POD 活性最低。

对于地上部分 SOD 活性而言，MD 和 MW 处理下藏嵩草显著低于 CK（$P < 0.05$）；MW 处理下同德小花碱茅 SOD 活性显著低于 CK（$P < 0.05$），而 MD 处理下则呈相反趋势；MW 处理下中华羊茅和华扁穗草 SOD 活性显著高于 CK（$P < 0.05$）；发草、冷地早熟禾、青海草地早熟禾、垂穗披碱草和青藏苔草 SOD 活性在不同水分处理下无显著性差异。对于地下部分 SOD 活性而言，MW 处理下发草、中华羊茅和青藏苔草显著低于 CK（$P < 0.05$），而华扁穗草则呈相反趋势；MD 处理下同德小花碱茅 SOD 活性显著高于 CK（$P < 0.05$），而冷地早熟禾则呈相反趋势；青海草地早熟禾、垂穗披碱草和藏嵩草 SOD 活性在不同水分处理下无显著性差异。MW 处理下，地上部分华扁穗草和青海草地早熟禾 SOD 活性最高，地下部分中华羊茅和冷地早熟禾 SOD 活性最高；CK 下，地上部分藏嵩草 SOD 活性最高，地下部分冷地早熟禾 SOD 活性最高；MD 处理下，地上部分青海草地早熟禾 SOD 活性最高，地下部分同德小花碱茅 SOD 活性最高。而冷地早熟禾则呈相反趋势；青海草地早熟禾、垂穗披碱草和藏嵩草 SOD 活性在不同水分处理下无显著性差异。

从不同处理对下 9 种高寒沼泽湿地植物抗坏血酸影响的方差分析结果（表 3-25）可知，物种、水分处理和物种的互作对植物地上部分和地下部分 AsA、DHA、AsA+DHA 和 AsA/DHA 均具有极显著影响（$P < 0.01$），水分处理对植物地上部分和地下部分 AsA 含量具有显著影响（$P < 0.05$）。

表 3-25 不同处理对 9 种高寒沼泽湿地植物抗坏血酸影响的方差分析结果

部位	变量来源	df	AsA		DHA		AsA+DHA		AsA/DHA	
			F	P	F	P	F	P	F	P
地上部分	水分处理（W）Watertreatment	2	3.526	0.034*	0.179	0.837	3.535	0.034*	2.703	0.073
	物种（S）Species	8	12.431	0.000**	10.458	0.000**	12.337	0.000**	15.024	0.000**
	W×S	16	150.200	0.000**	11.200	0.000**	150.923	0.000**	75.175	0.000**
地下部分	水分处理（W）Watertreatment	2	4.379	0.016*	0.544	0.583	4.375	0.016*	4.468	0.015*
	物种（S）Species	8	7.140	0.000**	9.819	0.000**	7.141	0.000**	6.552	0.000**
	W×S	16	1016.345	0.000**	21.920	0.000**	1029.940	0.000**	276.461	0.000**

根据水分胁迫下 9 种高寒沼泽湿地植物地上部分 AsA、DHA、AsA+DHA 和 AsA/DHA 的变化（表 3-26），MD、MW 处理下发草、冷地早熟禾、中华羊茅和藏嵩草 AsA 含量显著高于 CK（$P < 0.05$），而青海草地早熟禾则呈现相反的趋势；MW 处理下同德小花碱茅 AsA 含量显著高于 CK（$P < 0.05$），MD 处理下同德小花碱茅 AsA 含量显著低于 CK（$P < 0.05$），而华扁穗草和青藏苔草则呈现相反的趋势；MW 处理下垂穗披碱草 AsA 含量显著低于 CK（$P < 0.05$），MD 处理下垂穗披碱草 AsA 含量高于 CK。对于 DHA 含量而言，MD 和 MW 处理下冷地早熟禾显著高于 CK（$P < 0.05$），而藏嵩草则呈现相反的趋势；MW 处理下同德小花碱茅 DHA 含量显著低于 CK（$P < 0.05$），而 MD 处理下则呈现相反的趋势；MW 处理下华扁穗草 DHA 含量显著高于 CK（$P < 0.05$）；MD 处理下青藏苔草 DHA 含量显著高于 CK（$P < 0.05$），而中华羊茅和垂穗披碱草则呈现相反的趋势；发草和青海草地早熟禾 DHA 含量在不同水分处理下无显著性差异。对于 AsA+DHA 而言，MD 和 MW 处理下冷地早熟禾与藏嵩草显著高于 CK（$P < 0.05$），而青海草地早熟禾和垂穗披碱草则呈现相反的趋势；MW 处理下同德小花碱茅 AsA+DHA 显著高于 CK（$P < 0.05$），MD 处理下同德小花碱茅 AsA+DHA 显著低于 CK（$P < 0.05$），而中华羊茅、华扁穗草和青藏苔草则呈现相反的趋势；MW 处理下发草 AsA+DHA 显著高于 CK（$P < 0.05$），MD 处理下发草 AsA+DHA 高于 CK。对 AsA/DHA 而言，MD 和 MW 处理下发草、藏嵩草显著高于 CK（$P < 0.05$），而青海草地早熟禾则呈现相反的趋势；MW 处理下同德小花碱茅 AsA/DHA 显著高于 CK（$P < 0.05$），MD 处理下同德小花碱茅 AsA/DHA 显著低于 CK（$P < 0.05$），而中华羊茅、垂穗披碱草和华扁穗草则呈现相反的趋势；MW 处理下青藏苔草 AsA/DHA 显著低于 CK（$P < 0.05$），MD 处理下青藏苔草 AsA/DHA 高于 CK；冷地早熟禾 AsA/DHA 在不同水分处理下无显著性差异。

根据水分胁迫下 9 种高寒沼泽湿地植物地下部分 AsA、DHA、AsA+DHA 和 AsA/DHA 的变

表3-26 水分胁迫下9种高寒沼泽湿地植物地上部分 AsA、DHA、AsA+DHA 和 AsA/DHA 的变化

指标	水分处理	发草 D.caespitosa	冷地早熟禾 P.crymophila	青海草地早熟禾 P.pratensis	中华羊茅 F.sinensis	同德小花碱茅 P.tenuiflora	垂穗披碱草 E.nutans	藏嵩草 K.tibetica	华扁穗草 B.sinocompressus	青藏苔草 C.moorcroftii
AsA (μg·g^{-1}FW)	MW	256.33±10.53Ca	151.33±4.33Eb	108.33±10.67Fc	109.00±15.50Fc	298.67±6.39Ba	51.33±4.33Gb	495.00±1.00Ab	221.33±0.33Dc	289.67±0.33Bc
	CK	162.67±7.17Ec	105.00±12.50Fc	560.00±7.57Aa	167.33±2.85Eb	248.67±0.67Db	140.00±13.00EFa	325.00±1.15Cc	308.00±10.60Cb	387.33±45.06Bb
	MD	195.67±10.48Db	180.33±0.88DEa	381.67±1.33Cb	216.33±0.33Da	175.67±3.18DEc	141.00±2.00Ea	528.67±3.28Ba	596.33±37.12Aa	548.00±1.15Ba
DHA (μg·g^{-1}FW)	MW	17.00±0.58Aa	15.00±0.58Ba	15.00±2.04Ba	13.67±0.33Bab	10.33±0.33Cc	15.00±0.58Ba	10.67±0.33Cb	13.33±0.67Ba	13.33±0.88Bab
	CK	17.67±1.45Aa	11.33±0.67Cb	14.67±0.88Ba	14.67±0.67Ba	13.00±0.58BCb	14.00±0.58Ba	12.67±0.67BCa	11.00±0.58Cb	11.33±0.33Cb
	MD	15.67±0.33Aa	14.00±0.58BCa	15.33±0.33ABa	13.00±1.03CDb	15.00±1.04ABa	12.00±1.58Db	10.00±0.58Eb	12.00±0.58Dab	14.00±0.58BCa
AsA+DHA (μg·g^{-1}FW)	MW	273.00±10.44Ca	166.33±3.84Eb	123.33±10.67Fc	123.00±0.58Fc	309.67±6.39Ba	66.33±3.84Gb	506.00±1.00Ab	234.33±0.88Dc	303.33±0.33Bc
	CK	180.33±8.95Eb	116.00±11.50Fc	575.00±7.94Aa	182.00±2.52Eb	261.33±0.33Db	154.33±13.59EFa	337.67±1.76Cc	318.67±10.73Cb	399.33±44.63Bb
	MD	211.67±11.05Db	194.33±1.33Da	396.67±1.33Cb	229.33±0.33Da	190.67±3.18DEc	153.00±2.00Ea	538.67±3.28Ba	608.67±36.34Aa	561.67±0.88Ba
AsA/DHA	MW	15.00±1.00Da	10.00±0.58Ea	7.33±0.67Ec	8.00±0.99Ec	28.33±0.88Ba	3.33±0.33Fc	45.67±1.67Ab	16.67±0.67Dc	21.67±0.88Cc
	CK	9.67±0.67Ec	9.33±1.86Ea	38.33±1.76Aa	11.33±0.67Eb	19.00±0.58Db	9.67±0.67Eb	26.33±1.20Cc	28.67±0.67BCb	33.33±4.70ABa
	MD	12.33±0.33Db	13.00±0.58Da	25.67±0.33Cb	17.00±1.53Da	12.00±1.65Dc	12.00±1.56Da	53.00±1.73Aa	48.67±4.91Aa	39.00±1.53Ba

化（表 3-27），MD 和 MW 处理下中华羊茅及同德小花碱茅 AsA 含量显著高于 CK（$P < 0.05$），而青海草地早熟禾与华扁穗草则呈现相反的趋势；MW 处理下垂穗披碱草、藏嵩草和青藏苔草 AsA 含量显著高于 CK（$P < 0.05$），而 MD 处理下则呈现相反的趋势；MW 处理下发草 AsA 含量显著高于 CK（$P < 0.05$），MD 处理下冷地早熟禾 AsA 含量显著低于 CK（$P < 0.05$）。对于 DHA 含量而言，MD 和 MW 处理下冷地早熟禾、青藏苔草显著高于 CK（$P < 0.05$），而藏嵩草则呈现相反的趋势；MW 处理下华扁穗草 DHA 含量显著高于 CK（$P < 0.05$），而同德小花碱茅则呈现相反的趋势；MD 处理下发草 DHA 含量显著高于 CK（$P < 0.05$），而垂穗披碱草则呈现相反的趋势；青海草地早熟禾和中华羊茅 DHA 含量在不同水分处理下无显著性差异。MW 处理下，地上部分发草 DHA 含量最高，藏嵩草和同德小花碱茅 DHA 含量最低；地下部分垂穗披碱草 DHA 含量最高，藏嵩草 DHA 含量最低。CK 下，地上部分和地下部分发草 DHA 含量最高，青藏苔草和华扁穗草 DHA 含量最低。MD 处理下，地上部分和地下部分发草 DHA 含量最高，藏嵩草 DHA 含量最低。

对于 AsA+DHA 而言，MD 和 MW 处理下中华羊茅、同德小花碱茅显著高于 CK（$P < 0.05$），而冷地早熟禾、青海草地早熟禾和华扁穗草则呈现相反的趋势；MW 处理下垂穗披碱草、藏嵩草、青藏苔草和发草 AsA+DHA 显著高于 CK（$P < 0.05$），而 MD 处理下则呈现相反的趋势。MW 处理下，地上部分藏嵩草 ASA 和 AsA+DHA 最高，垂穗披碱草 ASA 和 AsA+DHA 最低；地下部分青藏苔草 ASA 和 AsA+DHA 最高，青海草地早熟禾 ASA 和 AsA+DHA 最低。CK 下，地上部分青海草地早熟禾 ASA 和 AsA+DHA 最高，冷地早熟禾 ASA 和 AsA+DHA 最低；地下部分华扁穗草 ASA 和 AsA+DHA 最高，中华羊茅 ASA 和 AsA+DHA 最低。MD 处理下，地上部分华扁穗草 ASA 和 AsA+DHA 最高，垂穗披碱草 ASA 和 AsA+DHA 最低；地下部分发草 ASA 和 AsA+DHA 最高，垂穗披碱草、藏嵩草 ASA 和 AsA+DHA 最低。对于地下部分而言，MD、MW 处理下中华羊茅、同德小花碱茅 AsA+DHA 显著高于 CK（$P < 0.05$），而冷地早熟禾、青海草地早熟禾和华扁穗草则呈现相反的趋势；MW 处理下发草、垂穗披碱草、藏嵩草和青藏苔草 AsA/DHA 显著高于 CK（$P < 0.05$），而 MD 处理则呈现相反的趋势。MW 处理下，地上部分藏嵩草 AsA/DHA 最高，垂穗披碱草 AsA/DHA 最低；地下部分青藏苔草 AsA/DHA 最高，青海草地早熟禾 AsA/DHA 最低。CK 下，地上部分青海草地早熟禾 AsA/DHA 最高，垂穗披碱草和冷地早熟禾 AsA/DHA 最低；地下部分华扁穗草 AsA/DHA 最高，中华羊茅和同德小花碱茅 AsA/DHA 最低。MD 处理下，地上部分藏嵩草和华扁穗草 AsA/DHA 最高，同德小花碱茅、垂穗披碱草 AsA/DHA 最低；地下部分华扁穗草、发草 AsA/DHA 最高，冷地早熟禾、垂穗披碱草和藏嵩草 AsA/DHA 最低。

分析不同处理对 9 种高寒沼泽湿地植物谷胱甘肽影响的方差分析结果可知（表 3-28），除植物地上部分物种 GSSG 含量无显著性差异，GSH、GSH+GSSG 和 GSH/GSSG 均具有极显著影响（$P < 0.01$），水分处理和物种的互作对植物地上部分 GSH、GSSG、GSH+GSSG 和 GSH/GSSG 均具有极显著影响（$P < 0.01$）；物种、水分处理和物种的互作对植物地下部分 GSH、GSSG、GSH+GSSG 和 GSH/GSSG 均具有极显著影响（$P < 0.01$）。

表3-27 水分胁迫下9种高寒沼泽湿地植物地下部分AsA、DHA、AsA+DHA和AsA/DHA的变化

指标	水分处理	发草 D.caespitosa	冷地早熟禾 P.crymophila	青海草地早熟禾 P.pratensis	中华羊茅 F.sinensis	同德小花碱茅 P.tenuiflora	垂穗披碱草 E.nutans	藏嵩草 K.tibetica	华扁穗草 B.sinocompressus	青藏苔草 C.moorcroftii
AsA ($\mu g \cdot g^{-1}FW$)	MW	208.33 ± 8.97Ca	71.67 ± 4.91Ga	9.00 ± 0.58Hc	126.33 ± 1.86Ea	102.33 ± 3.67Fa	68.33 ± 3.76Ga	195.33 ± 0.88Da	394.00 ± 2.65Bb	472.33 ± 1.20Aa
	CK	161.67 ± 2.33Cb	123.00 ± 25.66Da	517.00 ± 15.39Ba	10.00 ± 1.11Fc	16.33 ± 0.33EFc	39.00 ± 4.04EFb	48.00 ± 0.58Eb	968.33 ± 8.09Aa	127.33 ± 0.88Db
	MD	155.67 ± 5.36Ab	11.67 ± 0.67Fb	82.00 ± 1.15Db	34.00 ± 3.89Eb	84.33 ± 1.33Db	9.00 ± 1.15Fc	6.67 ± 1.20Fc	136.33 ± 3.38Bc	94.33 ± 1.86Cc
DHA ($\mu g \cdot g^{-1}FW$)	MW	16.00 ± 0.58ABb	16.33 ± 0.33ABa	15.00 ± 0.58Ba	16.00 ± 0.58ABa	11.00 ± 0.58Cb	16.67 ± 0.33Aa	9.67 ± 0.33Db	15.00 ± 1.13Ba	15.00 ± 1.08Ba
	CK	16.67 ± 0.33Ab	12.67 ± 0.33DEb	14.00 ± 1.09CDa	15.00 ± 0.58BCab	13.67 ± 0.33CDEa	16.00 ± 0.58ABa	13.00 ± 1.00DEa	12.00 ± 0.58Eb	12.00 ± 1.23Eb
	MD	18.33 ± 0.33Aa	16.33 ± 0.67Ba	15.67 ± 0.67BCa	13.67 ± 0.33DEb	15.00 ± 0.58BCDa	12.33 ± 0.33Eb	10.00 ± 1.09Fb	12.67 ± 0.33Eb	14.67 ± 0.33CDa
AsA+DHA ($\mu g \cdot g^{-1}FW$)	MW	224.33 ± 9.39Ca	87.67 ± 4.48Gb	24.00 ± 0.58Hc	141.67 ± 1.20Ea	113.33 ± 3.71Fa	84.67 ± 3.18Ga	205.33 ± 0.88Da	408.33 ± 2.96Bb	486.67 ± 1.45Aa
	CK	178.67 ± 2.33Cb	135.67 ± 25.33Da	530.67 ± 15.17Ba	25.00 ± 0.58Fc	30.67 ± 0.67EFc	55.33 ± 4.67EFb	61.00 ± 0.58Eb	980.33 ± 7.97Aa	139.33 ± 0.88Db
	MD	174.00 ± 5.29Ab	28.00 ± 1.15Fb	97.67 ± 0.67Db	47.67 ± 0.33Eb	99.33 ± 1.33Db	21.00 ± 1.00Gc	17.00 ± 1.53Gc	148.67 ± 3.18Bc	110.00 ± 2.08Cc
AsA/DHA	MW	13.00 ± 0.58Da	4.67 ± 0.33Fb	0.67 ± 0.33Cc	8.00 ± 0.58Ea	9.33 ± 0.33Ea	4.33 ± 0.33Fa	20.33 ± 1.33Ca	26.67 ± 0.33Bb	31.67 ± 0.33Aa
	CK	10.00 ± 1.08Cb	10.00 ± 2.52Ca	37.00 ± 1.15Ba	1.00 ± 0.06Dc	1.00 ± 0.07Dc	2.33 ± 0.33Db	3.67 ± 0.33Db	82.33 ± 4.06Aa	10.67 ± 0.33Cb
	MD	8.33 ± 0.33Bc	1.00 ± 0.08Fb	5.33 ± 0.33Db	2.33 ± 0.33Eb	6.00 ± 0.58CDb	1.00 ± 0.08Fc	0.67 ± 0.33Fc	10.67 ± 0.33Ac	6.33 ± 0.33Cc

表 3-28　不同处理对 9 种高寒沼泽湿地植物谷胱甘肽影响的方差分析结果

部位	变量来源	df	GSH		GSSG		GSH+GSSG		GSH/GSSG	
			F	P	F	P	F	P	F	P
地上部分	水分处理（W）Watertreatment	2	2.662	0.076	0.503	0.607	2.648	0.077	2.45	0.093
	物种（S）Species	8	8.846	0.000**	1.142	0.347	8.788	0.000**	9.753	0.000**
	W×S	16	73.872	0.000**	13.996	0.000**	73.82	0.000**	47.791	0.000**
地下部分	水分处理（W）Watertreatment	2	0.466	0.629	1.467	0.237	0.444	0.643	0.198	0.82
	物种（S）Species	8	49.686	0.000**	3.136	0.004**	47.455	0.000**	56.083	0.000**
	W×S	16	107.284	0.000**	9.821	0.000**	106.27	0.000**	49.975	0.000**

根据水分处理下 9 种高寒沼泽湿地植物地上部分和地下部分 GSH、GSSG、GSH+GSSG 和 GSH/GSSG 的变化（表 3-29、3-30）可知，对于地上部分来说，MD 和 MW 处理下发草、中华羊茅 GSH 和 GSH+GSSG 显著高于 CK（$P < 0.05$），而青海草地早熟禾则呈现相反的趋势；MW 处理下藏嵩草 GSH 和 GSH+GSSG 显著高于 CK（$P < 0.05$），MD 处理下藏嵩草 GSH 和 GSH+GSSG 显著低于 CK（$P < 0.05$），而垂穗披碱草则呈现相反的趋势；MW 处理下华扁穗草 GSH 和 GSH+GSSG 显著低于 CK（$P < 0.05$）；MD 处理下青藏苔草 GSH 和 GSH+GSSG 显著高于 CK（$P < 0.05$），而同德小花碱茅则呈现相反的趋势；冷地早熟禾 GSH 和 GSH+GSSG 在不同水分处理下无显著性差异。对于地下部分而言，MD 和 MW 处理下中华羊茅 GSH 显著高于 CK（$P < 0.05$），而青海草地早熟禾则呈现相反的趋势；MW 处理下发草和冷地早熟禾 GSH 含量显著高于 CK，而同德小花碱茅则呈现相反的趋势；MD 处理下垂穗披碱草和藏嵩草 GSH 含量显著高于 CK（$P < 0.05$），华扁穗草和青藏苔草 GSH 含量在不同水分处理下无显著性差异。MW 处理下中华羊茅 GSH+GSSG 显著高于 CK（$P < 0.05$），而青海草地早熟禾则呈现相反的趋势；发草、冷地早熟禾、同德小花碱茅、垂穗披碱草、藏嵩草、华扁穗草和青藏苔草 GSH+GSSG 变化趋势与 GSH 含量变化趋势一致。MW 处理下，地上部分冷地早熟禾 GSH 和 GSH+GSSG 最高，青海草地早熟禾 GSH 和 GSH+GSSG 最低；地下部分垂穗披碱草、中华羊茅 GSH 和 GSH+GSSG 最高，同德小花碱茅 GSH 和 GSH+GSSG 最低。CK 下，地上部分冷地早熟禾 GSH 和 GSH+GSSG 最高，地下部分垂穗披碱草、中华羊茅 GSH 和 GSH+GSSG 最高，地上部分和地下部分均为发草 GSH 和 GSH+GSSG 最低。MD 处理下，地上部分垂穗披碱草 GSH 和 GSH+GSSG 最高，同德小花碱茅、发草 GSH 和 GSH+GSSG 最低；地下部分垂穗披碱草、中华羊茅 GSH 和 GSH+GSSG 最高，青海草地早熟禾 GSH 和 GSH+GSSG 最低。对于地上部分 GSSG 含量而言，MD 和 MW 处理下发草、同德小花碱茅和藏嵩草显著高于 CK（$P < 0.05$），而冷地早熟禾、华扁穗草和青藏苔草则呈现

表 3-29 水分处理下 9 种高寒沼泽湿地植物地上部分 GSH、GSSG、GSH+GSSG 和 GSH/GSSG 的变化

指标	水分处理	发草 D.caespitosa	冷地早熟禾 P.crymophila	青海草地早熟禾 P.pratensis	中华羊茅 F.sinensis	同德小花碱茅 P.tenuiflora	垂穗披碱草 E.nutans	藏嵩草 K.tibetica	华扁穗草 B.sinocompressus	青藏苔草 C.moorcroftii
GSH ($\mu g \cdot g^{-1} FW$)	MW	130.00±5.13Da	667.33±23.51Aa	63.33±3.71Ec	271.67±19.81Ca	248.67±24.50Ca	134.00±10.41Dc	492.67±40.68Ba	159.67±6.57Db	245.33±15.45Cb
	CK	101.33±0.88Eb	728.67±40.83Aa	550.67±43.03Ba	180.00±22.23DEb	266.00±6.08Da	581.00±68.16Bb	372.00±2.65Cb	205.33±11.67Da	255.33±15.07Db
	MD	131.33±6.12Ea	737.00±52.14Ba	222.33±15.56DEb	323.00±21.55Da	137.00±2.00Eb	1364.67±112.38Aa	258.00±2.52DEc	239.67±17.02DEa	568.67±14.25Ca
GSSG ($\mu g \cdot g^{-1} FW$)	MW	20.00±1.00Ba	15.33±1.20CDb	25.67±1.20Aa	18.00±0.58BCab	18.67±1.20Ba	12.33±0.67Eb	18.33±0.67Ba	14.33±0.67DEc	12.33±0.67Eb
	CK	13.67±0.33Eb	23.00±1.00Aa	16.33±0.88CDb	13.67±0.67Eb	14.67±0.33DEb	14.67±0.67DEb	14.67±0.33DEb	19.33±0.88Ba	17.33±0.33Ca
	MD	19.33±1.20ABa	16.00±1.53BCb	12.00±0.58Dc	22.00±2.00Aa	18.33±0.88Ba	19.00±1.00ABa	18.00±0.58Ba	16.67±0.33BCb	13.67±0.67CDb
GSH+GSSG ($\mu g \cdot g^{-1} FW$)	MW	150.00±4.16DEa	683.33±22.45Aa	89.67±3.93Ec	290.00±19.50Ca	267.00±25.24Ca	147.00±10.02DEc	511.00±40.61Ba	174.00±6.11Db	257.67±14.81Cb
	CK	115.00±0.58Eb	752.00±41.36Aa	566.67±42.73Ba	193.67±21.65DEb	281.00±5.86Da	595.33±68.27Bb	386.67±2.33Cb	224.00±11.59Da	273.00±14.98Db
	MD	150.67±5.04Ea	753.00±50.62Ba	234.33±15.76DEb	344.67±22.76Da	155.00±1.00Eb	1383.67±113.33Aa	276.00±3.00DEc	256.33±17.68DEa	582.67±14.81Ca
GSH/GSSG	MW	6.67±0.67EFa	44.33±5.04Aa	2.33±0.33Fc	15.00±1.73CDa	13.33±0.88CDEb	11.00±1.00DEc	27.00±2.52Ba	11.33±0.88DEb	20.00±2.52Cb
	CK	7.33±0.33Fa	31.33±1.20Ba	34.00±3.61Ba	13.67±2.03DEFa	18.00±0.58Da	40.33±4.33Ab	25.00±1.00Ca	10.67±0.67EFb	14.67±0.88DEb
	MD	7.00±0.58Da	47.67±6.89Ba	18.67±1.45Cb	14.67±0.88CDa	7.67±0.33Dc	72.00±3.06Aa	14.00±0.58CDb	14.33±0.88CDa	41.33±0.67Ba

表3-30 水分处理下9种高寒沼泽湿地植物地下部分 GSH、GSSG、GSH+GSSG 和 GSH/GSSG 的变化

指标	水分处理	发草 D.caespitosa	冷地早熟禾 P.crymophila	青海草地早熟禾 P.pratensis	中华羊茅 F.sinensis	同德小花碱茅 P.tenuiflora	垂穗披碱草 E.nutans	藏嵩草 K.tibetica	华扁穗草 B.sinocompressus	青藏苔草 C.moorcroftii
GSH ($\mu g \cdot g^{-1}$FW)	MW	146.00±6.93Ca	202.33±5.04Ba	106.67±5.61DEb	316.67±18.21Ab	81.67±4.91Eb	330.33±11.84Ab	101.00±7.64DEb	138.33±14.84Ca	126.67±5.61CDa
	CK	90.33±2.33Fb	190.00±3.00Bab	123.67±3.28CDEa	307.67±11.05Ab	116.00±8.14DEFa	311.00±14.18Ab	104.33±8.82EFb	148.67±14.34Ca	137.00±3.61CDa
	MD	93.00±2.08Db	154.33±20.85Cb	26.00±1.53Ec	429.33±9.53Aa	130.00±8.66CDa	436.00±15.04Aa	238.67±11.22Ba	130.00±8.66CDa	121.00±15.04CDa
GSSG ($\mu g \cdot g^{-1}$FW)	MW	18.00±1.53Ba	14.00±0.58CDb	21.67±2.03Aa	15.67±0.88BCDa	17.00±1.08BCa	13.00±0.58Db	15.00±0.58BCDa	12.33±0.33Da	12.33±0.88Dab
	CK	16.00±0.58Ba	20.00±1.53Aa	14.33±0.33BCb	12.33±0.33CDb	13.67±0.33BCDb	12.33±1.20CDb	11.33±0.33Dc	14.33±0.33BCa	14.33±0.88BCa
	MD	14.00±1.04Bb	14.33±0.88Bb	13.67±0.67Bb	15.00±0.58Ba	17.00±1.45Aa	17.67±0.88Aa	13.33±0.33Bb	13.67±0.88Ba	10.67±0.33Cb
GSH+GSSG ($\mu g \cdot g^{-1}$FW)	MW	164.00±5.51Ca	216.33±4.91Ba	128.67±4.63DEFa	332.33±18.66Ab	98.67±4.91Fb	343.33±11.26Ab	116.00±7.77EFb	151.00±14.57CDa	139.00±6.11CDEa
	CK	106.33±1.86Fb	210.33±4.26Bab	138.00±3.06CDEa	320.00±11.36Ab	130.00±8.14DEFa	323.67±14.66Ab	116.00±9.64EFb	163.00±15.01Ca	151.33±3.67CDa
	MD	107.00±2.08Db	168.67±20.19Cb	39.33±0.88Eb	444.33±9.91Aa	147.00±8.66Ca	453.33±15.45Aa	252.33±11.10Ba	143.67±8.99CDa	131.67±15.03CDa
GSH/GSSG	MW	8.33±0.88EFa	14.67±0.88Ca	5.00±0.58Gb	20.33±1.20Bb	4.67±0.33Gb	25.67±1.76Aa	7.00±0.58FGb	11.67±1.45Da	10.33±0.33DEa
	CK	5.33±0.33Cb	9.33±0.67Bb	8.33±0.33Ba	25.33±0.67Aa	8.67±0.33Ba	25.33±1.86Aa	9.00±0.58Bb	10.67±0.88Ba	9.67±0.67Ba
	MD	6.67±0.33Dab	10.67±2.19CDab	2.00±0.21Ec	28.67±1.20Aa	7.67±0.33CDa	25.00±1.53Aa	17.67±1.67Ba	9.67±0.88CDa	11.33±1.76Ca

相反的趋势；MW 处理下青海草地早熟禾 GSSG 含量显著高于 CK（$P < 0.05$），而 MD 处理则呈现相反的趋势；MD 处理下中华羊茅和垂穗披碱草 GSSG 含量显著高于 CK（$P < 0.05$）。

对于地下部分 GSSG 含量而言，MD 和 MW 处理下中华羊茅、同德小花碱茅和藏嵩草显著高于 CK（$P < 0.05$），而冷地早熟禾则呈现相反的趋势；MW 处理下发草与青海草地早熟禾 GSSG 含量显著高于 CK（$P < 0.05$）；MD 处理下垂穗披碱草 GSSG 含量显著高于 CK（$P < 0.05$），而青藏苔草则呈现相反的趋势；华扁穗草 GSSG 含量在不同水分处理下无显著性差异。MW 处理下，地上部分与地下部分均为青海草地早熟禾和发草 GSSG 含量最高，华扁穗草、垂穗披碱草和青藏苔草 GSSG 含量最低。CK 下，地上部分冷地早熟禾 GSSG 含量最高，发草和中华羊茅 GSSG 含量最低；地下部分冷地早熟禾和发草 GSSG 含量最高，藏嵩草 GSSG 含量最低。MD 处理下，地上部分中华羊茅和发草 GSSG 含量最高，青海草地早熟禾 GSSG 含量最低；地下部分垂穗披碱草和同德小花碱茅 GSSG 含量最高，青藏苔草 GSSG 含量最低。对于地上部分 GSH/GSSG 而言，MD 及 MW 处理下青海草地早熟禾与同德小花碱茅显著低于 CK（$P < 0.05$）；MW 处理下垂穗披碱草 GSH/GSSG 显著低于 CK（$P < 0.05$），而 MD 处理则呈现相反的趋势；MD 处理下华扁穗草和青藏苔草 GSH/GSSG 显著高于 CK（$P < 0.05$），而藏嵩草则呈现相反的趋势；发草、冷地早熟禾和中华羊茅 GSH/GSSG 在不同水分处理下无显著性差异。对于地下部分 GSH/GSSG 而言，MD 和 MW 处理下青海草地早熟禾显著低于 CK（$P < 0.05$）；MW 处理下发草和青海草地早熟禾 GSH/GSSG 显著高于 CK（$P < 0.05$），而中华羊茅、同德小花碱茅则呈现相反的趋势；MD 处理下藏嵩草 GSH/GSSG 显著高于 CK（$P < 0.05$）；垂穗披碱草、华扁穗草和青藏苔草 GSH/GSSG 在不同水分处理下无显著性差异。MW 处理下，地上部分冷地早熟禾 GSH/GSSG 最高，青海草地早熟禾 GSH/GSSG 最低；地下部分垂穗披碱草 GSH/GSSG 最高，青海草地早熟禾和同德小花碱茅 GSH/GSSG 最低。CK 下，地上部分垂穗披碱草 GSH/GSSG 最高，发草 GSH/GSSG 最低；地下部分中华羊茅和垂穗披碱草 GSH/GSSG 最高，发草 GSH/GSSG 最低。MD 处理下，地上部分垂穗披碱草 GSH/GSSG 最高，同德小花碱茅和发草 GSH/GSSG 最低；地下部分中华羊茅、垂穗披碱草 GSH/GSSG 最高，青海草地早熟禾 GSH/GSSG 最低。

植物体内的抗氧化保护系统主要包括酶保护系统（SOD、POD、CAT 等）和非酶保护系统（AsA、DHA、GSH 和 GSSG 等）（Silva et al.，2016）。SOD 被视为植物体内抵御活性氧自由基介导的氧化损伤的第一道防线，是保护酶体系中的关键酶。当外界胁迫导致机体产生大量活性氧自由基时，SOD 能及时有效地清除活性氧自由基，保护植物细胞免受胁迫带来的伤害，维持氧代谢的平衡（Balakhnina，2015）。POD 也是植物体抗氧化酶系统中重要的酶类，当植物受干旱胁迫时，可诱导叶片 POD 活性升高，从而起到保护膜的作用。CAT 是以铁卟啉为辅基形成的结合酶，CAT 活性的增强后加速将 H_2O_2 分解为氧气和水，避免羟基自由基生成，减缓植物细胞的膜脂质过氧化，维持低量的 H_2O_2 来调节氧化还原的信号传导途径（Chakhchar et al.，2016）。具体而言，SOD 活性高低与植物所生存的环境相适应，抗旱性强的植物的保护酶可以保持较高的含量和活性，清除活性氧，维持细胞正常的生理功能（Mirzaee et al.，2012）。

立足本研究，9 种植物在不同水分胁迫条件下地下以及地上部分的抗氧化酶保护系统的酶活测定结果表明，水分胁迫下，保护酶活性的变化会因植物品种、胁迫方式、胁迫强度和时间差异而不同。自身生境较为湿润的植物（如华扁穗草和藏嵩草等）通常在 MW 条件下体内具有较高的 SOD、POD 和 CAT，而当其处于在 MD 条件下时 CAT 和 POD 活性处于较低水平；相对较耐干旱的植物（如垂穗披碱草，冷地早熟禾等）在干旱处理条件下 SOD、CAT 活性较高。有研究表明耐旱植物在适度的干旱条件下 SOD 活性通常增高，清除活性氧的能力增强。干旱敏感型植物受旱时，SOD 活性通常降低（Zhang et al.，2015）。CAT 与 POD 活性的变化表现出与 SOD 相同的趋势（Denaxa et al.，2020）。也有研究表明保护酶活性和酶含量与植物的抗旱性呈正相关，抗逆性越强的植物体内能维持较高的保护酶活性，且植物的抗氧化酶系统在响应水分胁迫的过程中可能是通过各种酶的相互协调作用来维持植物体的稳态（Yang et al.，2014）。以上结果说明抗氧化酶保护系统的整体活性与植物本身的生活环境有一定的相关性。酶活测定结果还表明，对于同一种植物（如中华羊茅等），地上部分和地下部分的 SOD 的酶活性，在相同的水分胁迫条件下呈现出相反的响应趋势，这说明植物不同部位对于水分胁迫的应答反应可能存在差异。同时综合研究结果发现发草在不同水分胁迫条件下相对 CK 条件通常具有较高的抗氧化酶活性。

非酶保护系统与植物中主要抗氧化酶类协同作用，使体内活性氧的产生与猝灭处于一种动态平衡（Lou et al.，2018）。抗氧化剂的作用并不单一，每一种抗氧化剂均可消除多种活性氧，而且抗氧化剂之间存在协同作用和再生关系，表现在 AsA 与生育酚的共同作用、GSH 和 AsA 的协同作用，AsA 可再生 VE 和 GSH 可将 DHA 还原为 AsA 等过程中（Gruszka et al.，2018）。抗氧化剂在阻断自由基连锁反应、抑制羟自由基产生、催化 MDA 还原和 H_2O_2 的解毒系统中起到重要作用，从而帮助植物抵御逆境胁迫（Roy et al.，2017；Smirnoff，2011）

对于非酶保护系统相关指标的测定，本研究对相关材料的 AsA、DHA、AsA+DHA 和 AsA/DHA 以及 GSH、GSH+GSSG 和 GSH/GSSG 进行了一系列的测定。最终本研究主要采用还原型抗坏血酸与脱氢型抗坏血酸比值（AsA/DHA）和谷胱甘肽还原型与氧化型比值（GSH/GSSG）为主要参考指标。试验结果表明，MW 处理条件下发草、藏嵩草和青海草地早熟禾中 AsA/DHA 和 GSH/GSSG 显著高于 CK 条件；MD 处理条件下而垂穗披碱草、华扁穗草中 AsA/DHA 和 GSH/GSSG 显著高于 CK 条件；对于发草而言，其地下部分 AsA/DHA 和 GSH/GSSG 水平与 CK 条件差异不显著。

综上所述，从植物抗氧化保护系统对不同水分胁迫的变化结果可以初步得出结论，发草、藏嵩草和冷地早熟禾较为适应中度水涝胁迫环境，华扁穗草和垂穗披碱草较为适应中度干旱胁迫环境。

3.6.6　水分胁迫下 9 种高寒沼泽湿地植物内源激素变化

从不同处理对 9 种高寒沼泽湿地植物内源激素影响的方差分析结果（表 3–31）可知，物种、

表3-31 不同处理对9种高寒沼泽湿地植物内源激素影响的方差分析结果

部位	变量来源	df	SA		ABA		CTK		IAA		GA		ETH	
			F	P	F	P	F	P	F	P	F	P	F	P
地上部分	水分处理（W）Watertreatment	2	0.444	0.643	0.444	0.643	1.870	0.161	0.727	0.486	0.365	0.695	0.107	0.899
	物种（S）Species	8	3.815	0.001**	9.968	0.000**	36.128	0.000**	9.189	0.000**	46.918	0.000**	81.965	0.000**
	W×S	16	14.670	0.000**	45.644	0.000**	72.979	0.000**	76.255	0.000**	128.518	0.000**	110.615	0.000**
地下部分	水分处理（W）Watertreatment	2	2.396	0.098	2.964	0.057	2.843	0.064	0.267	0.766	0.832	0.439	0.106	0.900
	物种（S）Species	8	7.153	0.000**	7.606	0.000**	7.322	0.000**	459.274	0.000**	36.050	0.000**	259.224	0.000**
	W×S	16	21.858	0.000**	23.023	0.000**	6.411	0.000**	567.145	0.000**	39.269	0.000**	156.471	0.000**

水分处理和物种的互作对植物地上部分和地下部分 SA、ABA、CTK、IAA、GA、ETH 含量均具有极显著影响（$P < 0.01$），水分处理对地上部分和地下部分 SA、ABA、CTK、IAA、GA、ETH 含量均无显著性影响。

根据水分胁迫下 9 种高寒沼泽湿地植物的内源激素含量变化（图 3-7）可知，对于地上部分 SA 含量来说，MD、MW 处理下中华羊茅、藏嵩草显著高于 CK（$P < 0.05$），而发草、冷地早熟禾、华扁穗草则呈现相反的趋势；MW 处理下青海草地早熟禾、同德小花碱茅 SA 含量显著高于 CK（P

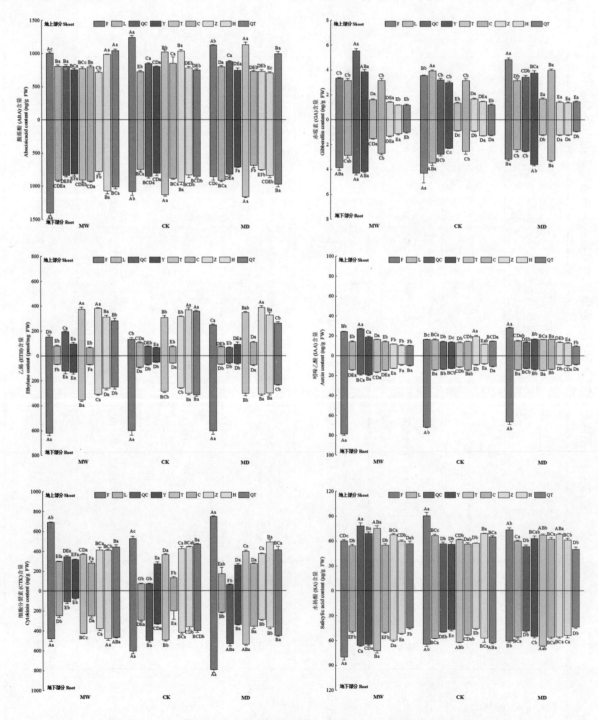

图 3-7　水分胁迫下 9 种高寒沼泽湿地植物的内源激素含量变化

< 0.05）；MW 处理下垂穗披碱草 SA 含量显著高于 CK（$P < 0.05$），而青藏苔草则呈现相反的趋势。对于地下部分 SA 含量而言，MD、MW 处理下中华羊茅和藏嵩草显著高于 CK（$P < 0.05$），而青藏苔草则呈现相反的趋势；MW 处理下青海草地早熟禾和同德小花碱茅 SA 含量显著高于 CK（$P < 0.05$），而冷地早熟禾则呈现相反的趋势；垂穗披碱草和华扁穗草 SA 含量在不同水分处理下无显著性差异。MW 处理下，地上部分青海草地早熟禾 SA 含量最高，青藏苔草、垂穗披碱草和冷地早熟禾 SA 含量最低；地下部分发草 SA 含量最高，青藏苔草 SA 含量最低。CK 下，地上部分和地下部分均为发草 SA 含量最高，地上部分藏嵩草、青海草地早熟禾、垂穗披碱草和中华羊茅 SA 含量最低，地下部分中华羊茅和藏嵩草 SA 含量最低。MD 处理下，地上部分发草 SA 含量最高，地下部分同德小花碱茅和发草 SA 含量最高；地上部分和地下部分均为青海草地早熟禾和青藏苔草 SA 含量最低。

对于地上部分 ABA 含量而言，MD、MW 处理下冷地早熟禾、青藏苔草显著高于 CK（$P < 0.05$），而发草和藏嵩草则呈现相反的趋势；MW 处理下华扁穗草 ABA 含量显著高于 CK（$P < 0.05$），MD 处理下华扁穗草 ABA 含量显著低于 CK（$P < 0.05$），而同德小花碱茅则呈现相反的趋势；MD 处理下垂穗披碱草 ABA 含量显著低于 CK（$P < 0.05$）；青海草地早熟禾和中华羊茅 ABA 含量在不同水分处理下无显著性差异。对于地下部分 ABA 含量而言，MD、MW 处理下冷地早熟禾和青藏苔草显著高于 CK（$P < 0.05$），而藏嵩草则呈现相反的趋势；MW 处理下发草 ABA 含量显著高于 CK（$P < 0.05$），而 MD 处理下则呈现相反的趋势；MW 处理下华扁穗草 ABA 含量显著高于 CK（$P < 0.05$），而同德小花碱茅则呈现相反的趋势；MD 处理下垂穗披碱草 ABA 含量显著低于 CK（$P < 0.05$）；青海草地早熟禾和中华羊茅 ABA 含量在不同水分处理下无显著性差异。MW 处理下，地上部分青藏苔草、发草和华扁穗草 ABA 含量最高，地下部分发草 ABA 含量最高，地上部分和地下部分均为藏嵩草 ABA 含量最低。CK 下，地上部分发草 ABA 含量最高，地下部分同德小花碱茅和发草 ABA 含量最高，地上部分和地下部分均为冷地早熟禾 ABA 含量最低。MD 处理下，地上部分同德小花碱茅和发草 ABA 含量最高，华扁穗草 ABA 含量最低；地下部分同德小花碱茅 ABA 含量最高，中华羊茅和垂穗披碱草 ABA 含量最低。

对于地上部分 CTK 含量而言，MD、MW 处理下发草显著高于 CK（$P < 0.05$）；MW 处理下冷地早熟禾和青海草地早熟禾 CTK 含量显著高于 CK（$P < 0.05$）；MD 处理下垂穗披碱草 CTK 含量显著高于 CK（$P < 0.05$）；中华羊茅、同德小花碱茅、藏嵩草、华扁穗草和青藏苔草 CTK 含量在不同水分处理下无显著性差异。对于地下部分 CTK 含量而言，MD、MW 处理下青藏苔草显著高于 CK（$P < 0.05$），而冷地早熟禾则呈现相反的趋势；MW 处理下同德小花碱茅 CTK 含量显著低于 CK（$P < 0.05$），而 MD 处理下则呈现相反的趋势；MW 处理下华扁穗草 CTK 含量显著高于 CK（$P < 0.05$），而青海草地早熟禾和中华羊茅则呈现相反的趋势；MD 处理下藏嵩草 CTK 含量显著低于 CK（$P < 0.05$）；发草和垂穗披碱草 CTK 含量在不同水分处理下无显著性差异。MW 处理下，地上部分发草 CTK 含量最高，垂穗披碱草 CTK 含量最低；地下部分发草和华扁穗草 CTK 含量最高，青海草地早熟禾和中华羊茅 CTK 含量最低。CK 下，地上部分和地下部分均

为发草 CTK 含量最高，地上部分冷地早熟禾和青海草地早熟禾 CTK 含量最低，地下部分垂穗披碱草 CTK 含量最低。MD 处理下，地上部分和地下部分均为发草 CTK 含量最高，地上部分青海草地早熟禾 CTK 含量最低；地下部分藏嵩草和冷地早熟禾 CTK 含量最低。

对于地上部分 IAA 含量而言，MD、MW 处理下发草、中华羊茅和同德小花碱茅显著高于 CK（$P < 0.05$），而藏嵩草和青藏苔草则呈现相反的趋势；MW 处理下青海草地早熟禾 IAA 含量显著高于 CK（$P < 0.05$），而冷地早熟禾则呈现相反的趋势；MD 处理下垂穗披碱草 IAA 含量显著高于 CK（$P < 0.05$）；华扁穗草 IAA 含量在不同水分处理下无显著性差异。对于地下部分 IAA 含量而言，MD、MW 处理下同德小花碱茅显著高于 CK（$P < 0.05$）；MW 处理下发草、青海草地早熟禾、中华羊茅和藏嵩草 IAA 含量显著高于 CK（$P < 0.05$）；冷地早熟禾、垂穗披碱草、华扁穗草和青藏苔草 IAA 含量在不同水分处理下无显著性差异。MW 处理下，地上部分青海草地早熟禾和发草 IAA 含量最高，藏嵩草、华扁穗草和青藏苔草 IAA 含量最低；地下部分发草 IAA 含量最高，华扁穗草 IAA 含量最低。CK 下，地上部分藏嵩草和发草 IAA 含量最高，华扁穗草 IAA 含量最低；地下部分发草 IAA 含量最高，藏嵩草和华扁穗草 IAA 含量最低。MD 处理下，地上部分和地下部分均为发草 IAA 含量最高，青藏苔草 IAA 含量最低。

对于地上部分 GA 含量而言，MD、MW 处理下中华羊茅和同德小花碱茅显著高于 CK（$P < 0.05$），而冷地早熟禾则呈现相反的趋势；MW 处理下青海草地早熟禾 GA 含量显著高于 CK（$P < 0.05$），而华扁穗草则呈现相反的趋势；MD 处理下发草、垂穗披碱草和青藏苔草 GA 含量在不同水分处理下无显著性差异。对于地下部分 GA 含量而言，MD、MW 处理下中华羊茅、同德小花碱茅和藏嵩草显著高于 CK（$P < 0.05$），而青藏苔草则呈现相反的趋势；MW 处理下青海草地早熟禾 GA 含量显著高于 CK（$P < 0.05$）；MD 处理下垂穗披碱草 GA 含量显著高于 CK（$P < 0.05$），而冷地早熟禾则呈现相反的趋势；发草和华扁穗草 GA 含量在不同水分处理下无显著性差异。MW 处理下，地上部分和地下部分均为青海草地早熟禾 GA 含量最高，华扁穗草和青藏苔草 GA 含量最低。CK 下，地上部分冷地早熟禾和发草 GA 含量最高，藏嵩草、华扁穗草、同德小花碱茅和青藏苔草 GA 含量最低；地下部分发草 GA 含量最高，藏嵩草和同德小花碱茅 GA 含量最低。MD 处理下，地上部分发草 GA 含量最高，地下部分中华羊茅 GA 含量最高，地上部分和地下部分均为青藏苔草、藏嵩草和华扁穗草 GA 含量最低。

对于地上部分 ETH 含量而言，MD、MW 处理下藏嵩草显著高于 CK（$P < 0.05$），而冷地早熟禾和青藏苔草则呈现相反的趋势；MW 处理下青海草地早熟禾和同德小花碱茅 ETH 含量显著高于 CK（$P < 0.05$）；MD 处理下发草 ETH 含量显著高于 CK（$P < 0.05$），而垂穗披碱草则呈现相反的趋势；中华羊茅和华扁穗草 ETH 含量在不同水分处理下无显著性差异。对于地下部分 ETH 含量而言，MD、MW 处理下藏嵩草显著高于 CK（$P < 0.05$），而冷地早熟禾和青藏苔草则呈现相反的趋势；MW 处理下青海草地早熟禾、中华羊茅和同德小花碱茅 ETH 含量显著高于 CK（$P < 0.05$）；发草、垂穗披碱草和华扁穗草 ETH 含量在不同水分处理下无显著性差异。MW 处理下，地上部分同德小花碱茅和藏嵩草 ETH 含量最高，中华羊茅和冷地早熟禾 ETH 含

量最低；地下部分发草 ETH 含量最高，冷地早熟禾 ETH 含量最低。CK 下，地上部分华扁穗草和青藏苔草 ETH 含量最高，地下部分发草 ETH 含量最高，地上部分和地下部分均为垂穗披碱草和中华羊茅 ETH 含量最低。MD 处理下，地上部分藏嵩草 ETH 含量最高，青海草地早熟禾 ETH 含量最低；地下部分发草 ETH 含量最高，中华羊茅和青海草地早熟禾 ETH 含量最低。综上所述，水分处理下发草较其他 8 种高寒沼泽湿地植物内源激素含量高，对水涝和干旱的适应能力更强。

植物激素作为植物生长发育的重要调节物质，广泛参与到植物应对水分胁迫的响应之中。以干旱胁迫为例，当植物根细胞在感受土壤或基质干旱后，根系首先会受到刺激并传导信号大量合成 ABA，ABA 作为胞间信使经蒸腾流通过木质部运输到茎干及叶片，到达保卫细胞质膜外侧作用位点后与液压信号相互影响，通过胞内信号传导调节蒸腾水分损失与低叶片扩张率，抑制内流 K+ 通道和促进苹果酸的渗出，使保卫细胞膨压下降，促使开放的气孔部分关闭和抑制关闭的气孔开放，以控制植物与外界进行的水分和气体交换，降低植物生长代谢活性（Hayward et al.，2013；Mittler&Blumwald，2015）。CTK 作为另外一种重要的根源性物质，与 ABA 形成拮抗作用，水分胁迫使 CTK 的合成受阻。目前对 CTK 的研究较少，对其研究主要集中在玉米素（ZT）和玉米素核苷（ZR）2 种物质上。俞玲等（2015）研究发现，在干旱胁迫下 ZT 含量下降，细胞的分裂减少，不利于植物叶片的伸长和生长，但可以使叶片保持较高的水分含量，是植物在干旱胁迫下的一种生理保护反应。此外，干旱胁迫下 ETH 含量大多呈"先上升后下降"的趋势。一些研究者认为是缺水植物体内氧分压降低，诱导根中 ACC 合成基因促进根中 ACC 的合成，ACC 随蒸腾液流由根系向地生部分运输，地上部分的 ACC 在通气条件下转变为 ETH（Cui et al.，2015）。多数研究表明干旱胁迫会使植物体内的 GAs 含量下降，但也有研究认为 GAs 含量先下降后上升，总体呈上升趋势。作为重要植物激素的 IAA 在干旱胁迫下的变化比较复杂，原因可能是生长素 IAA 有双重作用。总之，参与植物水分胁迫反应常常不是一种激素，而是多种激素以一种复杂的方式在协调地起作用（Arc et al.，2015）。

本研究测定了 9 种植物内源激素在不同水分处理条件下地上部分和地下部分含量的变化。结果显示发现在不同水分胁迫条件下，SA、ABA、CTK、IAA、GA、ETH 含量均具有显著变化。这一结果表明激素之间的相互协调作用广泛存在于植物应对不同水分胁迫的过程之中。

本研究着重对比了发草与其他植物之间各种激素含量的变化情况，具体而言，作为逆境胁迫应答响应激素 SA，同德小花碱茅和发草在不同的水分条件下均具有较高的相对含量，在不同水分条件与 CK 条件的对比过程中 SA 变化量则不明显。ABA 作为干旱胁迫中重要的调节激素，MD 处理条件下，同德小花碱茅和发草中 ABA 含量最高。本研究表明 CTK 在水分胁迫条件下通常呈减少趋势，然而发草中 CTK 含量在不同水分胁迫处理条件下均较高，只有青海草地早熟禾在 MD 和 MW 条件下的含量呈现减少的结果。GA 和 ETH 这两种含量变化规律比较复杂的激素，在发草中不同水分胁迫处理条件下均具有较高的含量，而具有双重作用的 IAA 在 MD 和 MW 条件下的相对含量都处于较高水平，由于较高浓度的 IAA 并不一定是促进生长，这还需要进一步的试验来证明。

综合试验结果，本研究可以初步得出以下结论，植物在水分胁迫条件下其体内的植物激素含量通常会发生显著变化，这些变化的最终效果是由于激素本身的功能，以及激素之间相互协调来实现的。此外在9种植物中，不同水分处理下发草较其他8种高寒沼泽湿地植物内源多种激素含量处于较高水平，这一结果初步证明发草可能具有较强的水分胁迫适应能力。

3.6.7　9种高寒沼泽湿地植物水分胁迫抗逆性综合评价

（1）隶属函数

植物对水分胁迫的抗逆性受多个因素的影响，而单一指标无法准确全面反映植物的抗水分能力。因此采用隶属函数对9种高寒沼泽湿地植物的形态指标、生理生化指标等30个指标进行水分抗逆性综合评价（表3-32）。发草、冷地早熟禾、青海草地早熟禾、中华羊茅、同德小花碱茅、垂穗披碱草、藏嵩草、华扁穗草和青藏苔草的隶属函数平均值分别为0.5331、0.5208、0.4132、0.3663、0.3289、0.3609、0.3922、0.4571、0.4512。由此可知，9种高寒沼泽湿地植物水分抗逆性强弱表现为发草＞冷地早熟禾＞华扁穗草＞青藏苔草＞青海草地早熟禾＞藏嵩草＞中华羊茅＞垂穗披碱草＞同德小花碱茅。

（2）相关性分析

通过对水分胁迫条件下9种高寒沼泽湿地植物地上部分形态及生理生化指标的相关性分析（表3-33）表明，部分指标之间的相关性达到了显著水平。其中，MDA与POD，SP与SA、ABA、CTK、ETH、chl，Betaine与DHA、ABA、IAA、GA，Pro与POD、SOD、GA，CAT与AsA、AsA+DHA、AsA/DHA、ETH，AsA与AsA+DHA、AsA/DHA、ETH，DHA与ABA、IAA、GA，AsA+DHA与AsA/DHA、ETH，AsA/DHA与ETH，GSH与GSH+GSSG、GSH/GSSG，GSSG与SA、IAA、GA，GSH+GSSG与GSH/GSSG，SA与CTK、IAA，ABA与CTK，CTK与IAA、ETH，IAA与GA，chl.a与chl.b、chl、Cx.c，chl.b与chl、Cx.c，chl与Cx.c呈极显著正相关关系（$P < 0.01$）；株高与POD、DHA，MDA与GSH、GSH+GSSG、GSH/GSSG，SP与Betaine、AsA、DHA、AsA+DHA、chl.a、chl.b，Pro与GSH、GSSG、GSH+GSSG，POD与GSH/GSSG、GA，SOD与GSH/GSSG，SA与GA、ETH，ABA与chl.b，CTK与chl呈显著正相关关系（$P < 0.05$）；株高与AsA、AsA+DHA、AsA/DHA、ETH，MDA与SP，SP与Pro、POD、GSH、GSH+GSSG、GSH/GSSG、GA，SS与AsA、AsA+DHA、AsA/DHA，Betaine与CAT、AsA/DHA、GSSG、ETH，Pro与ABA、CTK、ETH，CAT与DHA、ABA、IAA、GA，POD与CTK、ETH，SOD与SA、CTK，AsA与DHA、IAA、GA，DHA与AsA+DHA、AsA/DHA、ETH，AsA+DHA与IAA、GA，AsA/DHA与IAA、GA，GSH与ABA、CTK、ETH，GSSG与ABA，GSH+GSSG与ABA、CTK、ETH，GSH/GSSG与SA、ABA、CTK、IAA、ETH，GA与ETH、chl.a呈极显著负相关关系（$P < 0.01$）；株高与CAT，MDA与ETH，SP与SOD，Betaine与AsA、AsA+DHA、GSH、GSH+GSSG，POD与ABA，AsA与Cx.c，DHA与GSH、GSSG、GSH+GSSG，AsA+DHA

表 3-32 供试高寒沼泽湿地植物水分胁迫抗逆性评价隶属函数

指标	隶属函数值								
	发草 *D.caespitosa*	冷地 早熟禾 *P.crymophila*	青海草地 早熟禾 *P.pratensis*	中华 羊茅 *F.sinensis*	同德小 花碱茅 *P.tenuiflora*	垂穗 披碱草 *E.nutans*	藏嵩草 *K.tibetica*	华扁穗草 *B.sinocompressus*	青藏苔草 *C.moorcroftii*
株高	0.8000	0.9005	0.5757	1.0000	0.9086	0.6187	0.0000	0.4618	0.7583
根长	0.7065	0.6457	0.1179	0.6148	0.0000	0.5288	0.6438	0.1921	1.0000
总生物量	0.4415	0.2747	0.2968	0.0000	0.5666	0.4965	0.4821	0.3762	1.0000
根冠比	0.3085	0.4606	0.1330	0.2066	0.0000	0.3274	0.2821	1.0000	0.1569
MDA	0.0000	0.7993	0.3404	1.0000	0.2782	0.5316	0.4264	0.1491	0.2352
SP	1.0000	0.0893	0.2144	0.0000	0.6161	0.0358	0.4286	0.5358	0.7053
SS	0.6347	0.2580	0.7920	0.0000	1.0000	0.5618	0.2092	0.3803	0.7251
Betaine	0.2024	0.6275	1.0000	0.5870	0.3077	0.5870	0.0000	0.0729	0.2874
Pro	0.0696	1.0000	0.8737	0.4182	0.0854	0.2468	0.0000	0.0868	0.0445
CAT	0.0943	0.1545	0.1061	0.2092	0.0000	0.2310	0.8110	1.0000	0.0574
POD	0.0097	1.0000	0.6347	0.7317	0.3547	0.1262	0.0023	0.0000	0.0007
SOD	0.0000	1.0000	0.8323	0.5969	0.5927	0.8304	0.6394	0.7319	0.5947
AsA	0.3179	0.0893	0.5558	0.0985	0.2194	0.0000	0.5286	1.0000	0.6758
DHA	1.0000	0.5566	0.6698	0.5660	0.3396	0.5660	0.0000	0.2830	0.4057
AsA+DHA	0.3268	0.0893	0.5603	0.0989	0.2173	0.0000	0.5226	1.0000	0.6772
AsA/DHA	0.1971	0.0847	0.4512	0.0829	0.2376	0.0000	0.6464	1.0000	0.6077
GSH	0.0000	0.8064	0.1625	0.4610	0.1166	1.0000	0.3548	0.1337	0.3091
GSSG	0.8840	0.9565	1.0000	0.6956	0.8116	0.3623	0.4348	0.4348	0.0000
GSH+GSSG	0.0000	0.8114	0.1645	0.4614	0.1164	1.0000	0.3526	0.1300	0.3026
GSH/GSSG	0.0000	0.7384	0.1835	0.4831	0.1181	1.0000	0.3692	0.1709	0.4177
SA	1.0000	0.1804	0.2658	0.2816	0.7690	0.0854	0.2848	0.2722	0.0000
ABA	1.0000	0.1315	0.1956	0.0000	0.7155	0.1143	0.1543	0.2803	0.4785
CTK	1.0000	0.0000	0.1244	0.1138	0.5057	0.0772	0.3916	0.4898	0.5277
IAA	1.0000	0.1159	0.1694	0.1456	0.1189	0.1144	0.0594	0.0000	0.0074
GA	1.0000	0.7469	0.9170	0.8506	0.0726	0.7365	0.0539	0.0353	0.0000
ETH	1.0000	0.0188	0.0740	0.0266	0.7987	0.0000	0.7919	0.7438	0.6552
chl.a	0.6027	0.6384	0.2375	0.3974	0.0000	0.1869	0.8716	0.6760	1.0000
chl.b	0.8481	0.7192	0.2207	0.2035	0.0000	0.1147	1.0000	0.4270	0.4157
chl	0.7335	0.7298	0.2583	0.3912	0.0000	0.1900	1.0000	0.6845	0.9584
Cx.c	0.8147	1.0000	0.2682	0.2682	0.0000	0.1563	0.0246	0.9658	0.5316
平均值	0.5331	0.5208	0.4132	0.3663	0.3289	0.3609	0.3922	0.4571	0.4512
排名	1	2	5	7	9	8	6	3	4

表3-33 水分胁迫条件下9种高寒沼泽湿地植物地上部分形态及生理生化指标的相关性分析

指标	株高	MDA	SP	SS	Betaine	Pro	CAT	POD	SOD	AsA	DHA	AsA+DHA	AsA/DHA	GSH	GSSG	GSH+GSSG	GSH/GSSG	SA	ABA	CTK	IAA	GA	ETH	chl.a	chl.b	chl
MDA	-0.075	1.000																								
SP	-0.063	-0.337**	1.000																							
SS	0.114	0.129	-0.066	1.000																						
Betaine	0.206	-0.023	0.244*	0.047	1.000																					
Pro	0.118	0.16	-0.445**	-0.019	-0.117	1.000																				
CAT	-0.265*	-0.046	-0.043	-0.215	-0.389**	-0.033	1.000																			
POD	0.278*	0.533**	-0.482**	0.143	0.135	0.296**	-0.153	1.000																		
SOD	-0.062	-0.033	-0.241*	0.181	-0.137	0.404**	0.181	0.043	1.000																	
AsA	-0.340**	-0.077	0.247*	-0.352**	-0.251*	-0.186	0.335**	-0.162	-0.041	1.000																
DHA	0.275*	0.09	0.253*	0.054	0.794**	-0.01	-.440**	0.122	-0.047	-0.349**	1.000															
AsA+DHA	-0.337**	-0.075	0.251*	-0.352**	-0.241*	-0.188	0.330**	-0.161	-0.043	1.000**	-0.337**	1.000														
AsA/DHA	-0.390**	-0.104	0.174	-0.308**	-0.409**	-0.210	0.445**	-0.198	-0.074	0.961**	-0.551**	0.958**	1.000													
GSH	-0.217	0.232*	-0.447**	-0.02	-0.264*	0.260*	-0.041	0.176	0.176	-0.034	-0.241*	-0.038	-0.021	1.000												
GSSG	-0.103	0.053	-0.179	-0.126	-0.286**	0.237*	0.013	0.001	-0.156	-0.149	-0.224*	-0.153	-0.064	0.064	1.000											
GSH+GSSG	-0.218	0.232*	-0.449**	-0.021	-0.267*	0.263*	-0.041	0.176	0.174	-0.036	-0.244*	-0.04	-0.022	1.000**	0.076	1.000										
GSH/GSSG	-0.175	0.223*	-0.399**	0.026	-0.156	0.217	-0.061	0.219*	0.240*	0.015	-0.151	0.013	-0.004	0.958**	-0.160	0.955**	1.000									
SA	0.002	-0.123	0.306**	0.011	0.012	-0.049	-0.015	-0.200	-0.379**	-0.186	-0.014	-0.187	-0.096	-0.282*	0.456**	-0.276*	-0.404**	1.000								
ABA	0.110	-0.218	0.778**	-0.004	0.530**	-0.294**	-0.295**	-0.254*	-0.132	-0.135	0.583**	-0.128	-0.260*	-0.361**	-0.312**	-0.364**	-0.276*	0.154	1.000							
CTK	-0.063	-0.182	0.737**	0.035	0.115	-0.530**	0.092	-0.477**	-0.415**	0.107	0.125	0.110	0.116	-0.449**	0.103	-0.447**	-0.468**	0.350**	0.454**	1.000						
IAA	0.011	-0.062	0.075	0.056	0.382**	0.023	-0.326**	-0.061	-0.191	-0.380**	0.345**	-0.377**	-0.397**	-0.198	0.561**	-0.191	-0.291**	0.425**	0.178	0.356**	1.000					
GA	0.157	0.124	-0.339**	-0.024	0.511**	0.303**	-0.384**	0.251*	-0.064	-0.559**	0.461**	-0.556**	-0.612**	0.142	0.409**	0.148	0.069	0.252*	-0.053	-0.184	0.692**	1.000				
ETH	-0.294**	-0.276*	0.526**	0.064	-0.506**	-0.351**	0.394**	-0.455**	-0.102	0.492**	-0.530**	0.487**	0.601**	-0.311**	0.123	-0.310**	-0.343**	0.265*	0.106	0.533**	-0.147	-0.712**	1.000			
chl.a	-0.115	0.028	0.278*	-0.049	-0.045	-0.198	0.121	-0.119	0.008	0.068	-0.054	0.068	0.081	-0.033	-0.224*	-0.036	0.003	-0.048	0.142	0.215	-0.264*	-0.315**	0.191	1.000		
chl.b	-0.165	-0.012	0.283*	-0.15	0.095	-0.091	0.068	-0.043	-0.066	0.007	0.106	0.008	0.007	0.019	-0.118	0.018	0.032	0.088	0.247*	0.207	-0.047	-0.102	0.053	0.779**	1.000	
chl	-0.132	0.021	0.291**	-0.075	-0.012	-0.181	0.112	-0.105	-0.01	0.055	-0.016	0.055	0.065	-0.022	-0.209	-0.024	0.011	-0.018	0.175	0.222*	-0.222*	-0.276*	0.164	0.988**	0.866**	1.000
C,x.c	0.143	0.016	0.170	-0.072	0.158	0.039	0.163	0.133	0.02	-0.228*	0.161	-0.227*	-0.245*	-0.023	-0.128	-0.024	0.009	-0.001	0.186	0.088	-0.108	-0.006	-0.135	0.520**	0.480**	0.533**

注：** 在0.01水平极显著相关；* 在0.05水平显著相关。下同

与 Cx.c，AsA/DHA 与 ABA、Cx.c，GSH 与 SA，GSSG 与 chl.a，IAA 与 chl.a、chl，GA 与 chl 呈显著负相关关系（$P < 0.05$）。结果表明，所有指标之间都存在着大小不一的相关性，使得不同性状之间反映的信息有所重叠，因此需要进行主成分分析，进一步找出变化规律。

通过对水分胁迫条件下 9 种高寒沼泽湿地植物地下部分形态及生理生化指标的相关性分析（表 3-34）表明，部分指标之间的相关性达到了显著水平。其中，MDA 与 SP、Pro、CAT、DHA、SA、ABA、CTK、IAA、GA、ETH，SP 与 SS、SA、ABA、CTK、IAA、ETH，SS 与 ABA、CTK、IAA、ETH，Betaine 与 POD、SOD，Pro 与 POD、DHA、IAA、GA，POD 与 GSH、GSH+GSSG、GSH/GSSG、GA，AsA 与 AsA+DHA、AsA/DHA，DHA 与 ABA、IAA、GA，AsA+DHA 与 AsA/DHA，GSH 与 GSH+GSSG、GSH/GSSG、GA，GSSG 与 SA、GA，GSH+GSSG 与 GSH/GSSG、GA，SA 与 ABA、IAA、GA、ETH，ABA 与 CTK、IAA、ETH，CTK 与 IAA、ETH，IAA 与 GA、ETH 呈极显著正相关关系（$P < 0.01$）；根长与 CAT，MDA 与 SS，SP 与 DHA，Betaine 与 GSH、GSH+GSSG、GSH/GSSG，CAT 与 ETH，SOD 与 GSH、GSH+GSSG，GSSG 与 IAA 呈显著正相关关系（$P < 0.05$）；MDA 与 Betaine、SOD，SP 与 Betaine、POD、SOD、GSH、GSH+GSSG、GSH/GSSG，SS 与 Betaine、GSH、GSH+GSSG、GSH/GSSG，Betaine 与 CAT、SA、ABA、CTK、IAA、ETH，CAT 与 SOD，POD 与 ABA、ETH，SOD 与 CTK、IAA、ETH，GSH 与 ABA、CTK、ETH，GSH+GSSG 与 ABA、CTK、ETH，GSH/GSSG 与 SA、ABA、CTK、ETH 呈极显著负相关关系（$P < 0.01$）；根长与 Betaine，SS 与 SOD，POD 与 CTK，AsA 与 GSH、GSH+GSSG、GSH/GSSG，AsA+DHA 与 GSH、GSH+GSSG、GSH/GSSG，AsA/DHA 与 GSH、GSH+GSSG、GSH/GSSG、GA，GSSG 与 GSH/GSSG，GSH/GSSG 与 IAA 呈显著负相关关系（$P < 0.05$）。结果表明，所有指标之间都存在着大小不一的相关性，使得不同性状之间反映的信息有所重叠，因此需要进行主成分分析进一步找出变化规律。

（3）主成分分析

主成分分析法可将多个原始指标转换为综合指标进行分析，这样能综合反映 9 种高寒沼泽湿地植物的水分耐受性差异。对包括形态指标、生理生化指标的 30 个指标进行主成分分析，根据结果（表 3-35）可知，前 4 个综合指标的贡献率分别为 19.698%、17.658%、12.327% 和 7.879%，累计贡献率可达到 57.562%，表明提取的 4 个主成分作为全新的独立的综合指标，集中了原来所有指标的绝大部分数据信息，可以代替原有 30 个指标对 9 种高寒沼泽湿地植物的耐水分胁迫性进行综合评价。

第 1 主成分中 SP、Pro、POD、AsA、AsA+DHA、AsA/DHA、GA 和 ETH 值的载荷值较高，说明在第 1 主成分中 SP、Pro、POD、AsA 等 8 个指标为主要因子；第 2 主成分中甜菜碱、DHA、GSH、GSH+GSSG、GSH/GSSG、ABA、CTK 和 IAA 值的载荷值较高，说明在第 2 主成分中甜菜碱、DHA、GSH 等 8 个指标为主要因子；第 3 主成分中 chl.a、chl.b、chl 和 Cx.c 值的载荷值较高，说明在第 3 主成分中 chl.a、chl.b、chl 等 4 个指标为主要因子；第 4 主成分中 GSSG 和 SA 值的载荷值较高，说明在第 4 主成分中 GSSG 和 SA 为主要因子。

表3-34 水分胁迫条件下9种高寒沼泽湿地植物地下部分形态及生理生化指标的相关性分析

指标	根长	MDA	SP	SS	Betaine	Pro	CAT	POD	SOD	AsA	DHA	AsA+DHA	AsA/DHA	GSH	GSSG	GSH+GSSG	GSH/GSSG	SA	ABA	CTK	IAA	GA
MDA	0.212	1.000																				
SP	0.033	0.464**	1.000																			
SS	-0.183	0.225*	0.505**	1.000																		
Betaine	-0.231*	-0.641**	-0.578**	-0.316**	1.000																	
Pro	0.044	0.329**	0.024	0.195	0.042	1.000																
CAT	0.234*	0.413**	0.102	0.094	-0.449**	0.055	1.000															
POD	0.018	0.038	-0.628**	-0.163	0.314**	0.426**	-0.093	1.000														
SOD	-0.022	-0.404**	-0.359**	-0.283*	0.499**	0.059	-0.316**	0.189	1.000													
AsA	-0.122	-0.085	0.190	0.155	-0.172	0.031	-0.121	-0.183	-0.151	1.000												
DHA	0.023	0.317**	0.223*	0.097	0.204	0.330**	-0.148	0.117	0.066	-0.114	1.000											
AsA+DHA	-0.122	-0.082	0.193	0.157	-0.171	0.034	-0.123	-0.182	-0.151	1.000**	-0.104	1.000										
AsA/DHA	-0.134	-0.123	0.137	0.120	-0.174	-0.008	-0.130	-0.187	-0.131	0.987**	-0.209	0.986**	1.000									
GSH	0.141	-0.030	-0.593**	-0.439**	0.228	-0.098	0.164	0.427**	0.233*	-0.253*	0.008	-0.254	-0.236*	1.000								
GSSG	-0.120	0.148	-0.094	0.051	-0.115	0.180	-0.174	0.235*	0.202	-0.099	-0.112	-0.101	-0.071	0.007	1.000							
GSH+GSSG	0.137	-0.027	-0.595**	-0.438**	0.225*	-0.093	0.160	0.432**	0.239*	-0.256*	0.004	-0.257*	-0.238*	1.000**	0.032	1.000						
GSH/GSSG	0.149	-0.075	-0.534**	-0.435**	0.272*	-0.179	0.174	0.306**	0.173	-0.231*	0.060	-0.231*	-0.221*	0.950**	-0.250*	0.943**	1.000					
SA	-0.076	0.434**	0.364**	0.202	-0.458**	0.008	-0.130	-0.043	-0.053	-0.067	-0.061	-0.068	-0.059	-0.151	0.634**	-0.135	-0.302**	1.000				
ABA	-0.108	0.397**	0.755**	0.340**	-0.367**	0.095	-0.030	-0.340**	-0.145	0.081	0.352**	0.086	0.021	-0.394**	-0.031	-0.395**	-0.345**	0.344**	1.000			
CTK	0.006	0.327**	0.507**	0.345**	-0.384**	0.080	0.142	-0.222*	-0.411**	0.188	0.115	0.189	0.139	-0.444**	-0.148	-0.448**	-0.421**	0.059	0.303**	1.000		
IAA	0.145	0.874**	0.587**	0.358**	-0.614**	0.328**	0.198	-0.017	-0.350**	-0.027	0.463**	-0.022	-0.083	-0.185	0.275**	-0.178	-0.248	0.543**	0.465**	0.415**	1.000	
GA	0.111	0.426**	-0.194	-0.015	0.001	0.420**	-0.044	0.525**	0.094	-0.205	0.433**	-0.201	-0.233*	0.325**	0.549**	0.339**	0.177	0.325**	-0.085	-0.195	0.545**	1.000
ETH	0.094	0.628**	0.850**	0.448**	-0.808**	-0.034	0.277*	-0.504**	-0.465**	0.188	0.013	0.189	0.163	-0.485**	0.078	-0.482**	-0.497**	0.533**	0.534**	0.555**	0.729**	-0.053

表 3-35　水分胁迫条件下 9 种高寒沼泽湿地植物形态及生理生化指标的主成分分析

指标	主成分			
	Z1	Z2	Z3	Z4
株高	−0.342	0.308	−0.002	−0.302
根长	0.081	−0.054	0.375	0.228
总生物量	0.301	0.187	0.457	0.162
根冠比	0.163	−0.305	−0.218	0.212
MDA	−0.309	−0.248	0.137	0.034
SP	0.624	0.604	0.062	−0.047
SS	−0.225	0.129	0.031	−0.118
Betaine	−0.33	0.628	0.121	−0.333
Pro	−0.496	−0.308	−0.023	0.051
CAT	0.447	−0.365	−0.106	0.091
POD	−0.524	−0.212	0.104	0.222
SOD	−0.16	−0.33	0.133	−0.261
AsA	0.709	−0.42	−0.168	−0.234
DHA	−0.397	0.639	0.153	−0.321
AsA+DHA	0.707	−0.413	−0.167	−0.239
AsA/DHA	0.758	−0.487	−0.21	−0.095
GSH	−0.342	−0.672	0.371	0.261
GSSG	−0.171	−0.026	−0.44	0.747
GSH+GSSG	−0.344	−0.671	0.365	0.27
GSH/GSSG	−0.316	−0.648	0.462	0.061
SA	0.092	0.438	−0.277	0.583
ABA	0.175	0.731	0.189	−0.236
CTK	0.537	0.572	−0.134	0.265
IAA	−0.342	0.521	−0.358	0.466
GA	−0.776	0.264	−0.119	0.316
ETH	0.84	−0.009	−0.245	0.179
chl.a	0.424	0.137	0.778	0.173
chl.b	0.283	0.217	0.710	0.266
chl	0.407	0.163	0.795	0.202
Cx.c	0.019	0.227	0.588	0.099
特征值	5.910	5.297	3.698	2.364
贡献率（%）	19.698	17.658	12.327	7.879
累计贡献率（%）	19.698	37.357	49.683	57.562

　　植物对水分胁迫的抗逆性是由多种因素和生理调节机制共同综合决定的数量性状，选择测定的性状指标不同所得到的结果也会随之产生差异（Guha et al., 2010；Beshir et al., 2016）。因此，选择合理的性状指标对于准确评价植物的抗水分胁迫能力至关重要。本研究结合了前人的研究进展和生产的实际情况，选择株高、根长、总生物量和根冠比等生长参数，这些生长参数可操作性强、测定结果准确、差异明显；选择膜脂过氧化 MDA、光合色素（chl.a、chl.b、Chl 和 Cx.c）、渗透调节物质（SP、SS、Betaine 和 Pro）、抗氧化保护系统（CAT、POD、SOD、AsA、DHA、AsA+DHA、AsA/DHA、GSH、GSSG、GSH+GSSG 和 GSH/GSSG）和内源激素（SA、ABA、CTK、IAA、GA 和 ETH）等 26 个生理生化指标，这些生理指标比较全面地包含了各方面的生理生化过程，同时具有较强的代表性，水分胁迫下含量变化明显。对于植物水分抗逆性的综合评价来说，根据研究实际情况选择合理的评价方法与选择适当的评价性状指标同等重要。判断植物的水分抗逆性需要根据多个性状指标进行综合判断（王传旗等，2017）。本研究通过对指标间的相关性分析发现各性状指标之间存在一定程度的相关性。通过主成分分析法，选择出影响植物水分胁迫抗逆性的主要指标，能够全面、系统地分析本研究的科学问题（韩瑞宏等，2006）。本研究将 30 个指标进行主成分分析得到激素 ETH、GA、ABA，细胞色素 chl、chl.a、chl.b、Cx.c，渗透调调节物质 Betaine、SP、Pro 和抗氧化剂 AsA、DHA、GSSG、GSH 等指标是反映植物水分胁迫抗逆性的最重要指标。隶属函数法是植物水分胁迫抗逆性评价中较为常用的一种综合评价方法，可以在多个指标测定的基础上，对植物的抗逆性进行较为综合、全面的评价，避免了使用单一评价指标进行评价的不准确性，评价结果较为科学可靠（李京蓉等，2020）。本研究利用包括生长参数和生理生化的 30 个指标对 9 份典型的高寒植物种质资源进行隶属函数分析，根据 D 值的大小进行排序，得到 9 种高寒沼泽湿地植物水分抗逆性强弱表现为发草＞冷地早熟禾＞华扁穗草＞青藏苔草＞青海草地早熟禾＞藏嵩草＞中华羊茅＞垂穗披碱草＞同德小花碱茅。另外，莎草科植物华扁穗草、青藏嵩草和青藏苔草及禾本科植物冷地早熟禾和中华羊茅等多进行根茎繁殖，种子产量低且普遍存在后熟状况，自然萌发率低（金兰＆陈志，2014；鱼小军等，2015），而发草种子产量和发芽率较高，具有产业化生产的潜能。因此，发草是理想的退化高寒沼泽湿地植被恢复物种之一。

3.7 典型高寒湿地植物栽培技术研究

3.7.1 华扁穗草栽培技术

（1）华扁穗草种子采集

采集地：种子采自玉树、玛多、玛沁、班玛、青海湖和兴海等地。

采集时间：2016 ～ 2018 年每年 9 月 10 日 ～ 10 月 5 日。

采集方法：一般华扁穗草种子的采收期在 9 月。当种子由绿转黑时，连杆一并采集，采集晾干后，用木棍敲击枝条使种子脱落，用筛子过筛除去大的杂物，再用细筛筛去细小杂物，利用风将种子中不饱满的种子以及碎小叶片除去，种子净度达 90% 以上。

（2）华扁穗草种植

按研究的方法批量处理用于以下栽培研究的种子经发芽测定发芽率为 86%。

播种：在 4 月进行播种。采用人工撒播，施种量 37.5 ～ 45kg·hm^{-2}，用沙土将种子拌匀，播后用耙轻轻在地表层耙匀，并进行覆膜。注意防旱防涝。

（3）田间管理措施

浇水：华扁穗草在出苗和苗期特别喜湿，因而播种后要随时进行喷灌保持湿度，1 ～ 2 周左右出苗。

除草：在出苗出齐后，及时除草，促进幼苗生长，在生长到 10 周左右再进行一次除草。

施肥：在苗基本出齐后，要保证幼苗生长有良好的营养条件，以速效性氮肥为主。硫酸铵 37.5 ～ 75kg·hm^{-2}（表 3-36）。

表 3-36　华扁穗草田间管理措施

时间	作物生长发育时期	田间管理措施
4 月上旬	播种期	根据土壤含水状况进行浇水、耕地、整地、播种
4 月中、下旬	出苗期	待大部分出苗后根据土壤含水状况进行浇水
5 ～ 6 月	苗期	1. 根据土壤含水状况进行浇水 2. 进行田间除草一次，合理施肥
7 月	生长期	根据土壤含水状况进行浇水，合理施肥
8 ～ 9 月	生长期	1. 根据土壤含水状况进行浇水 2. 进行田间除草一次
10 月	枯黄期	1. 根据土壤含水状况进行浇水 2. 在 10 月下旬根据田间含水状况进行一次漫浇

3.7.2 青藏苔草栽培技术

（1）青藏苔草种子采集

采集地：种子采自玉树、玛多、玛沁、班玛、青海湖和兴海等地。

采集时间：2016 ~ 2018 年每年 9 月 5 日 ~ 30 日。

采集方法：一般青藏苔草种子的采收期在 9 月，当种子由绿转黄时采收，晾干后，用筛子过筛除去大的杂物，再用细筛筛去细小杂物，利用风将种子中不饱满的种子以及碎小叶片除去，种子净度达 98% 以上。

（2）青藏苔草种植

按研究的方法批量处理用于以下栽培研究的种子经发芽测定发芽率为 61%。

播种：在 4 月进行播种。采用人工撒播，播种量 150 ~ 200kg·hm⁻²，播后用耙轻轻在地表层耙匀，并进行覆膜，播种后注意防旱。

（3）田间管理措施

浇水：青藏苔草在出苗和苗期喜湿润，因而播种后要保持适宜的湿度，2 ~ 3 周左右出苗。

除草：在出苗出齐后，及时除草，促进幼苗生长，在生长到 8 ~ 12 周再进行一次除草。

施肥：在苗基本出齐后，要保证幼苗生长有良好的营养条件，以速效性氮肥为主，硫酸铵 37.5 ~ 75kg·hm⁻²（表 3-37）。

表 3-37　青藏苔草田间管理措施

时间	作物生长发育时期	田间管理措施
4 月上旬	播种期	根据土壤含水状况进行浇水、耕地、整地、合理施肥，进行播种
4 月中、下旬	出苗期	待大部分出苗后根据土壤含水状况进行浇水
5 ~ 6 月	苗期	1. 根据土壤含水状况进行浇水 2. 进行田间除草一次，合理施肥
7 月	生长期	根据土壤含水状况进行浇水
8 ~ 9 月	生长期	1. 根据土壤含水状况进行浇水 2. 进行田间除草一次
10 月	枯黄期	1. 根据土壤含水状况进行浇水 2. 在 10 月下旬根据田间含水状况进行一次漫浇

3.7.3 藏嵩草栽培技术

（1）藏嵩草种子采集

采集地：种子采自玉树、玛多、玛沁、同德、青海湖和甘德等地。

采集时间：2016 ~ 2018 年每年 9 月 1 日 ~ 30 日。

采集方法：一般藏嵩草种子的采收期在 9 月，当种子由绿转黄时采收，晾干后，用筛子过筛除去大的杂物，再用细筛筛去细小杂物，利用风将种子中不饱满的种子以及碎小叶片除去，种子净度达 95% 以上。

（2）藏嵩草种植

按研究的方法批量处理用于以下栽培研究的种子经发芽测定发芽率为 41%。

播种：在 4 月进行播种。采用人工撒播，播种量 150 ~ 200kg·hm^{-2}，播后用耙轻轻在地表层耙匀，并进行覆膜，播种后注意防旱。

（3）田间管理措施

浇水：藏嵩草在出苗和苗期喜湿润，因而播种后要保持适宜的湿度，4 周左右出苗。

除草：生长到 8 ~ 12 周进行一次除草。

施肥：在苗基本出齐后，要保证幼苗生长有良好的营养条件，以速效性氮肥为主，硫酸铵 37.5 ~ 75kg·hm^{-2}（表 3-38）。

表 3-38　藏嵩草田间管理措施

时间	作物生长发育时期	田间管理措施
4 月上旬	播种期	根据土壤含水状况进行浇水、耕地、整地、合理施肥，进行播种
4 月中、下旬	出苗期	待大部分出苗后根据土壤含水状况进行浇水
5 ~ 6 月	苗期	1. 根据土壤含水状况进行浇水 2. 合理施肥
7 月	生长期	根据土壤含水状况进行浇水
8 ~ 9 月	生长期	1. 根据土壤含水状况进行浇水 2. 进行田间除草一次
10 月	枯黄期	1. 根据土壤含水状况进行浇水 2. 在 10 月下旬根据田间含水状况进行一次漫灌

3.7.4　金露梅栽培技术

（1）金露梅种子采集

采集地：种子采自玉树、玛多、玛沁、班玛、青海湖和兴海等地。

采集时间：2016 ~ 2018 年每年 9 月 15 日 ~ 30 日。

采集方法：一般金露梅种子的采收期在 9 月。当果盘由绿转黄时采收，采集后晾干后，用木棍敲击果盘使果盘破碎，用筛子过筛除去大的杂物，进行统计后，备用。

（2）金露梅种植

栽培研究的用种子经发芽测定发芽率为 94%。

播种：在 4 月上旬进行播种。采用人工撒播，播种量 75 ~ 150kg·hm^{-2}，用沙土将种子拌匀，播后用耙轻轻在地表层耙匀，并进行覆膜。注意防旱防涝。

（3）田间管理措施

浇水：金露梅在出苗和苗期特别喜湿，因而播种后要随时进行喷灌保持湿度，1 ~ 2周左右出苗。

除草：在8月除草一次，促进幼苗生长。在第二生长年，5月和8月各除草一次，疏松土壤，促进植物生长。

施肥：在幼苗成活后，要保证幼苗生长有良好的营养条件，以速效性氮肥为主。在苗基本出齐后，施用硫酸铵每公顷75 ~ 150kg。每年在除草后，追肥一次，每次施尿素75kg·hm^{-2}（表3-39）。

表3-39　金露梅田间管理措施

时间	作物生长发育时期	田间管理措施
4月上旬	播种期或移栽苗	1.根据土壤含水状况进行浇水、耕地、整地、合理施肥，进行播种 2.进行苗的移栽
4月中、下旬	出苗期或移栽苗	1.待大部分出苗后根据土壤含水状况进行浇水 2.移栽苗适时浇水
5 ~ 6月	苗期或移栽苗	1.根据土壤含水状况进行浇水 2.第二、三年5月上旬进行田间除草一次，施尿素75kg/ha
7 ~ 9月	生长期	1.根据土壤含水状况进行浇水 2.第一、二年7月下旬，进行田间除草一次，施尿素75kg/ha 3.9月中旬开始采种
10月	枯黄期	1、根据土壤含水状况进行浇水 2、在10月下旬根据田间含水状况进行一次漫浇

（4）金露梅生长动态

一年生的金露梅，高约2 ~ 3cm，未分枝；二年生的金露梅，高约10 ~ 18cm之间，分3 ~ 5分枝；三年生高约15 ~ 36cm，部分开始开花结果，6月中旬开始开花一直开到9月中旬。

3.7.5　西伯利亚蓼栽培技术

（1）西伯利亚蓼种子采集

采集地：种子采自玛沁、班玛、青海湖和兴海等地。

采集时间：2016 ~ 2018年每年9月5日 ~ 30日。

采集方法：一般西伯利亚蓼种子的采收期在9月，当种子由绿转黄时采收，晾干后，用筛子过筛除去大的杂物，再用细筛筛去细小杂物，利用风将种子中不饱满的种子以及碎小叶片除去，种子净度达95%以上。

（2）西伯利亚蓼种植

按研究的方法批量处理用于以下栽培研究的种子经发芽测定发芽率为91%。

播种：在4月进行播种。采用人工撒播，播种量80 ~ 120kg·hm^{-2}，播后用耙轻轻在地表层耙匀，并进行覆膜，播种后注意防旱。

（3）田间管理措施

浇水：西伯利亚蓼在出苗和苗期喜湿润，因而播种后要保持适宜的湿度，3周左右出苗。

除草：在出苗出齐后，及时除草，促进幼苗生长，在生长到8～12周再进行一次除草。

施肥：在苗基本出齐后，要保证幼苗生长有良好的营养条件，以速效性氮肥为主，硫酸铵45kg·hm^{-2}（表3-40）。

表3-40　西伯利亚蓼田间管理措施

时间	作物生长发育时期	田间管理措施
4月上旬	播种期	根据土壤含水状况进行浇水、耕地、整地、合理施肥，进行播种
4月中、下旬	出苗期	待大部分出苗后根据土壤含水状况进行浇水
5～6月	苗期	1. 根据土壤含水状况进行浇水 2. 进行田间除草一次，合理施肥
7月	生长期	根据土壤含水状况进行浇水
8～9月	生长期	1. 根据土壤含水状况进行浇水 2. 进行田间除草一次
10月	枯黄期	1. 根据土壤含水状况进行浇水 2. 在10月下旬根据田间含水状况进行一次漫浇

3.7.6　发草栽培技术

（1）发草种子采集

采集地：种子采自玛沁、达日、同德、班玛、青海湖和兴海等地。

采集时间：2016～2018年每年9月5日～30日。

采集方法：一般发草种子的采收期在9月，当种子由绿转黄时采收，晾干后，用筛子过筛除去大的杂物，再用细筛筛去细小杂物，利用风将种子中不饱满的种子以及碎小叶片除去，种子净度达98%以上。

（2）发草种植

按研究的方法批量处理用于以下栽培研究的种子经发芽测定发芽率为86%。

播种：在4月进行播种。采用人工撒播，播种量22～30kg·hm^{-2}，播后用耙轻轻在地表层耙匀，并进行覆膜，播种后注意防旱。

（3）田间管理措施

浇水：发草在出苗和苗期喜湿润，因而播种后要保持适宜的湿度，2周左右出苗。

除草：生长到8～12周进行一次除草。

施肥：在苗基本出齐后，要保证幼苗生长有良好的营养条件，以速效性氮肥为主，硫酸铵37.5～75kg·hm^{-2}（表3-41）。

表 3-41　发草田间管理措施

时间	作物生长发育时期	田间管理措施
4月上旬	播种期	根据土壤含水状况进行浇水、耕地、整地、合理施肥，进行播种
4月中、下旬	出苗期	待大部分出苗后根据土壤含水状况进行浇水
5～6月	苗期	1. 根据土壤含水状况进行浇水 2. 合理施肥
7月	生长期	根据土壤含水状况进行浇水
8～9月	生长期	1. 根据土壤含水状况进行浇水 2. 进行田间除草一次
10月	枯黄期	1. 根据土壤含水状况进行浇水 2. 在10月下旬根据田间含水状况进行一次漫浇

3.8　典型高寒湿地植物栽培示范及示范效果研究

3.8.1　示范基地环境

示范基地位于果洛藏族自治州玛沁县大武镇查鹏村（100° 12′ E，34° 27′ N，海拔 3710m），为典型退化高寒湿地（表 3-42）。

表 3-42　种植地土壤养分含量

pH	有机质 （g·kg⁻¹）	全氮 （g·kg⁻¹）	速效氮 （mg·kg⁻¹）	全磷 （g·kg⁻¹）	速效磷 （mg·kg⁻¹）	全钾 （g·kg⁻¹）	速效钾 （mg·kg⁻¹）
7.66	30.22	4.15	3.9	1.89	18.63	16.91	34.41

3.8.2　示范基地建设

（1）整地去杂

整地：结冻前整地，利用大型农机设施进行整地和施肥作业，使地表土块细碎，平整，无杂物和有毒阔叶杂草残留物。深耕细耙，在春季四月初种植前进行翻地、耙地。

施肥：翻地时结合施肥，施尿素 4.667～5.067kg·667m⁻²，五氧化二磷 3.667～4.600kg·667m⁻² 作为基肥。

（2）增水措施

由于所栽培的植物均为喜湿的湿生植物，因此通过水系疏浚、人工灌溉等措施增加示范基地蓄水能力、提高水域面积。

3.8.3 典型高寒湿地植物栽培示范

（1）种子播种示范

对典型高寒湿地植物华扁穗、青藏苔草、藏嵩草、金露梅、西伯利亚蓼和发草进行播种示范。对进行过种子后熟处理的以上 6 种植物种子分别按照其相应的种植技术进行播种。

（2）种苗移栽示范

对典型高寒湿地植物青藏苔草和金露梅进行种苗移栽示范。种苗来自于大通县向化乡湿地植物繁育基地。

移栽苗选择：为增加幼苗的成活率，要选择生长状况良好，长势旺盛的幼苗，剔除弱苗小苗，在种植繁育的第二或三年进行移栽。

种苗移栽：移栽在 3 月下旬～4 月上旬进行或 10 月中旬。移取苗时要尽量使根部带部分土，这样可以减少对根的损伤，使成活率增加。行距 20～25cm，株距 25cm，移栽后进行浇水。

（3）田间管理

浇水：移栽后要保持适宜的湿度，及时浇水，补充水分，提高移栽苗的成活率。

施肥：移苗后，施用氮肥和磷肥各 75kg·hm^{-2}；在初花期施用氮肥和磷肥各 75kg·hm^{-2}。

除草：在每年在出苗出齐后，及时除草，疏松土壤，促进幼苗生长，减少病虫害的发生和蔓延，在生长到 8～12 周进行一次除草。

（4）鼠害防治

每年冬季将肉毒梭菌毒素用胡萝卜等拌成一定剂量的诱饵，投到示范基地及周边草场上。在植物生长季，根据老鼠为害情况，进行鼠害控制。

3.8.4 典型高寒湿地植物栽培示范效果

（1）植物栽培补水处理

2017 年 5 月开始分别对免耕播种、翻耕播种和无处理进行水泵喷灌措施（表 3-43）。对照为自然降雨区。

表 3-43　植物栽培补水处理 2017 年时间段

时间	灌溉措施	灌溉水量	跟进措施	效果评价
5 月 4～10 日	发电机 380V，2.2kw 水泵	喷灌，形成积水 5～10min	灭鼠	当年播种，在干旱期，进行泵水灌溉。水量不足，渗水深度 10cm 左右。主要为保障种子萌发。无处理种子结实 20% 左右
6 月 10～15 日	发电机 380V，2.2kw 水泵	喷灌，形成积水 5～10min	施肥	
7 月 15～20 日	发电机 380V，2.2kw 水泵	喷灌，形成积水 5～10min	除草	
9 月 5～10 日	发电机 380V，2.2kw 水泵	喷灌，形成积水 5～10min	灭鼠	

2018 年 5 月开始分别对免耕播种、翻耕播种和无处理进行水泵喷灌措施（表 3-44）。对照

为自然降雨区。

表 3-44　植物栽培补水处理 2018 年时间段

时间	灌溉措施	灌溉水量	跟进措施	效果评价
5月2～5日	发电机380V, 2.2kw水泵	喷灌, 形成积水5～10min	灭鼠	湿地植被与对照的生物量有明显差别。灌水后, 植物生长速度、生物量和种子结实率、穗的大小、成熟程度都明显高于其他地方
6月3～7日	发电机380V, 2.2kw水泵	喷灌, 形成积水5～10min	施肥	
7月11～16日	发电机380V, 2.2kw水泵	喷灌, 形成积水5～10min	除草	
9月8～12日	发电机380V, 2.2kw水泵	喷灌, 形成积水5～10min	灭鼠	

2019 年 5 月开始分别对免耕播种、翻耕播种和无处理进行拦水坝漫灌（表 3-45）。对照为自然降雨区。

表 3-45　植物栽培补水处理 2019 年时间段

时间	灌溉措施	灌溉水量	跟进措施	效果评价
4月27～30日	水渠引水, 分别在三个点建设简易拦水坝, 尽量扩大漫水灌溉面积	漫灌, 水自流大面积漫灌	灭鼠	结合2018年现象, 改水渠, 在不破坏原有植被状况和湿地生态的前提下, 做一些简易拦水坝, 分散水流、降低流速、扩大面积, 进行漫灌。一次灌溉持续5～6天。湿生植物速度明显高于前一年。并在10月底进行了冬灌
6月7～12日	水渠引水, 分别在三个点建设简易拦水坝, 尽量扩大漫水灌溉面积	—	—	
7月14～17日	水渠引水, 分别在三个点建设简易拦水坝, 尽量扩大漫水灌溉面积	—	—	
8月12～16日		—	—	
10月25～28日	—	漫灌, 第二天早上结冰, 继续灌溉, 地面结冰	灭鼠	

2020 年 5 月开始分别对免耕播种、翻耕播种和无处理进行拦水坝漫灌（表 3-46）。对照为自然降雨区。

表 3-46　植物栽培补水处理 2020 年时间段

时间	灌溉措施	灌溉水量	跟进措施	效果评价
5月2日	水渠引水, 分别在三个点建设简易拦水坝, 尽量扩大漫水灌溉面积	漫灌, 水自流大面积漫灌	灭鼠	湿地恢复明显, 湿生植物生物量、种子产量得到明显变化, 种子结实率60%左右, 全部成熟。湿地生物多样性明显增加
6月17日	水渠引水, 分别在三个点建设简易拦水坝, 尽量扩大漫水灌溉面积	—	—	
7月21日	水渠引水, 分别在三个点建设简易拦水坝, 尽量扩大漫水灌溉面积	—	—	
9月15日	水渠引水, 分别在三个点建设简易拦水坝, 尽量扩大漫水灌溉面积	—	—	
10月20日	水渠引水, 分别在三个点建设简易拦水坝, 尽量扩大漫水灌溉面积	漫灌, 第二天早上结冰, 继续灌溉, 地面结冰。	灭鼠	

（2）植物栽培示范效果

A. 典型高寒湿地植物栽培成活状况

华扁穗草播种出苗率达到9%，种植面积1.33hm²。青藏苔草播种出苗率10%，移栽成活率达到90.5%，总种植面积2hm²。藏嵩草播种出苗率达到9%，种植面积1hm²。金露梅播种出苗率12%，移栽成活率达到95.2%，总种植面积1.33hm²。西伯利亚蓼播种出苗率达到90%，种植面积1亩。发草播种出苗率达95%，种植面积0.27hm²。

B. 典型高寒湿地植物栽培示范盖度变化

从栽培技术示范地经济群落盖度变化（表3-47）发现，随着栽培示范年限增长，群落总盖度、禾本科盖度、莎草科盖度均显著增加，而阔叶类杂草的盖度显著降低。至2019年群落总盖度已达到98.8%，禾本科盖度已达到42.5%，莎草科盖度已达到47.4%，而阔叶类杂草的盖度已降到8.9%。至2020年群落总盖度已增加了88.8%，禾本科盖度已增加了1111.1%，莎草科盖度已增加了386.9%，而阔叶类杂草已降低了80.4%。

表 3-47　栽培技术示范地经济群落盖度变化

草地经济群落	对照 /2016 年	2017 年	2018 年	2019 年	2020 年	修复四年增加量（%）
群落总盖度	52.7 ± 0.7d	64.2 ± 1.0c	86.4 ± 1.1b	98.8 ± 0.3a	99.5 ± 1.3a	88.8
禾本科	3.6 ± 0.3d	17.0 ± 0.7c	39.6 ± 0.8b	42.5 ± 0.6a	43.6 ± 2.6a	1111.1
莎草科	9.9 ± 3.2d	18.3 ± 1.8c	30.5 ± 4.3b	47.4 ± 4.7a	48.2 ± 4.9a	386.9
阔叶杂草	39.2 ± 0.9a	28.9 ± 0.3a	16.3 ± 0.9c	8.9 ± 0.7d	7.7 ± 0.7d	−80.4

C. 典型高寒湿地植物栽培示范生物量变化

从栽培技术示范地经济群落生物量变化（图3-8）发现，随着栽培示范年限增长，群落总生物量、禾本科生物量和莎草科生物量均显著增加，而阔叶类杂草的生物量显著降低。至2019年群落总生物量已达到781.1g·m⁻²，至2020年群落总生物量已达到987.16g·m⁻²，禾本科生物量增加了3279%，莎草科生物量增加了6264%，而阔叶类杂草生物量降低了68%。

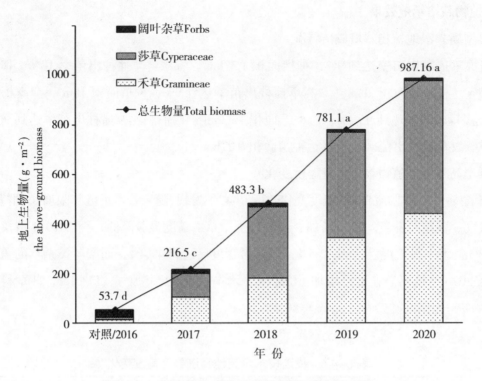

图 3-8 栽培技术示范地经济群落生物量变化

3.9 结论

针对适宜退化高寒沼泽湿地植被恢复的物种缺乏的问题，从调查三江源区典型高寒沼泽湿地植物种入手，筛选出适宜于三江源区的植物。以解决高寒湿地植物繁育技术等瓶颈问题为切入点，通过研发高寒湿地植被建群种的人工繁育，解决高寒湿地植被低干扰条件下人工恢复问题。包括湿地植被建群种华扁穗草、苔草和嵩草等野生草种繁育技术；湿地退化裸地野生种型和禾草组合型以及野生种－禾草组合型稳定性人工植被建植技术；湿地及湿地过渡带植被建植示范。主要结论如下：

（1）三江源地区湿地植物共有约 33 科 94 属 219 种，划分为 4 个分布区类型和 6 个变型。三江源地区沼泽湿地属沼泽化草甸类型。沼泽化草甸由湿中生多年生草本植物为优势种，或混生湿生多年生植物组成。根据植被建群种的不同，三江源地区沼泽湿地大体上可以分为藏嵩草－苔草沼泽化草甸和华扁穗草沼泽化草甸两种类型。分布面积有 216.67 万 hm² 。湿地类 4 类：河流湿地、湖泊湿地、沼泽湿地和人工湿地；湿地型 10 型：久性河流、季节性河流、洪泛平原、永久性淡水湖、永久性咸水湖、季节性淡水湖、草本沼泽、灌丛沼泽、沼泽化草甸和人工库塘。

（2）不同发草适生地植物群落结构、组成和多样性指标明显不同，菊科、禾本科、莎草科、毛茛科、龙胆科和玄参科物种为发草适生地常见物种；不同发草适生地之间在土壤氮（N）、磷（P）、碳（C）、有机质（SOM）、土壤水分含量（W）和 pH 上也具有显著差异；发草适生地植物群落中发草的盖度、株高、生物量和重要值与群落物种丰富度、Simpson 优势度指数、Shannon-Wiener 指数、P 和 W 呈显著负相关，与 Alatalo 均匀度指数、pH 值呈显著正相关。研究结果表明发草更加适应低 P、湿润偏中生的土壤环境，而随着群落中物种丰富度的增加发草在群落中的重要值显著下降，则说明发草具有部分的先锋种特性，显示了利用发草修复和治理退化草地的可能潜力。

（3）解决了典型高寒湿地植物萌发技术，成功繁育了华扁穗草、青藏苔草、藏嵩草、金露梅、西伯利亚蓼和发草等高寒沼泽湿生植物。华扁穗草种子发芽率达到 87%；青藏苔草种子发芽率达到 68%；藏嵩草种子发芽率达到 49%；金露梅种子发芽率达到 94%；西伯利亚蓼种子发芽率达到 92%；发草种子发芽率达到 86%。

（4）通过综合评价方法得到 9 种高寒沼泽湿地植物对水分抗逆性强弱为发草＞冷地早熟禾＞华扁穗草＞青藏苔草＞青海草地早熟禾＞藏嵩草＞中华羊茅＞垂穗披碱草＞同德小花碱茅，结合 9 种供试植物各自的繁殖特点，明确发草是理想的退化高寒沼泽湿地植被恢复物种之一。

（5）集成了典型高寒湿地植物华扁穗草、青藏苔草、藏嵩草、金露梅、西伯利亚蓼和发草的栽培技术，并建立了示范基地。随着栽培示范年限增长，群落总盖度、总生物量及禾本科和莎草科的盖度、生物量均显著增加，而阔叶类杂草的盖度和生物量均显著降低。至 2020 年禾本科盖度增加了 1111.1%、生物量增加了 3279%，莎草科盖度增加了 386.9%、生物量增加了 6264%，而阔叶类杂草盖度降低了 80.4%、生物量降低了 68%。

（6）植物栽培示范中饱和补水对严重退化高寒湿地恢复效果明显，湿生植物生物量大，种子结实率高。通过对退化湿地大面积漫灌饱和补水，对严重退化高寒湿地的恢复有着重要的作用，同时对湿生植物种子萌发、成熟有着积极作用，能够有效促进和加快自然恢复。

3.10 建议

植被修复中植物的选择要综合根据修复地的气候条件和土壤条件。乡土植物作为在没有人为影响条件下，经过长期物种选择与演替后，其生理、遗传和形态特征与当地生态环境具有高度适应性的自然植物区系，其修复成本低、种类多、易栽培，在退化湿地植被修复中具有其他植物不可替代的优势。华扁穗草、青藏苔草、藏嵩草、金露梅、西伯利亚蓼和发草等植物是三江源区高寒沼泽湿地重要的乡土植物。同时，通过本研究在一定程度上了解了典型高寒沼泽湿地植物野生生境特征，攻破了 6 种高寒沼泽湿地植物萌发及栽培中的关键技术，在以后的退化高寒沼泽湿地修复工作中可以优先考虑以上植物的配置。但是总体来讲，华扁穗草、青藏苔草、藏嵩草等植物种子产量和萌发率相对较低，离产业化大规模生产应用还有一定距离。发草适生范围广,不仅能够生长于草原等旱生环境,而且能够生长于河滩、沼泽等湿生生境。具有耐刈割、耐寒、耐旱性、耐淹水等优良特性。同时种子产量大、发芽率高,可有效弥补高寒沼泽湿地典型物种如华扁穗草、藏嵩草等植物因种子产量和自然萌发率低而很难应用于植被修复工作的不足。综合评价方法得到 9 种高寒沼泽湿地植物对水分抗逆性强弱为发草>冷地早熟禾>华扁穗草>青藏苔草>青海草地早熟禾>藏嵩草>中华羊茅>垂穗披碱草>同德小花碱茅,结合 9 种供试植物各自的生长繁殖特点和黄河源区发草适生地植物群落特征及其土壤因子解释研究中发草更加适应低磷、湿润偏中生的土壤环境。因此,发草是理想的退化高寒沼泽湿地植被恢复物种之一,可在退化高寒沼泽湿地尤其大规模工程性质生态修复工作中广泛应用。

4 退化高寒湿地人工植被稳定性群落建植技术

4.1 研究方法

实验所在地在玛沁县是三江源黄河源核心区（东经98°～100°56′，北纬33°43′～35°16′），大部分地区海拔在2900～4200m。气候寒冷、干燥。年平均气温−3.8～3.5℃，气温低,日温差大。年降水量423～565mm之间，多集中在6～9月份。是黄河源区草地退化最为严重的区域之一。在玛沁县境内选择退化湿地，在其边缘和外围建立样地开展实验。

首先在样地建立之前进行植物性状的前期调查，并利用DNA条形码技术建立37种牧草的谱系树，计算物种间的谱系距离和谱系多样性指数。接下来建立样地并进行功能监测和植物性状测定。功能检测包括水源涵养功能监测和土壤碳固持监测。水源涵养功能监测贯穿整个植物生长季，包括植物叶片采集和土壤水分含量测定。植物叶片用于 $\delta^{13}C$ 测定，于小区植被建植后第二年植物返青期、开花期、结实期和枯黄期各采集一次。单播和混播小区对所有植物种都进行采集。土壤水分含量于植物返青后每个月测定3次。植物性状测定和土壤碳固持参照常规方法在结实期进行。功能监测和其他植物性状在小区建立后连续测定3年,然后分析物种丰富度、功能多样性和谱系多样性与生态系统多功能性间的关系。

4.1.1　退化高寒湿地稳定性和节水性人工植被建植技术

（1）植物种的选择和种子采集：

选择三江源区人工草地建植常用牧草品种进行试验。牧草品种包括披碱草属：垂穗披碱草、直穗披碱草、青牧一号老芒麦；羊茅属：中华羊茅；早熟禾属：冷地早熟禾,扁茎早熟禾；鹅观草属：贫花鹅观草、糙毛鹅观草,雀麦属：无芒雀麦；大麦属：紫野麦草；赖草属：扁穗冰草共 11 种。

（2）建立不同植物组合人工草地

在玛沁县建立样地，有单播和混播两类播种方式（其中原生种采用植株移植的方法建植，引种牧草采用播种的方式）。单播有 11 种植物。混播组合有 2 种植物组合、4 种植物组合、6 种植物组合和 11 种植物组合 4 类方式，其中 2 种植物组合、4 种植物组合方式包含 6 种不同植物种组合（根据所选野生种和引进禾草的生活型、抗逆性，以及植株高、矮特征，进行混播组合）。共 25 个处理，等密度、等比例（混播）、常量播种。每个处理小区面积 4m×4m，随机排布，6个重复，小区间缓冲带为 1m。不同组合编号为 1 垂穗披碱草，2 直穗披碱草，3 冷地早熟禾，4中华羊茅，5 青牧一号老芒麦，6 扁茎早熟禾，7 贫花鹅观草，8 糙毛鹅观草，9 无芒雀麦，10紫野麦草，11 扁穗冰草，12 垂穗披碱草 + 直穗披碱草，13 中华羊茅 + 冷地早熟禾，14 糙毛鹅观草 + 无芒雀麦，15 直穗披碱草 + 中华羊茅，16 中华羊茅 + 无芒雀麦，17 直穗披碱草 + 无芒雀麦，18 垂穗披碱草 + 直穗披碱草 + 青牧一号老芒麦 + 中华羊茅，19 冷地早熟禾 + 扁茎早熟禾 + 贫花鹅观草 + 糙毛鹅观草，20 无芒雀麦 + 紫野麦草 + 扁穗冰草 + 冷地早熟禾，21 垂穗披碱草 + 青牧一号老芒麦 + 贫花鹅观草 + 糙毛鹅观草，22 直穗披碱草 + 中华羊茅 + 冷地早熟禾 + 扁茎早熟禾，23 糙毛鹅观草 + 无芒雀麦 + 紫野麦草 + 扁穗冰草，24 无芒雀麦 + 紫野麦草 + 扁穗冰草 + 冷地早熟禾 + 垂穗披碱草 + 直穗披碱草，25 垂穗披碱草 + 直穗披碱草 + 青牧一号老芒麦 + 中华羊茅 + 冷地早熟禾 + 扁茎早熟禾 + 贫花鹅观草 + 糙毛鹅观草 + 无芒雀麦 + 紫野麦草 + 扁穗冰草。

（3）不同植物组合人工草地建立农艺措施

采用围栏 + 灭鼠 + 深翻 + 耙平 + 机播 + 镇压的农艺措施。建植时，注重整地、镇压、保墒、保苗等关键环节，为牧草的生长发育提供良好的条件。特别是镇压，镇压不但使种子与土壤紧密结合，有利于种子破土萌发，而且能起到保墒和减少风蚀的作用，同时对于提高牧草苗期的耐旱性尤其重要。均匀撒播草种草地容易形成均匀的草皮，覆土深度控制在 2 ~ 3cm。此外和合理施肥相结合，避免种植当年牧草的保苗率低，产量低，次年的越冬和返青率低，草地的利用年限缩短的问题。为了防止播种种子流失，以及提高土壤在翻耕播种施肥在保墒，保护幼苗，采用无纺布进行覆盖，覆盖后无纺布为离地 2 ~ 3cm。

（4）建立湿地主要植物种谱系树，计算谱系多样性指数（PD，MNTD，MPD 和 Hed）

利用 DNA 条形码技术建立所有植物种谱系树，计算物种间的谱系距离和谱系多样性指数 PD，MNTD，MPD 和 Hed 值。

①利用 DNA 条形码技术（使用 matK，rbcl，ITS1，和 5.8s 四个基因片段）对 22 种植物建立谱系树，方法参照 Cadotte 等（2009）。

（5）进行发育树的构建。

植物 DNA 的提取：

取植物组织 0.5g，加入液氮充分碾磨。加入 400μl 缓冲液 LP1 和 6μl RNase A（10mg·ml^{-1}），旋涡振荡 1min，室温放置 10min。加入 130μl 缓冲液 LP2，充分混匀，旋涡振荡 1min。12000rpm（ −13，

400×g）离心5min，将上清移至新的离心管中。加入1.5倍体积的缓冲液LP3（例如500μl的上清液加750μl缓冲液LP3）（使用前请先检查是否已加入无水乙醇），立即充分振荡混匀15s，此时可能会出现絮状沉淀。将上一步所得溶液和絮状沉淀都加入一个吸附柱CB3中（吸附柱放入收集管中），12000rpm（-13，400×g）离心30s，倒掉废液，吸附柱CB3放入收集管中。向吸附柱CB3中加入600μl漂洗液PW（使用前请先检查是否已加入无水乙醇），12000rpm（-13，400×g）离心30s，倒掉废液，将吸附柱CB3放入收集管中。重复以上操作步骤。将吸附柱CB3放回收集管中，12000rpm（-13，400×g）离心2min，倒掉废液。将吸附柱CB3置于室温放置数分钟，以彻底晾干吸附材料中残余的漂洗液。将吸附柱CB3转入一个干净的离心管中，向吸附膜的中间部位悬空滴加50-200μl洗脱缓冲液TE，室温放置2～5min，12000rpm（-13，400×g）离心2min，将溶液收集到离心管中。

引物设计：

根据参考文献，我们设计了4个引物：rbcL、matK、ITS1、5.8S。引物序列如下：

rbcL：

1F：5′-ATGTCACCACAAACAGAAAC-3′

724R：5′-TCGCATGTACCTGCAGTAGC-3′

matK：

390F：5′-CGATCTATTCATTCAATATTTC-3′

1326R：5′-TCTAGCACACGAAAGTCGAAGT-3′

ITS1+5.8S+ITS2：

ITS1 5'-TCCGTAGGTGAACCTGCGG-3'

ITS4 5'-TCCTCCGCTTATTGATATGC-3'

PCR扩增：

PCR扩增反应体系：在0.2ml离心管中加入以下成分：

基因组DNA 2.0ul

10*Buffer（含2.5mM Mg2+）5.0ul

Taq聚合酶（5u/uL）1ul

dNTP（10mM）2.0ul

1F（10uM）1ul

724R（10uM）1ul

ddH2O 38ul

总体积50ul

轻弹混匀，瞬时离心收集管壁上的液滴至管底，在PCR扩增仪上进行PCR反应，反应参数如下：

rbcL基因：

94℃ 5min

94℃ 45s

49℃ 45s

72℃ 1m15s

72℃ 7min

4℃ ∞

反应完成后，取 2ulPCR 产物进行 1% 琼脂糖凝胶电泳检测。确认 PCR 扩增片段。

matK 基因：

94℃ 5min

94℃ 1m

48℃ 30s

72℃ 1m

72℃ 7min

4℃ ∞

反应完成后，取 2ulPCR 产物进行 1% 琼脂糖凝胶电泳检测。确认 PCR 扩增片段。

ITS1+5.8S+ITS2 基因：

94℃ 5min

94℃ 45s

56℃ 30s

72℃ 1m30s

72℃ 7min

4℃ ∞

反应完成后，取 2ulPCR 产物进行 1% 琼脂糖凝胶电泳检测。确认 PCR 扩增片段。

4PCR 产物的回收：

PCR 产物用 AxyPrep DNA 凝胶回收试剂盒回收，具体操作按试剂盒说明书进行，步骤如下：在紫外灯下切下含有目的 DNA 的琼脂糖凝胶放入干净的离心管中，称取重量。加入 3 个凝胶体积的 Buffer DE-A，混合均匀后于 75℃加热直至凝胶块完全熔化。加 0.5 个 Buffer DE-A 体积的 Buffer DE-B，混合均匀；当分离的 DNA 片段小于 400bp 时，加入 1 个凝胶体积的异丙醇。将混合液，转移到 DNA 制备管 12000*g 离心 1min。弃滤液。将制备管置回 2ml 离心管，加 500ul Buffer W1，12000*g 离心 30s，弃滤液。将制备管置回 2ml 离心管，加 700ul Buffer W2，12000*g 离心 30s，弃滤液。以同样的方法再用 700ul Buffer W2，12000*g 离心 1min。将制备管置回 2ml 离心管中，12000*g 离心 1min。将制备管置于洁净的 1.5ml 离心管（试剂盒内提供）中，在制备膜中央加 25 ~ 30ul 去离子水，室温静置 1min。12000*g 离心 1min 洗脱 DNA。

测序：取各个菌种纯化后的 PCR 产物，使用测序仪 ABI3730-XL 进行 DNA 测序。

取样方法：

样地试验从第一年开始一直持续四年，取样方法前后都一致。对已建植的不同组合人工草地进行样方调查，每种组合的人工草地取 0.5m×0.5m 样方 6 个。取样时剪取样方内所有植物的地上部分，并分类到种水平，60℃烘干 48 小时并称重。每个种选取成熟健康叶 50 片，研磨过筛，混合后用于元素分析。在每个样方中随机取 0 ~ 10cm 土层土壤样 3 份，混合后作为一个土壤样品处理。

元素分析：

植物样中全 C 以高温氧化分析仪（multiN/C2100）全 C 分析法测定，全 N（% 以干重计）用微量凯氏定氮法进行分析。测定土壤无机 N 含量时，首先将干燥并提前称重的土壤样用 2molL1 KCl 浸提，浸提液中无机 N 含量用流动分析仪测定。测定土壤速效 P 时用 0.5molL1 NaHCO3 进行浸提，提取液中 P 含量以钼酸铵法测定。全 C、全 N 和全 P 含量均以干重计。植物 $\delta^{13}C$ 用同位素比率质谱仪测定。

数据分析：

谱系树的建立和谱系多样性指数计算：利用 DNA 条形码技术（使用 matK，rbcl，ITS1，和 5.8s 四个基因片段）对 37 种植物建立谱系树，方法参照 Cadotte 等（2009）。谱系距离用 Cadotte 等（2008）的方法计算。PD 为群落中物种的超级系统树形图中所有分枝长度之和。平均最近亲缘关系物种距离（MNTD）和平均谱系距离（MPD）的计算参照 Webb 等（2002）和 Kembel 等（2010）。最后，基于群落中物种进化上的特异性，使用谱系多样性的熵值（Hed）。在这里，进化上的特异性用不与其他物种共享进化历史的一个物种的数量表示。

物种优势度和稳定性，群落生产力和稳定性的估算：物种优势度以相对生物量表示，即样方中每个物种地上生物量与总生物量的比值。物种稳定性通过其生物量平均值除以标准偏差得到。其中，物种优势度和稳定性分析通过 4 年群落样方数据来估算。群落生产力为样方中所有植物种的总生物量。群落稳定性通过计算群落地上生物量平均值和标准偏差的比值而得到。

物种和群落节水性：以植物叶片 $\delta^{13}C$ 和土壤含水量来表示。

统计方法：植物种 PD、MNTD、MPD 和 Hed 与种优势度，以及稳定性和节水性之间的关系用线性回归来确定，群落生产力以及群落稳定性和节水性间的关系用总体最小二乘线性回归模型来分析。所有统计分析都用 SAS 软件（9.0 版；SASInst.，Cary，NC，USA）。

4.1.2 人工群落稳定性维持技术

（1）草地害鼠的防治

采用生物毒素防治法：杀鼠剂：D 型肉毒杀鼠素。饵料：选用燕麦。防治方法：采用洞口投饵法，每亩需 D 型肉毒杀鼠素 0.1mL、饵料燕麦 0.1kg，要求投放饵料离有效洞口 7 ~ 10cm 处，每洞投放毒饵 15 ~ 20 粒，投洞率 90%。鼠害密度大，分布均匀的地区采用带状施饵，每隔 10～20m 均匀地撒施一条毒饵带。防治适期，在植被建植治理前完成防治。防治效果，投饵后第 8 天调查防治效果，要求达到 90% 以上。

（2）土壤肥力的改善

人工草地建植第 2 年开始进行施肥处理，以改善土壤有效养分供应不足的状况。施肥时先确定人工草地植被功能性状与土壤养分之间的合理配伍后再进行不同形态养分配比。

（3）补播更新

通过补播优良草种，改善草地牧草植株个体发育和种子更新的抑制状况。

4.2 退化高寒湿地人工植被稳定性群落建植技术

4.2.1 植物种系统发育树

通过测序，我们获得了目标基因 rbcL、matK、ITS1 和 5.8SrRNA 基因的序列，更额外获得了 ITS2 的序列。使用 MEGA5 软件对 rbcL、matK 和 ITS1+5.8S+ITS2 这 3 段核酸序列分别通过 "MUSCLE" 进行多序列联配后，再使用 "SequenceMatrix" 对这 3 段非连续核酸序列进行连接（CHARSET），从而通过多基因联合最大似然法（Maximum-Likelihood，系统发育树文件中缩写成 ML）构建系统发育树（图 4-1）。

4.2.2 功能性状指标在物种间的差异

叶片氮、磷含量，生物量分配指标在 15 个物种间均有显著差异（$P < 0.05$）。其中臭蒿和青牧一号老芒麦叶片氮、磷含量最大，扁穗冰草、冰草和星星草叶片氮含量最小，同德老芒麦、直穗披碱草、扁穗冰草和青牧一号老芒麦叶片磷含量相对最小。青牧一号老芒麦显示最大的氮磷比，星星草和臭蒿等叶片氮磷比最小。紫野燕麦、青牧一号老芒麦等比叶面积最大，冷地早熟禾、扁穗冰草和冰草比叶面积最小。中华羊茅有最小的地上生物量分配、最大的根冠比，而同德老芒麦地上生物量分配最多根冠比最小（表 4-1）。

各根系形态指标在 15 个物种间也均有显著差异（$P < 0.05$）。结果显示，除了直径在 1 到 2.5mm 之间的根尖数没有显著差异之外（$P=0.482$），其余分级的根系形态指标在 15 个物种间均有显著差异（$P < 0.05$）。冰草有最大的总根长，星星草、毛稃羊茅、冷地早熟禾、扁穗冰草、青牧一号老芒麦和臭蒿总根长最小。中华羊茅、直穗披碱草、垂穗披碱草比根长最大，星星草、毛稃羊茅、冷地早熟禾、扁穗冰草和臭蒿比根长最小。冰草根表面积最大，星星草、毛稃羊茅、冷地早熟禾、扁穗冰草和青牧一号老芒麦根表面积最小（表 4-2）。

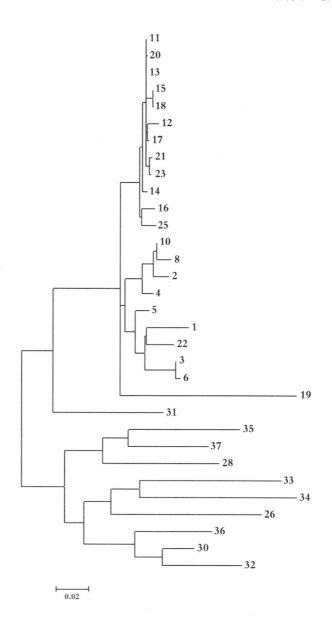

图 4-1 基于 ML 构建的谱系树 *

* 其中 01 星星草，02 毛稃羊茅，03 冷地早熟禾，04 中华羊茅，05 发草，06 扁茎早熟禾，08 紫羊茅，
10 西北羊茅，11 直穗披碱草，12 无芒披碱草，13 垂穗披碱草，14 扁穗冰草，15 同德老芝麦，16 紫野
麦草，17 短芒披碱草，18 贫花鹅观草，19 无芒雀麦，20 青牧 1 号老芒麦，21 糙毛鹅观草，22 草原看
麦娘，23 同引贫花鹅观草，24 蒲公英，25 冰草，26 多裂委陵菜，27 臭蒿，28 车前，29 酸模，30 猪
毛蒿，31 灰条，32 刺儿草，33 野胡萝卜，34 蓝花棘豆，35 香燕，36 西伯利亚蓼，37 甘肃马先蒿

　　由于不同直径根系吸收能力的差异，将根系直径以及对应的根系形态分为 5 个等级（分别
是直径在 0 ~ 0.5mm 之间，0.5 ~ 1mm 之间，1 ~ 2.5mm 之间，2.5 ~ 4.5mm 之间，大于 4.5mm）。
结果显示，直径在 0 ~ 0.5mm 之间的：根长、根表面积、根体积在 15 个种之间均呈现极显著差
异（$P < 0.001$），根尖数在 15 个种之间有显著差异（$P < 0.05$）。其中冰草根长最长，根表面积
和根体积最大，根尖数最多。臭蒿、星星草和冷地早熟禾根长最短，臭蒿、扁穗冰草、冷地早
熟禾根表面积和根体积最小，星星草和臭蒿根尖数最少（表 4-3）。

表 4-1　叶片元素含量和生物量分配在物种间的差异

植物种	叶片氮含量 (%)	叶片磷含量 (%)	N/P	比叶面积 (g·cm⁻²)	茎/地上	叶/地上	穗/地上	根冠比
星星草	2.18±0.57de	0.23±0.02cd	9.55±2.29e	226.6±29.03ab	0.71±0.09ab	0.07±0.04d	0.22±0.06a	0.27±0.04bc
毛稃羊茅	3.27±0.34bc	0.32±0.04b	10.48±1.84de	204.24±10.01b	0.42±0.25c	0.54±0.25b	0.03±0.01c	0.74±0.42ab
冷地早熟禾	2.81±0.85cd	0.21±0.04d	13.19±2.74cd	169.58±25.41c	0.68±0.11bc	0.14±0.07d	0.18±0.07ab	0.36±0.17bc
中华羊茅	2.58±0.86cd	0.24±0.05c	10.66±3.55de	206.65±9.99b	0.67±0.09bc	0.20±0.07cd	0.13±0.08bc	1.06±0.52a
直穗披碱草	2.80±0.35cd	0.16±0.03ef	17.81±3.00b	203.00±28.13b	0.71±0.10ab	0.14±0.10d	0.14±0.03b	0.23±0.09bc
无芒披碱草	2.69±0.65cd	0.19±0.04de	14.75±4.93c	184.45±13.21bc	0.69±0.06b	0.20±0.08cd	0.11±0.03bc	0.38±0.16bc
垂穗披碱草	2.52±0.52d	0.21±0.04d	12.39±3.13d	205.13±13.45b	0.60±0.10bc	0.27±0.10cd	0.14±0.04bc	0.39±0.13bc
扁穗冰草	2.14±0.94e	0.17±0.03ef	12.41±4.44d	170.89±12.10c	0.65±0.06bc	0.12±0.07d	0.23±0.05a	0.33±0.10bc
同德老芒麦	2.80±0.88cd	0.16±0.02f	17.69±4.14b	182.54±5.04bc	0.72±0.04ab	0.22±0.03cd	0.06±0.02c	0.17±0.04c
紫野燕麦	2.99±0.76c	0.20±0.02d	14.73±3.81c	235.15±23.36a	0.86±0.06a	0.11±0.06d	0.03±0.01c	0.36±0.09bc
短芒披碱草	3.07±0.67bc	0.18±0.03e	17.37±3.76b	200.93±28.29c	0.63±0.06bc	0.24±0.06cd	0.13±0.03bc	0.25±0.10bc
无芒雀麦	3.49±0.71b	0.22±0.02cd	15.69±2.87bc	218.27±20.78ab	0.60±0.08bc	0.29±0.11c	0.10±0.04bc	0.52±0.17b
青牧一号老芒麦	4.10±0.80a	0.18±0.02ef	23.59±5.02a	240.32±27.28a	0.84±0.07ab	0.09±0.01d	0.07±0.08c	0.36±0.21bc
冰草	2.17±0.51de	0.22±0.05cd	10.43±4.28de	161.76±30.89c	0.53±0.31c	0.23±0.21cd	0.23±0.10a	0.52±0.64b
臭蒿	4.05±0.34a	0.41±0.05a	9.96±1.22e	191.22±19.36bc	0.22±0.02d	0.75±0.02a	0.04±0.04c	0.19±0.05bc

表 4-2　根系形态在物种间的差异

植物种	总根长 (cm)	比根长 (cm·g⁻¹)	根表面积 (cm²)	根平均直径 (mm)	根体积 (cm³)	根尖数 (个)	分枝数 (个)
星星草	245.28±84.09c	245.46±79.73b	42.53±16.03c	0.55±0.08bc	0.59±0.26c	502.20±224.85bc	1291.40±590.75c
毛稃羊茅	248.65±153.30c	269.98±158.10b	30.06±13.96c	0.41±0.05c	0.29±0.11c	1005.80±573.16bc	1283.40±853.63c
冷地早熟禾	222.96±55.01c	229.87±55.01b	37.94±9.24c	0.55±0.07bc	0.52±0.15c	597.40±200.42bc	1098.60±493.64c
中华羊茅	528.30±80.77b	587.77±75.07a	60.70±11.15bc	0.37±0.03c	0.56±0.13c	1086.20±232.04b	3178.60±944.88bc
直穗披碱草	525.74±223.46b	563.09±232.04a	76.87±29.60bc	0.47±0.05bc	0.90±0.32c	1306.00±487.12ab	3980.20±2674.60b
无芒披碱草	354.41±176.37bc	394.48±158.07ab	47.64±18.23bc	0.45±0.05bc	0.52±0.16c	1196.60±563.55ab	2260.80±1452.92bc
垂穗披碱草	554.33±215.94b	512.05±194.59a	77.70±28.40b	0.45±0.06bc	0.87±0.31c	1580.40±655.80ab	3608.00±2089.90bc
扁穗冰草	267.11±129.40c	276.33±124.86b	35.59±12.95c	0.46±0.15bc	0.40±0.17c	827.40±489.95bc	1256.20±711.54c
同德老芒麦	437.79±169.71bc	443.50±153.62ab	54.86±21.17bc	0.40±0.03c	0.55±0.23c	1545.00±513.19ab	2819.20±1355.86bc
紫野燕麦	469.55±264.01bc	417.55±185.10ab	66.55±35.08bc	0.46±0.05bc	0.76±0.37c	1283.00±696.05ab	3294.40±2680.27bc
短芒披碱草	449.29±162.70bc	475.18±155.49ab	57.91±18.81bc	0.42±0.04c	0.60±0.18c	1438.60±472.79ab	2350.00±1233.84bc
无芒雀麦	429.52±130.84bc	378.67±102.98ab	59.78±17.96bc	0.45±0.04bc	0.67±0.21c	831.60±282.16bc	2430.20±1133.58bc
青牧一号老芒麦	299.62±158.20c	476.18±396.01ab	42.83±19.87c	0.47±0.07bc	0.50±0.26c	1037.80±653.49bc	1799.00±1165.64c
冰草	911.89±241.88a	462.53±82.94ab	168.97±70.80a	0.58±0.16b	2.62±1.73a	1719.20±473.49a	6906.60±2569.89a
臭蒿	220.75±154.08c	271.44±202.84b	62.95±20.76bc	1.07±0.30a	1.56±0.25b	443.40±493.18c	1074.20±870.32c

表 4-3　根系直径在 0 ~ 0.5mm 之间的根系形态的差异

	0<.L.<=0.5	0<.SA.<=0.5	0<.V.<=0.5	0<.T.<=0.5
星星草	193.91 ± 67.16c	14.62 ± 5.20c	0.11 ± 0.04c	495.40 ± 221.42b
毛稃羊茅	219.28 ± 140.22c	14.86 ± 8.52c	0.11 ± 0.06c	1000.40 ± 573.44b
冷地早熟禾	169.72 ± 49.18c	12.15 ± 3.53c	0.08 ± 0.03c	587.20 ± 198.27b
中华羊茅	460.34 ± 74.23b	28.54 ± 3.78b	0.19 ± 0.02b	1079.80 ± 231.92ab
直穗披碱草	387.32 ± 172.91bc	23.55 ± 10.11bc	0.16 ± 0.07bc	1293.00 ± 482.74ab
无芒披碱草	298.26 ± 154.05bc	18.85 ± 8.58bc	0.13 ± 0.05bc	1187.80 ± 561.64ab
垂穗披碱草	440.30 ± 158.43b	28.07 ± 8.43b	0.19 ± 0.05b	1566.00 ± 652.18ab
扁穗冰草	209.64 ± 115.94c	12.64 ± 6.17c	0.09 ± 0.04c	820.80 ± 488.17b
同德老芒麦	361.39 ± 136.96bc	21.62 ± 8.05bc	0.14 ± 0.05bc	1535.40 ± 511.19ab
紫野燕麦	361.67 ± 213.28bc	21.13 ± 12.50bc	0.14 ± 0.08bc	1276.20 ± 693.98ab
短芒披碱草	384.89 ± 147.67bc	25.21 ± 8.44bc	0.17 ± 0.05bc	1428.60 ± 472.53ab
无芒雀麦	334.90 ± 105.53bc	19.75 ± 6.19bc	0.13 ± 0.04bc	823.80 ± 279.75b
青牧一号老芒麦	245.96 ± 137.83c	16.31 ± 7.96c	0.11 ± 0.05c	1028.80 ± 651.25b
冰草	685.50 ± 189.80a	42.19 ± 11.81a	0.27 ± 0.08a	1694.80 ± 464.51a
臭蒿	136.42 ± 122.51c	10.13 ± 8.15c	0.07 ± 0.05c	431.20 ± 487.49b

直径在 0.5 ~ 1mm 之间的：根长、根表面积、根体积和根尖数在 15 个种之间均呈现极显著差异（$P < 0.001$）。其中直穗披碱草根长最长，直穗披碱草、垂穗披碱草、紫野燕麦、无芒雀麦根表面积和根体积最大，直穗披碱草和垂穗披碱草根尖数最多。毛稃羊茅根长最短，根表面积和根体积最小，毛稃羊茅和臭蒿根尖数最少（表 4-4）。

表 4-4　根系直径在 0.5 ~ 1mm 之间的根系形态的差异

	0.5<.L.<=1.0	0.5<.SA.<=1.0	0.5<.V.<=1.0	0.5<.T.<=1.0
星星草	37.03 ± 13.03cd	7.65 ± 2.68cd	0.13 ± 0.05cd	6.80 ± 5.17bc
毛稃羊茅	22.50 ± 11.70d	4.52 ± 2.35d	0.08 ± 0.04d	4.60 ± 1.14c
冷地早熟禾	38.98 ± 10.55cd	8.15 ± 2.17cd	0.14 ± 0.04cd	9.00 ± 5.48bc
中华羊茅	53.63 ± 13.80cd	11.12 ± 3.01cd	0.19 ± 0.05cd	4.80 ± 3.11c
直穗披碱草	107.06 ± 41.36b	22.17 ± 8.72b	0.38 ± 0.15b	11.80 ± 6.18b
无芒披碱草	41.22 ± 19.87cd	8.57 ± 4.10cd	0.15 ± 0.07cd	7.80 ± 3.03bc
垂穗披碱草	89.94 ± 52.55bc	18.71 ± 10.94bc	0.32 ± 0.19bc	12.20 ± 4.32b
扁穗冰草	43.71 ± 24.37cd	9.01 ± 5.00cd	0.15 ± 0.09cd	5.80 ± 2.49c
同德老芒麦	58.55 ± 32.03c	12.00 ± 6.51c	0.20 ± 0.11c	7.60 ± 2.41bc
紫野燕麦	82.60 ± 40.19bc	17.06 ± 8.60bc	0.29 ± 0.15bc	5.80 ± 2.28c
短芒披碱草	49.74 ± 16.03cd	10.14 ± 3.38cd	0.17 ± 0.06cd	7.40 ± 2.70bc
无芒雀麦	67.57 ± 21.04c	14.56 ± 4.34c	0.26 ± 0.07bc	5.60 ± 1.34c
青牧一号老芒麦	39.71 ± 17.74cd	8.22 ± 3.69cd	0.14 ± 0.06cd	7.40 ± 2.88bc
冰草	153.50 ± 137.83a	32.42 ± 6.54a	0.57 ± 0.12a	20.40 ± 8.02a
臭蒿	44.76 ± 25.45cd	9.56 ± 5.37cd	0.17 ± 0.09cd	9.40 ± 7.16bc

直径在 1 ~ 2.5mm 之间的：根长、根表面积和根体积在 15 个种之间均呈现极显著差异（$P < 0.001$）；根尖数在 15 个种之间没有显著差异（$P=0.482$）。其中冰草根长最长，根表面积和根体积最大。冰草、臭蒿、短芒披碱草和垂穗披碱草根尖数最多。毛稃羊茅根长最短，根表面积和根体积最小，毛稃羊茅、扁穗冰草、冷地早熟禾和紫野燕麦根尖数最少（表 4-5）。

表 4-5 根系直径在 1 ~ 2.5mm 之间的根系形态的差异

	1<.L.<=2.5	1<.SA.<=2.5	1<.V.<=2.5	1<.T.<=2.5
星星草	3.35 ± 2.80c	1.54 ± 0.98c	0.06 ± 0.03cd	0.00 ± 0.00ns
毛稃羊茅	1.61 ± 1.75c	0.70 ± 0.63c	0.03 ± 0.02d	0.27 ± 0.80
冷地早熟禾	3.47 ± 2.90c	1.55 ± 0.98c	0.06 ± 0.03cd	0.33 ± 0.62
中华羊茅	3.96 ± 3.59c	1.72 ± 1.23c	0.06 ± 0.03cd	0.53 ± 0.92
直穗披碱草	8.84 ± 8.42b	3.99 ± 3.02b	0.15 ± 0.09b	0.40 ± 0.63
无芒披碱草	3.59 ± 2.79c	1.64 ± 0.94c	0.06 ± 0.03cd	0.33 ± 0.62
垂穗披碱草	6.14 ± 6.50bc	2.72 ± 2.34bc	0.10 ± 0.07c	0.73 ± 1.39
扁穗冰草	3.72 ± 3.17c	1.69 ± 1.14c	0.06 ± 0.04cd	0.27 ± 0.59
同德老芒麦	4.76 ± 4.39bc	2.13 ± 1.57c	0.08 ± 0.05c	0.53 ± 0.83
紫野燕麦	6.36 ± 6.44bc	2.88 ± 2.28bc	0.11 ± 0.07bc	0.33 ± 0.82
短芒披碱草	3.31 ± 2.57c	1.53 ± 0.90c	0.06 ± 0.03cd	0.73 ± 1.10
无芒雀麦	7.57 ± 6.94bc	3.39 ± 2.48bc	0.13 ± 0.07bc	0.67 ± 0.82
青牧一号老芒麦	3.47 ± 2.96c	1.59 ± 1.07c	0.06 ± 0.03cd	0.40 ± 0.63
冰草	17.34 ± 13.04a	8.02 ± 4.45a	0.32 ± 0.13a	0.80 ± 1.61
臭蒿	7.43 ± 5.33bc	3.61 ± 1.91b	0.15 ± 0.07b	0.80 ± 1.26

直径在 2.5 ~ 4.5mm 之间的：根长、根表面积和根体积在 15 个种之间均呈现极显著差异（$P < 0.001$）；根尖数在 15 个种之间有显著差异（$P < 0.05$）。其中冰草和臭蒿根长最长，根表面积和根体积最大，冰草根尖数最多。毛稃羊茅根长最短，根表面积最小，毛稃羊茅和中华羊茅根体积最小。星星草、冷地早熟禾、中华羊茅、毛稃羊茅、冷地早熟禾、直穗披碱草、无芒披碱草、垂穗披碱草、扁穗冰草、紫野燕麦和臭蒿根尖数最少（表 4-6）。

直径大于 4.5mm 的根长和根表面积在 15 个种之间均呈现极显著差异（$P < 0.001$）；根体积和根尖数在 15 个种之间有显著差异（$P < 0.05$）。其中星星草、冷地早熟禾、紫野燕麦和短芒披碱草根长最长，星星草、冷地早熟禾、短芒披碱草根表面积和根体积最大，冷地早熟禾根尖数最多。扁穗冰草和毛稃羊茅根长最短，根表面积最小，毛稃羊茅、扁穗冰草和无芒披碱草根体积最小。星星草、冷地早熟禾、中华羊茅、毛稃羊茅、直穗披碱草、无芒披碱草、垂穗披碱草、同德老芒麦、扁穗冰草、紫野燕麦和短芒披碱草根尖数最少（表 4-7）。

直径在 0 ~ 0.5mm 根长可占总根长 62% ~ 88%，直径在 0.5 ~ 1.0mm 根长可占总根长 9% ~ 20%，其他分级根长占总根长比例很小。其中，毛稃羊茅直径在 0 ~ 0.5mm 的根长占总根长的比例最大为 88%，臭蒿直径在 0 ~ 0.5mm 的根长占总根长的比例最小为 62%。臭蒿直径在 0.5 ～ 1.0mm 的根长占总根长的比例最大为 20%，毛稃羊茅直径在 0.5 ～ 1.0mm 的根长占总根长的比例最小为 9%（表 4-8）。

表 4-6 根系直径在 2.5 ～ 4.5mm 之间的根系形态的差异

	2.5<.L.<=4.5	2.5<.SA.<=4.5	2.5<.V.<=4.5	2.5<.T.<=4.5
星星草	0.45 ± 0.45d	0.47 ± 0.44d	0.04 ± 0.04bc	0.00 ± 0.00b
毛稃羊茅	0.10 ± 0.15d	0.11 ± 0.17d	0.01 ± 0.02c	0.00 ± 0.00b
冷地早熟禾	0.39 ± 0.35d	0.39 ± 0.34d	0.03 ± 0.03c	0.00 ± 0.00b
中华羊茅	0.20 ± 0.25d	0.19 ± 0.22d	0.01 ± 0.02c	0.00 ± 0.00b
直穗披碱草	0.69 ± 0.54cd	0.69 ± 0.46cd	0.06 ± 0.03bc	0.00 ± 0.00b
无芒披碱草	0.58 ± 0.49cd	0.58 ± 0.43cd	0.05 ± 0.03bc	0.00 ± 0.00b
垂穗披碱草	0.91 ± 0.75cd	0.90 ± 0.64cd	0.07 ± 0.04bc	0.00 ± 0.00b
扁穗冰草	0.32 ± 0.34d	0.36 ± 0.37d	0.03 ± 0.03c	0.00 ± 0.00b
同德老芒麦	0.49 ± 0.44cd	0.50 ± 0.44d	0.04 ± 0.04bc	0.10 ± 0.31b
紫野燕麦	0.95 ± 0.94c	0.96 ± 0.81c	0.08 ± 0.06b	0.00 ± 0.00b
短芒披碱草	0.56 ± 0.38cd	0.61 ± 0.43cd	0.05 ± 0.04bc	0.10 ± 0.31b
无芒雀麦	0.63 ± 0.64cd	0.63 ± 0.56cd	0.05 ± 0.04bc	0.05 ± 0.22b
青牧一号老芒麦	0.48 ± 0.39d	0.48 ± 0.36d	0.04 ± 0.03c	0.05 ± 0.22b
冰草	2.94 ± 1.96a	3.00 ± 1.87a	0.25 ± 0.16a	0.25 ± 0.55a
臭蒿	2.38 ± 1.06b	2.55 ± 1.22b	0.22 ± 0.13a	0.00 ± 0.00b

表 4-7 根系直径大于 4.5mm 的根系形态的差异

	.L.>4.5	.SA.>4.5	.V.>4.5	.T.>4.5
星星草	2.46 ± 1.24b	6.84 ± 3.69bc	1.81 ± 1.28b	0.00 ± 0.00b
毛稃羊茅	1.44 ± 0.37b	3.59 ± 1.23c	0.70 ± 0.36b	0.00 ± 0.00b
冷地早熟禾	2.20 ± 0.90b	6.43 ± 2.26bc	1.64 ± 0.55b	0.20 ± 0.45b
中华羊茅	1.53 ± 0.69b	4.58 ± 1.68bc	1.15 ± 0.50b	0.00 ± 0.00b
直穗披碱草	1.83 ± 0.67b	4.92 ± 2.12bc	1.18 ± 0.73b	0.00 ± 0.00b
无芒披碱草	1.68 ± 0.77b	4.02 ± 0.97bc	0.83 ± 0.31b	0.00 ± 0.00b
垂穗披碱草	1.82 ± 1.10b	5.13 ± 2.46bc	1.45 ± 0.85b	0.00 ± 0.00b
扁穗冰草	1.24 ± 0.62b	3.02 ± 1.58c	0.62 ± 0.37b	0.00 ± 0.00b
同德老芒麦	1.47 ± 0.38b	4.12 ± 1.45bc	1.01 ± 0.44b	0.00 ± 0.00b
紫野燕麦	2.14 ± 1.53b	4.85 ± 4.04bc	1.02 ± 1.07b	0.00 ± 0.00b
短芒披碱草	2.28 ± 0.45b	6.50 ± 2.21bc	1.84 ± 1.03b	0.00 ± 0.00b
无芒雀麦	1.70 ± 1.07b	4.28 ± 2.49bc	0.96 ± 0.62b	0.00 ± 0.00b
青牧一号老芒麦	1.51 ± 0.47b	3.87 ± 2.44bc	0.95 ± 1.04b	0.20 ± 0.45b
冰草	8.99 ± 7.52a	33.53 ± 34.28a	14.30 ± 17.01a	0.60 ± 0.55a
臭蒿	7.75 ± 1.97a	15.47 ± 3.72b	2.58 ± 0.71a	0.40 ± 0.55ab

表 4-8　各级根长占总根长的比例

植物种	0<.L.<=0.5	0.5<.L.<=1.0	1<.L.<=2.5	2.5<.L.<=4.5	.L.>4.5
星星草	0.79	0.15	0.01	0.00	0.01
毛稃羊茅	0.88	0.09	0.01	0.00	0.01
冷地早熟禾	0.76	0.17	0.02	0.00	0.01
中华羊茅	0.87	0.10	0.01	0.00	0.00
直穗披碱草	0.74	0.20	0.02	0.00	0.00
无芒披碱草	0.84	0.12	0.01	0.00	0.00
垂穗披碱草	0.79	0.16	0.01	0.00	0.00
扁穗冰草	0.78	0.16	0.01	0.00	0.00
同德老芒麦	0.83	0.13	0.01	0.00	0.00
紫野燕麦	0.77	0.18	0.01	0.00	0.00
短芒披碱草	0.86	0.11	0.01	0.00	0.01
无芒雀麦	0.78	0.16	0.02	0.00	0.00
青牧一号老芒麦	0.82	0.13	0.01	0.00	0.01
冰草	0.75	0.17	0.02	0.00	0.01
臭蒿	0.62	0.20	0.03	0.01	0.04

直径在 0 ~ 0.5mm 根表面积可占总根表面积最大，可占 16% ~ 49%，直径在 0.5 ~ 1.0mm 根表面积次之，可占 15% ~ 29%，其他分级根长占总根长比例较小。其中，毛稃羊茅直径在 0 ~ 0.5mm 根表面积可占总根表面积最大为 49%，臭蒿直径在 0 ~ 0.5mm 的根表面积可占总根表面积最小为 16%。扁穗冰草直径在 0.5 ~ 1.0mm 的根表面积可占总根表面积最大为 29%，毛稃羊茅和臭蒿直径在 0.5 ~ 1.0mm 的根长占总根长的比例最小为 15%（表 4-9）。

表 4-9　各级根表面积占总根表面积的比例

植物种	0<.SA.<=0.5	0.5<.SA.<=1.0	1<.SA.<=2.5	2.5<.SA.<=4.5	.SA.>4.5
星星草	0.34	0.18	0.04	0.01	0.16
毛稃羊茅	0.49	0.15	0.02	0.00	0.12
冷地早熟禾	0.32	0.21	0.04	0.01	0.17
中华羊茅	0.47	0.18	0.03	0.00	0.08
直穗披碱草	0.31	0.29	0.05	0.01	0.06
无芒披碱草	0.40	0.18	0.03	0.01	0.08
垂穗披碱草	0.36	0.24	0.03	0.01	0.07
扁穗冰草	0.36	0.25	0.05	0.01	0.08
同德老芒麦	0.39	0.22	0.04	0.01	0.08
紫野燕麦	0.32	0.26	0.04	0.01	0.07
短芒披碱草	0.44	0.18	0.03	0.01	0.11
无芒雀麦	0.33	0.24	0.06	0.01	0.07
青牧一号老芒麦	0.38	0.19	0.04	0.01	0.09
冰草	0.25	0.19	0.05	0.02	0.20
臭蒿	0.16	0.15	0.06	0.04	0.25

0.5 ～ 1.0mm 直径和 0 ～ 0.5mm 直径根体积占总根体积最大，分别占 11% ～ 42% 和 5% ～ 36%，2.5 ～ 4.5mm 直径根体积占总根体积最小。其中，毛稃羊茅直径在 0 ～ 0.5mm 根体积占总根体积最大为 36%，臭蒿直径在 0 ～ 0.5mm 的根体积占总根体积最小为 5%。直穗披碱草直径在 0.5 ～ 1.0mm 的根体积占总根体积最大为 42%，臭蒿直径在 0.5 ～ 1.0mm 的根体积占总根体积最小为 11%（表 4-10）。

表 4-10 各级根体积占总根体积的比例

植物种	0<.V.<=0.5（%）	0.5<.V.<=1.0（%）	1<.V.<=2.5（%）	2.5<.V.<=4.5（%）
星星草	0.18	0.22	0.10	0.07
毛稃羊茅	0.36	0.26	0.09	0.03
冷地早熟禾	0.16	0.27	0.11	0.06
中华羊茅	0.34	0.34	0.11	0.03
直穗披碱草	0.17	0.42	0.17	0.06
无芒披碱草	0.24	0.29	0.12	0.09
垂穗披碱草	0.22	0.37	0.12	0.08
扁穗冰草	0.21	0.38	0.16	0.08
同德老芒麦	0.26	0.37	0.15	0.08
紫野燕麦	0.18	0.39	0.15	0.11
短芒披碱草	0.29	0.29	0.10	0.09
无芒雀麦	0.19	0.39	0.19	0.08
青牧一号老芒麦	0.23	0.28	0.12	0.08
冰草	0.10	0.22	0.12	0.10
臭蒿	0.05	0.11	0.10	0.14

根尖几乎都集中在 0 ～ 0.5mm 直径根中，所有测定植物都表现出一致结果。其中星星草、毛稃冰草、中华羊茅、直穗披碱草、无芒披碱草、垂穗披碱草、扁穗冰草、同德老芒麦、紫野燕麦、短芒披碱草、无芒雀麦、青牧一号老芒麦和冰草直径在 0 ～ 0.5mm 根尖所占比例均为 99%，冷地早熟禾直径在 0 ～ 0.5mm 根尖所占比例为 98%，臭蒿直径在 0 ～ 0.5mm 根尖所占比例为 97%。其他直径范围内根尖数所占总根尖比例很小（表 4-11）。

4.2.3 植物群落特征

对不同组合处理比较发现，总体上混播组合总生物量和多样性指数高于单播组合。其中组合总生物量最大的组合有 5（青牧一号老芒麦），17（直穗披碱草＋无芒雀麦），20（无芒雀麦＋紫野麦草＋扁穗冰草＋冷地早熟禾），22（青牧一号老芒麦＋中华羊茅＋冷地早熟禾＋扁茎早熟禾），23（糙毛鹅观草＋无芒雀麦＋紫野麦草＋扁穗冰草），24（无芒雀麦＋紫野麦草＋扁

表 4-11　各级根尖数占总根尖数的比例

植物种	0<.T.<=0.5（%）	0.5<.T.<=1.0（%）	1<.T.<=2.5（%）	2.5<.T.<=4.5（%）	.T.>4.5（%）
星星草	0.99	0.01	0.00	0.00	0.00
毛稃羊茅	0.99	0.00	0.00	0.00	0.00
冷地早熟禾	0.98	0.02	0.00	0.00	0.00
中华羊茅	0.99	0.00	0.00	0.00	0.00
直穗披碱草	0.99	0.01	0.00	0.00	0.00
无芒披碱草	0.99	0.01	0.00	0.00	0.00
垂穗披碱草	0.99	0.01	0.00	0.00	0.00
扁穗冰草	0.99	0.01	0.00	0.00	0.00
同德老芒麦	0.99	0.00	0.00	0.00	0.00
紫野燕麦	0.99	0.00	0.00	0.00	0.00
短芒披碱草	0.99	0.01	0.00	0.00	0.00
无芒雀麦	0.99	0.01	0.00	0.00	0.00
青牧一号老芒麦	0.99	0.01	0.00	0.00	0.00
冰草	0.99	0.01	0.00	0.00	0.00
臭蒿	0.97	0.02	0.00	0.00	0.00

穗冰草 + 冷地早熟禾 + 垂穗披碱草 + 直穗披碱草），25（垂穗披碱草 + 直穗披碱草 + 青牧一号老芒麦 + 中华羊茅 + 冷地早熟禾 + 扁茎早熟禾 + 贫花鹅观草 + 糙毛鹅观草 + 无芒雀麦 + 紫野麦草 + 扁穗冰草）。其中包含 1 组分、2 组分和 4 组分混播的部分组合，以及 6 组分和 11 组分混播组合。物种丰富度 SR 和谱系多样性指数 PD 也显示了相似的趋势，总体上 Shannon.Wiener 指数和 Simpson 指数混播组合高于单播组合，但组分的影响不大。MNTD 指数在不同组合之间差异不显著（表 4-12）。

不同组合处理样方功能多样性指数 FEve 和 FDiv 在不同组合间差异显著，但在组分水平没有规律；而 FRic，FDis 和 RaoQ 在不同组合间差异都不显著（表 4-13）。

对不同组合处理样方功能多样性 CWM 指数方差分析可知（表 4-14），不同组合处理间 CWM.R/S、CWM. 比根长、CWM. 根直径、CWM. 根尖数、CWM.0<.L.<=0.5mm 直径根长和 CWM. 根分叉数有显著性差异（$P < 0.05$），CWM. 比叶面积和 CWM 叶重比在不同组合中差异不显著（$P > 0.05$）。CWM 生物量分配和其他根性状在不同组分水平大小分布没有明显规律，6 组分和 11 组分的 CWM 值较大，但在单播、2 组分和 4 组分中个别组合也表现和 6 组分与 11 组分相当大小的 CWM 值。

表4-12 不同组合处理总生物量、物种丰富度和谱系多样性指数（平均值 ± 标准偏差）

组合	总生物量 （g·m⁻²）	SR	PD	MNTD	Shannon.Wiener 指数	Simpson 指数
1	296.68 ± 44.52a	5.00 ± 2.83ab	6.59 ± 3.01ab	0.04 ± 0.00	1.42 ± 0.27ab	0.63 ± 0.06ab
2	331.33 ± 23.82a	6.00 ± 1.00ab	5.87 ± 0.73ab	0.05 ± 0.01	1.11 ± 0.22a	0.50 ± 0.11a
3	329.71 ± 87.61a	5.50 ± 0.58ab	6.51 ± 0.56ab	0.04 ± 0.00	1.26 ± 0.28ab	0.56 ± 0.13ab
4	379.28 ± 76.44ab	4.33 ± 0.58ab	6.19 ± 0.38ab	0.04 ± 0.01	1.61 ± 0.13ab	0.74 ± 0.05ab
5	450.96 ± 122.66b	5.33 ± 1.15ab	5.43 ± 0.97ab	0.05 ± 0.01	1.46 ± 0.22ab	0.71 ± 0.08ab
6	345.82 ± 46.97ab	3.00 ± 1.41a	5.91 ± 0.93ab	0.05 ± 0.02	1.37 ± 0.15ab	0.65 ± 0.03ab
7	347.86 ± 42.86ab	6.60 ± 1.14ab	7.47 ± 1.04b	0.04 ± 0.01	1.64 ± 0.11ab	0.74 ± 0.03ab
8	320.98 ± 98.25a	4.50 ± 0.58ab	7.50 ± 0.41b	0.04 ± 0.01	1.67 ± 0.22ab	0.73 ± 0.09ab
9	354.15 ± 54.41ab	3.33 ± 1.15a	6.27 ± 1.19b	0.05 ± 0.01	1.54 ± 0.07ab	0.72 ± 0.01ab
10	324.32 ± 41.53a	4.67 ± 1.15ab	5.37 ± 0.94ab	0.05 ± 0.01	1.19 ± 0.11a	0.56 ± 0.10ab
11	282.12 ± 84.40a	4.67 ± 0.58a	4.62 ± 0.43a	0.03 ± 0.00	1.17 ± 0.03a	0.57 ± 0.02ab
12	373.48 ± 62.00ab	7.00 ± 1.41bc	6.98 ± 0.82b	0.04 ± 0.00	1.42 ± 0.09ab	0.64 ± 0.10ab
13	404.87 ± 90.27b	6.60 ± 1.67bc	6.72 ± 1.41b	0.04 ± 0.00	1.44 ± 0.24ab	0.66 ± 0.08ab
14	386.45 ± 130.61ab	5.33 ± 1.53abc	7.22 ± 1.30b	0.04 ± 0.02	1.82 ± 0.10b	0.80 ± 0.01b
15	330.88 ± 77.01a	6.00 ± 1.00b	6.97 ± 0.86b	0.03 ± 0.01	1.41 ± 0.15ab	0.63 ± 0.07ab
16	392.26 ± 51.22ab	6.00 ± 0.00ab	5.51 ± 0.09ab	0.04 ± 0.01	1.15 ± 0.25a	0.57 ± 0.14ab
17	491.76 ± 81.84c	5.00 ± 0.82abc	6.01 ± 0.85ab	0.04 ± 0.01	1.52 ± 0.04ab	0.70 ± 0.03ab
18	421.73 ± 29.23b	6.67 ± 0.58b	5.65 ± 0.72ab	0.05 ± 0.01	1.20 ± 0.25a	0.57 ± 0.14ab
19	435.82 ± 70.70bc	9.50 ± 0.58c	8.09 ± 0.55b	0.04 ± 0.00	1.48 ± 0.37ab	0.63 ± 0.16ab
20	472.07 ± 73.37c	9.25 ± 1.26bc	7.80 ± 1.30b	0.05 ± 0.01	1.79 ± 0.14b	0.79 ± 0.03b
21	430.98 ± 95.25bc	9.50 ± 0.48c	7.51 ± 0.40b	0.05 ± 0.01	1.47 ± 0.26ab	0.75 ± 0.09ab
22	464.15 ± 54.41c	8.33 ± 1.17bc	7.17 ± 1.29b	0.07 ± 0.02	1.55 ± 0.06ab	0.71 ± 0.01ab
23	484.32 ± 41.53c	6.67 ± 1.25bc	6.47 ± 0.95b	0.07 ± 0.01	1.10 ± 0.12a	0.66 ± 0.09ab
24	482.12 ± 84.40c	9.67 ± 0.50c	6.67 ± 0.33b	0.06 ± 0.00	1.16 ± 0.04a	0.67 ± 0.02ab
25	473.48 ± 62.00c	10.00 ± 1.31c	6.08 ± 0.85b	0.06 ± 0.00	1.41 ± 0.10ab	0.63 ± 0.08ab

表 4-13　不同组合处理样方功能多样性指数（平均值 ± 标准偏差）

组合	FRic	FEve	FDiv	FDis	RaoQ
1	0.00 ± 0.00	0.79 ± 0.04b	0.91 ± 0.06b	0.21 ± 0.03	0.06 ± 0.01
2	0.00 ± 0.00	0.73 ± 0.04ab	0.92 ± 0.08b	0.22 ± 0.04	0.07 ± 0.03
3	0.00 ± 0.00	0.60 ± 0.04ab	0.88 ± 0.03ab	0.18 ± 0.04	0.05 ± 0.01
4	0.06 ± 0.11	0.67 ± 0.09ab	0.84 ± 0.14ab	0.94 ± 1.19	2.04 ± 3.40
5	0.06 ± 0.11	0.65 ± 0.13ab	0.71 ± 0.17a	0.91 ± 1.23	1.97 ± 3.31
6	0.00 ± 0.00	0.68 ± 0.15ab	0.88 ± 0.02ab	0.25 ± 0.03	0.07 ± 0.02
7	0.00 ± 0.00	0.59 ± 0.14ab	0.85 ± 0.05ab	0.73 ± 1.14	1.66 ± 3.59
8	0.00 ± 0.00	0.60 ± 0.06ab	0.84 ± 0.08ab	0.19 ± 0.02	0.05 ± 0.00
9	0.00 ± 0.00	0.61 ± 0.17ab	0.90 ± 0.05ab	0.23 ± 0.02	0.06 ± 0.01
10	0.00 ± 0.00	0.76 ± 0.07b	0.93 ± 0.04b	1.83 ± 1.46	5.33 ± 4.66
11	0.00 ± 0.00	0.73 ± 0.08ab	0.93 ± 0.03b	1.02 ± 1.31	2.73 ± 4.59
12	0.00 ± 0.00	0.59 ± 0.15ab	0.88 ± 0.05ab	0.19 ± 0.00	0.05 ± 0.00
13	0.00 ± 0.00	0.70 ± 0.14b	0.85 ± 0.06ab	1.45 ± 1.15	3.68 ± 3.32
14	0.00 ± 0.00	0.67 ± 0.12ab	0.91 ± 0.02b	0.26 ± 0.03	0.07 ± 0.02
15	0.00 ± 0.00	0.58 ± 0.09ab	0.92 ± 0.02b	0.82 ± 1.15	2.13 ± 3.61
16	0.00 ± 0.00	0.40 ± 0.06a	0.84 ± 0.03ab	0.99 ± 1.04	2.22 ± 3.05
17	0.00 ± 0.00	0.75 ± 0.12ab	0.85 ± 0.03ab	0.21 ± 0.02	0.06 ± 0.01
18	0.00 ± 0.00	0.62 ± 0.11ab	0.86 ± 0.04ab	0.21 ± 0.04	0.06 ± 0.02
19	0.00 ± 0.00	0.62 ± 0.12ab	0.88 ± 0.05ab	0.19 ± 0.06	0.05 ± 0.02
20	0.00 ± 0.00	0.66 ± 0.10ab	0.85 ± 0.05ab	0.22 ± 0.03	0.06 ± 0.01
21	0.00 ± 0.00	0.89 ± 0.08b	0.91 ± 0.01b	0.92 ± 1.14	2.23 ± 3.62
22	0.00 ± 0.00	0.71 ± 0.05ab	0.94 ± 0.01ab	0.98 ± 1.03	2.32 ± 3.15
23	0.00 ± 0.00	0.87 ± 0.11b	0.86 ± 0.04ab	0.23 ± 0.01	0.06 ± 0.02
24	0.00 ± 0.00	0.81 ± 0.12b	0.87 ± 0.05ab	0.22 ± 0.03	0.07 ± 0.04
25	0.00 ± 0.00	0.85 ± 0.16b	0.89 ± 0.04ab	0.17 ± 0.05	0.06 ± 0.03

表 4-14 不同组合处理样方功能多样性 CWM 指数（平均值 ± 标准偏差）

组合	CWM. 比叶面积	CWMR/S	CWM 叶重比	CWM. 比根长（cmg⁻¹）	CWM. 根直径（mm）	CWM. 根尖数（个 g⁻¹）	CWM. 根分叉数（个 g⁻¹）	CWM.0<L.<=0.5mm 直径根长（mm）
1	202.24±4.09	0.36±0.03ab	0.26±0.00	411.16±2.99ab	0.56±0.02ab	1177.22±3.29ab	2638.69±2.77b	327.01±4.79ab
2	196.68±2.62	0.35±0.01ab	0.27±0.02	413.81±13.29ab	0.55±0.03ab	1179.56±62.77ab	2642.93±112.17b	327.11±11.52ab
3	199.48±2.81	0.37±0.01ab	0.26±0.02	442.19±28.29ab	0.51±0.03a	1232.51±111.10b	2847.36±214.15b	353.14±24.85ab
4	199.59±3.15	0.34±0.02a	0.23±0.05	353.35±55.80ab	0.58±0.08ab	948.35±143.65a	2184.10±483.31ab	278.34±43.02ab
5	193.46±10.27	0.35±0.04a	0.20±0.02	309.98±72.08ab	0.59±0.07ab	332.91±204.55a	1811.09±573.68a	241.11±60.17ab
6	192.81±3.42	0.34±0.02a	0.26±0.01	377.70±24.97ab	0.56±0.04ab	1076.81±74.24ab	2351.55±202.28ab	297.38±21.53ab
7	194.79±3.96	0.48±0.06b	0.22±0.01	474.67±57.67b	0.53±0.07ab	1008.52±138.33ab	2664.53±398.87b	300.18±52.69ab
8	197.79±6.41	0.40±0.04a	0.23±0.02	420.37±35.45ab	0.53±0.05ab	1112.95±139.95ab	2641.90±290.68b	338.56±30.67ab
9	204.09±11.02	0.37±0.02ab	0.25±0.02	375.27±14.43ab	0.54±0.03ab	1077.29±56.02ab	2340.16±146.68ab	298.27±12.49ab
10	196.40±4.34	0.34±0.01a	0.27±0.01	411.90±36.30ab	0.55±0.03ab	1172.03±125.68ab	2620.55±290.06b	324.40±31.61ab
11	201.29±4.97	0.35±0.03ab	0.27±0.05	400.63±31.58ab	0.55±0.10ab	1176.67±89.30ab	2537.76±221.02ab	318.41±26.72ab
12	199.18±4.07	0.44±0.02b	0.25±0.00	449.43±16.14b	0.49±0.03a	1185.66±74.53ab	2833.84±138.47b	364.92±13.01b
13	197.12±5.03	0.38±0.03ab	0.24±0.02	425.71±35.69ab	0.49±0.02a	1163.64±92.15ab	2682.55±269.62ab	342.07±31.02ab
14	202.80±2.91	0.43±0.03ab	0.24±0.03	327.02±93.63ab	0.81±0.39b	867.38±240.51ab	1946.73±624.73a	263.80±81.25ab
15	198.20±8.18	0.47±0.03b	0.25±0.01	450.88±15.70b	0.50±0.05a	1235.22±109.19b	2925.88±75.55b	360.84±17.88b
16	197.14±4.96	0.36±0.02ab	0.24±0.02	425.50±38.96ab	0.48±0.02a	1198.41±152.18ab	2662.72±330.94ab	341.70±31.74ab
17	197.25±5.85	0.40±0.04ab	0.25±0.02	384.14±71.46ab	0.57±0.07ab	1043.56±196.98ab	2379.84±541.37a	305.47±63.32ab
18	198.77±7.84	0.48±0.02b	0.26±0.03	472.26±84.25b	0.60±0.08ab	1055.82±278.64ab	2322.50±660.65a	293.01±72.89ab
19	201.46±5.06	0.36±0.02ab	0.27±0.01	415.85±50.31ab	0.55±0.04ab	1188.31±160.41ab	2662.83±371.93ab	331.80±43.90ab
20	189.29±6.50	0.46±0.02b	0.24±0.04	458.88±34.18b	0.64±0.05ab	832.09±133.36a	1850.74±248.12a	238.63±29.24a
21	198.14±4.56	0.57±0.02c	0.25±0.02	427.51±38.06ab	0.49±0.02a	1188.42±162.19ab	2662.72±330.94b	345.70±32.84ab
22	194.23±5.93	0.51±0.03c	0.27±0.02	485.14±71.45b	0.56±0.08ab	1033.57±197.95b	2379.84±541.37ab	335.47±73.22ab
23	199.67±7.74	0.49±0.02b	0.25±0.03	475.25±84.45b	0.60±0.08ab	1065.81±270.66b	2822.50±660.65b	295.01±71.99ab
24	211.45±5.16	0.47±0.02ab	0.26±0.01	416.86±55.32ab	0.56±0.04ab	1198.31±165.42ab	2662.83±371.93ab	351.80±53.92ab
25	199.20±6.70	0.45±0.02b	0.21±0.04	409.98±35.17b	0.68±0.05ab	1234.09±132.36b	2850.72±248.12b	248.63±49.34a

4.2.4 不同组合植物群落水分利用特征和土壤碳固持特征

不同组合间植物群落叶片 δ¹³C 差异显著（图 4-2）。单播 11 个植物种间 δ¹³C 差异最大，其中单播 1，9，10 和 11 组合 δ¹³C 最大，而单播 4 和 7 组合 δ¹³C 最小。2 组分混播组合间 δ¹³C 也有显著差异，其中 12 组合最小，而 17 组合最大。其他组合间 δ¹³C 差异不显著。单播植物群落叶片 δ¹³C 最大的是 6（扁茎早熟禾），2 组合 δ¹³C 最大的是 17（直穗披碱草＋无芒雀麦），4 组合 δ¹³C 最大的是 20（无芒雀麦＋紫野麦草＋扁穗冰草＋冷地早熟禾）、21（垂穗披碱草＋青牧一号老芒麦＋贫花鹅观草＋糙毛鹅观草），22（直穗披碱草＋中华羊茅＋冷地早熟禾＋扁茎早熟禾）。而 6 组合和 11 组合 δ¹³C 和以上组合差异不显著，因此通过比较不同组合 δ¹³C 平均值大小和构成物种差异，具有最大水分利用效率的组合是无芒雀麦＋紫野麦草＋扁穗冰草＋冷地早熟禾、垂穗披碱草＋青牧一号老芒麦＋贫花鹅观草＋糙毛鹅观草和直穗披碱草＋中华羊茅＋冷地早熟禾＋扁茎早熟禾三个植物品种组合。

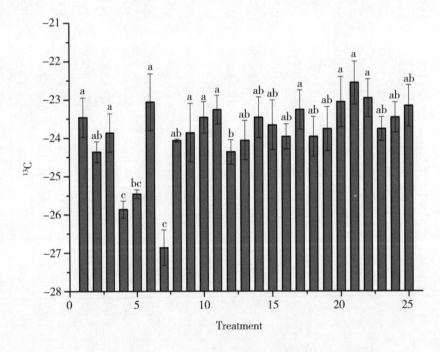

图 4-2 不同组合植物群落 δ¹³C

不同组合 SOC 差异显著（图 4-3）。单播 11 个植物种间也显示最大差异的 SOC，其中单播 5，8 和 9 组合 SOC 最大，而单播 1，7 和 10 组合 SOC 最小。其余组分混播组合间 SOC 没有显著差异。单播 SOC 最大的是 1（垂穗披碱草）和 5（青牧一号老芒麦），2 组合 SOC 最大的是 16（中华羊茅＋无芒雀麦），4 组合 SOC 最大的是 21（垂穗披碱草＋青牧一号老芒麦＋贫花鹅观草＋糙毛鹅观草）和 22（直穗披碱草＋中华羊茅＋冷地早熟禾＋扁茎早熟禾）。而 6 组合和 11 组合 SOC 和以上组合差异不显著。因此通过比较不同组合 SOC 平均值大小和构成物种差异，最有利于 SOC 增大的是垂穗披碱草＋青牧一号老芒麦＋贫花鹅观草＋糙毛鹅观草和直穗披碱草＋中华

羊茅 + 冷地早熟禾 + 扁茎早熟禾两个植物品种组合。

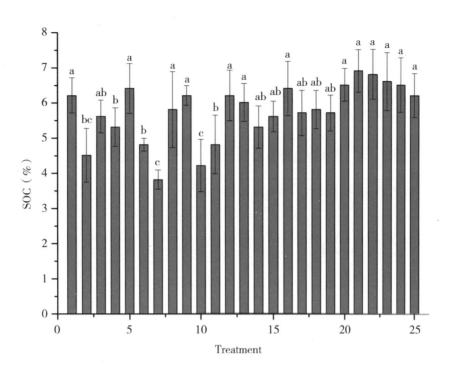

图 4-3 不同组合植物群落 SOC

将不同组合数据进行回归分析显示，SOC 随着 $\delta^{13}C$ 的增大而显著增大。$\delta^{13}C$ 和 SOC 显示相似变化趋势（图 4-4）。

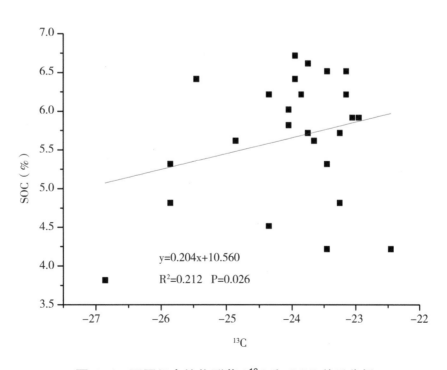

图 4-4 不同组合植物群落 $\delta^{13}C$ 和 SOC 关系分析

4.2.5 多样性和生态系统功能关系分析

总生物量和多样性性状与 $\delta^{13}C$ 和 SOC 的 Pearson 相关性分析表明（表 4-15），植物叶片 $\delta^{13}C$ 和总生物量、PD 以及 CWM.R/S 表现显著的相关性，和 Shannon.Wiener 指数、Simpson 指数、SR 以及 MNTD 相关性不显著。SOC 和总生物量、SR 以及 CWM.R/S 相关性显著，和 Shannon.Wiener 指数、Simpson 指数以及 MNTD 相关性不显著。

表 4-15　总生物量和多样性性状与 $\delta^{13}C$ 和 SOC 相关性分析

	总生物量（ gm^{-2} ）	Shannon.Wiener 指数	Simpson 指数	SR	PD	CWM.R/S	MNTD
$\delta^{13}C$	0.20*	0.12	0.14	0.10	0.40**	0.48**	0.05
SOC	0.22*	0.09	0.06	0.45**	0.07	0.46***	0.04

* 表示显著水平小于 0.05，** 表示显著水平小于 0.01，*** 表示显著水平小于 0.001

分别对 $\delta^{13}C$ 和 SOC 和多样性性状进行了逐步回归分析（表 4-16），结果显示 PD 和 CWM.R/S 对 $\delta^{13}C$ 有显著影响（ $P < 0.001$ ），其中 PD 可以解释 $\delta^{13}C$ 28.6% 的变化，CWM.R/S 可以解释 26.0% 的变化。SR 和 CWM.R/S 对 SOC 有显著影响（ $P < 0.001$ ），其中 SR 可以解释 SOC 21.3% 的变化，CWM.R/S 可以解释 45.2% 的变化。

表 4-16　$\delta^{13}C$ 和 SOC 与多样性性状的逐步回归分析

变量	解释变量	非标准化系数（B）	标准化系数（Beta）	R^2	F	P
$\delta^{13}C$	（常数）	252.734		0.567	15.453	0.000
	PD	15.695	0.286			
	CWM.R/S	588.115	0.260			
SOC	（常数）	36.269		0.277	7.937	0.000
	SR	2.210	0.213			
	CWM.R/S	0.655	0.452			

4.2.6 植物品种组合选择和适用条件说明

综合不同组合植物群落水分利用特征（ $\delta^{13}C$ ）和土壤碳固持特征（SOC），同时有利于水分利用提高和 SOC 增大的品种组合是垂穗披碱草＋青牧一号老芒麦＋贫花鹅观草＋糙毛鹅观草和直穗披碱草＋中华羊茅＋冷地早熟禾＋扁茎早熟禾。

该试验是在果洛州玛沁县开展的，我们通过 MaxEnt 模型结合环境变量等数据模拟预测了该种植模式在三江源的适宜分布情况。环境变量数据包括 1979 ～ 2013 年和 2041 ～ 2060 年的气候数据（气温和降水）和高程数据。气候数据从 WorldClim 气候数据集（http：//www.worldclim.

org）下载，该数据集提供了一系列气候生物数据，且该数据集是目前公开可获得的最高分辨率的气候数据（1km）。海拔因子从国家地理空间数据云 SRTM 数据集中下载（http：//www.gscloud.cn/），分辨率为 90m，并用 ARCGIS10.0 软件重采样为分辨率 1km。利用 ARCGIS10.0 软件将所有环境数据转换为可以驱动 MaxEnt 模型的 ASC 格式数据。

表 4-17　环境变量

数据简称 Code	中文名称 hinesename	英文名称 Englishname
Bio1	年平均气温	Annualmeanairtemperature
Bio2	平均气温日较差（平均每月最高气温 – 平均每月最低气温）	Meandiurnalairtemperaturerange（Meanofmonthly（maximumairtemperature−minimumairtemperature））
Bio3	等温性	Isothermality
Bio4	气温季节性变动系数	Airtemperatureseasonality
Bio5	最热月的最高气温	Maxairtemperatureofthewarmestmonth
Bio6	最冷月的最低气温	Minairtemperatureofthecoldestmonth
Bio7	气温年较差	Airtemperatureannualrange
Bio8	最湿季平均气温	Meanairtemperatureofthewettestquarter
Bio9	最干季平均气温	Meanairtemperatureofthedriestquarter
Bio10	最热季平均气温	Meanairtemperatureofthewarmestquarter
Bio11	最冷季平均气温	Meanairtemperatureofthecoldestquarter
Bio12	年降水量	Annualprecipitation
Bio13	最湿月降水量	Precipitationofthewettestmonth
Bio14	最干月降水量	Precipitationofthedriestmonth
Bio15	降水量的季节性变化（变异系数）	Precipitationseasonality（coefficientofvariation）
Bio16	最干季降水量	Precipitationofthedriestquarter
Bio17	最湿季降水量	Precipitationofthewettestquarter
Bio18	最热季降水量	Precipitationofthewarmestquarter
Bio19	最冷季降水量	Precipitationofthecoldestquarter
ATG	生长期平均气温 *	Averageairtemperatureofgrowthperiod*
PG	生长期降水量 *	Precipitationofgrowthperiod
DEM	海拔	DigitalElevationModel

果洛州玛沁县牧草种植模式 AUC 值达到 0.999，测试集 AUC 值达到了 0.999，表明 MaxEnt 模型模拟效果达到极高的水平，由模型运算得出的果洛州玛沁县牧草种植模式生态适宜区划具有较高的可信度和准确度（图 4-5）。

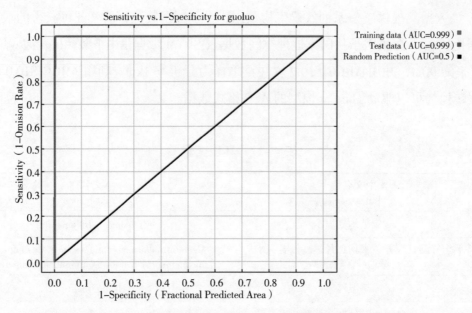

图 4-5 基于 MaxEnt 模型预测达果洛州玛沁县牧草种植模式三江源分布的 ROC 曲线

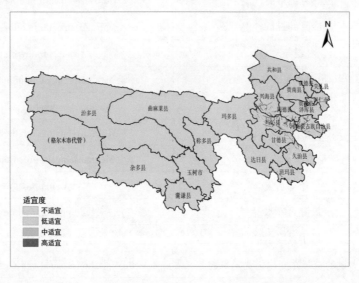

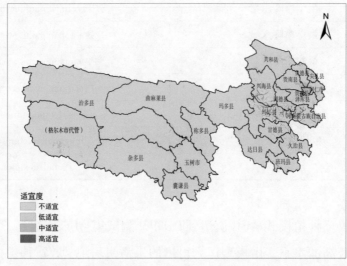

图 4-6 果洛州玛沁县牧草种植模式三江源适宜空间分布（a）当前（b）未来

当前气候条件下，果洛州玛沁县牧草种植模式在三江源的高、中和低适宜分布区分别占整个研究区的 0.64%、0.55% 和 2.76%。未来气候条件下果洛州玛沁县牧草种植模式在三江源高、中和低适宜分布区分别占整个研究区的 0.58%、1.93% 和 1.52%（图 4-6）。

4.3　人工群落稳定性维持技术

4.3.1　草地害鼠防治技术

鼠害防治参照《草地鼠害生物防治技术规程》（DB63/T787—2009）执行。防治对象主要为高原鼠兔，防治期为每年冬春季。防治药剂和饵料为 D 型肉毒杀鼠素和燕麦。毒饵配制时在拌饵容器内倒入适量清水，要求不宜用碱性太大的水，略偏酸性或 PH 值 6 左右为好。毒饵配制按药品说明进行，饵料、水和生物毒素的配制比例为 1kg：80mL：8mL，充分搅拌。配药量高于《草地鼠害生物防治技术规程》规定（该规程规定：毒饵的配制：将 50kg 饵料置于拌饵槽，然后量取拌饵用水 4000mL，再抽取 50mL 药品，按饵料、水和药品 1kg：80mL：1mL 比例充分搅拌）。毒饵配制好后盖好塑料布焖制 12 小时以上。

施饵采用洞口投饵法，每亩毒素 0.8mL 和饵料 0.1kg，每洞投放毒饵 25 ~ 30 粒。投放饵料离有效洞口 7 ~ 10cm 处，投洞率 90% 以上。毒饵投放量和洞口投放距离和《草地鼠害生物防治技术规程》有差异（规程规定：毒饵的投放每个作业人员配备投饵袋和投饵勺各一个，作业人员以间隔 3 ~ 5m 列队，统一前进，采用逐洞投饵法。高原田鼠集中分布区可采用 5 米等距离堆放法或撒施法，等距离堆放每堆 40 粒左右，撒施 8 粒·m^{-2} 左右），要求投洞率 90% 以上。洞口投饵量 15 ~ 20 粒，投饵位置为洞口外距洞口 5 ~ 10cm 处。）另在害鼠密度大，分布均匀的地区采用带状饵料，每隔 10m 均匀地撒施一条毒饵带。投饵后禁牧 8 ~ 10 天。投饵时同一方向同步进行投饵，大面积投饵后，遇大风和降雪等特殊天气影响防治效果，补施毒饵。

防治效果检查从施药后第 7 ~ 15 天开始，开始堵洞法来计算防治效果，计算公式：R（%）=（A−B）/AX×100%。

式中：R 为有效洞口减退率；A 为防治前有效洞口；B 为防治后有效洞口；投饵后第 8 天调查防治效果要求达 90% 以上。

4.3.2　土壤肥力改善技术

土壤施肥参照《高寒人工草地施肥技术规程》（DB63/T493-2005）进行，人工草地建植当年进行施肥处理，以改善土壤有效养分供应不足的状况。人工草地试验小区建植时种子撒播和施肥同时进行，肥料种类为二胺，施肥时采用实验小区内撒播的方法，施肥量为 $20g \cdot m^{-2}$，施肥量高于《高寒人工草地施肥技术规程》规定（该规程施肥量规定：施氮肥（含 N46%）$45 \sim 60kg \cdot hm^{-2}$，复混肥料（含 $N18\%P_2O_5 46\%$）$75 \sim 90kg \cdot hm^{-2}$；或 $22500 \sim 30000kg \cdot hm^{-2}$ 家肥）。

4.3.3 补播更新技术

通过补播草种改善人工草地试验小区牧草植株个体发育和种子更新的抑制状况。补播采样免耕法撒播，将土壤表层 5cm 耙松，然后撒播相应的种子组合，按照大种子 $30g \cdot m^{-2}$，小种子 $10g \cdot m^{-2}$ 的播种量进行补播。补播量高于和《高寒牧区天然草地补播技术规程》（DB54/T0186–2020）规定（该规程播种量规定撒播和条播播种量：主要补播品种选择有垂穗披碱草、老芒麦、冷地早熟禾等，其单播播种量分别为 $3.5kg \cdot 667m^{-2}$、$3.5kg \cdot 667m^{-2}$ 和 $3.0kg \cdot 667m^{-2}$）。种子撒播后将土壤表面耙平，用可降解无纺布覆盖，直至自然降解。

4.4 结论

本研究通过在青海省三江源区玛沁县进行试验研究，分析了谱系多样性、物种丰富度以及功能性状多样性与高寒人工草地生产力和生产力稳定性的关系，揭示了影响高寒人工草地水分利用效率和土壤有机碳的关键因素，研究结果可为高寒湿地人工植被建植牧草组合的选择提供新思路。主要结论如下：

a. 不同植物品种总生物量、生物量分配特性、叶片和根形态指标有显著差异。单播人工草地，不同品种间的总生物量有很大差异；混播人工草地，品种组合对人工草地总生物量的影响因种而异，并非牧草组合种类越多越好。

b. 混播组合提高了植物群落水分利用效率和土壤有机碳固持能力。植物叶片 $\delta^{13}C$ 大小主要受 PD 和 CWM.R/S 的影响，SOC 大小主要受 SR 和 CWM.R/S 的影响。因此，PD、SR 和 CWM.R/S3 个性状是预测群落水分利用效率和土壤碳固持的优良指标。

c. 综合考虑，确定垂穗披碱草 + 青牧一号老芒麦 + 贫花鹅观草 + 糙毛鹅观草和直穗披碱草 + 中华羊茅 + 冷地早熟禾 + 扁茎早熟禾为有利于提高高寒人工湿地水分利用效率和土壤碳固持的植物品种组合。

5 退化高寒湿地人工补水及冻土保育型高寒湿地恢复技术

5.1 研究方法

隆宝湿地位于青海省玉树藏族自治州玉树县的结古镇境内，地处青藏高原主体的中心位置，是长江源头一级支流解曲河的发源地，地理位置介于东经 96° 26′ 40″ — 96° 37′ 00″，北纬 33° 07′ 50″ — 33° 13′ 15″ 之间。区域内平均海拔 4500m。境内地形平缓，山脉绵亘，区域内自东南向西北依次从上游到下游形成 5 个相连的湖体。该区域三面环山，南面有仓宗查依、亚软亚琼山，北面有宁盖仁其崩巴山，保护区最高海拔在宁盖仁其崩巴山顶，为 5182m。区域从中心向周围延伸，依次为湖泊、沼泽、沼泽草甸、高寒草甸、高寒山地草甸和裸岩。境内具有显著的高寒高原大陆型山地气候特征，热量低，年温差小，日温差大，日照时间长，辐射强烈。冷季在高原冷高压所控制下，风大、干燥和气温低；暖季在热低压和西南季风的影响下，水汽丰富，降水较多，气候比较湿润，干旱两季特征明显。年日照时数 2470 ~ 2560h，年平均气温一般在 0.9 ~ 3.8℃，极端最低气温 –42.8℃，极端最高气温 28.0℃，年平均降水量在 480.5 ~ 526.1mm，年蒸发量 1300 ~ 1700mm。

土壤属高原地带性土壤，多为高山土类，土层薄，质地粗，含大量砾石，母质多为坡积、残积、冲积和洪积母质。主要土壤类型有高山寒漠土、高山草甸土、高山草原土和高山沼泽草甸土。区内大小河流众多，湖泊和沼泽密布，地表径流很大，大气降水和冰雪融水等是主要水源。保护区有 5 个比较大的湖泊，被解曲河连在一起。7 条永久性河流和 6 条季节性河流是主要的水资源。湖泊周围有大面积的沼泽湿地，是鸟类栖息繁衍的主要场所。

影响该地区的水汽来源主要有 3 股，一股是由孟加拉湾经西藏到达三江源区的西南气流，由南边界输送到该地区，一股是来自中亚咸海和里海经高原西部到达的偏西气流，由西边界进入，还有一股是来自高纬地区的西风带，经新疆和青海北部到达的西北气流，从北边界进入。这 3 股气流与大尺度环流的天气系统有关，西南气流源自副热带高压西部和印度热低压东北部的偏南气流，偏西气流来自中东高压的西北部，西北气流来自西风带，3 种不同性质的气流汇集在高原的 35° N 附近。其中南边界的水汽输入量最大，季节变化特征显著，冬和春季水汽输入量小，夏和秋季水汽输入量大，9 月达到全年的最大值。西边界的水汽输入量季节变化特征不明显，一年四季有水汽输入，水汽输入量比较稳定。北边界的水汽输入量季节变化特征明显，冬和春季水汽输入量小，夏和秋季水汽输入量大，6 月达到全年的最大值净水汽输入量。6 ~ 9 月份该地区水汽丰富，降水频繁产生，这时是该地区进行人工增雨作业的最佳作业期。

5.1.1 人工降雨技术试验设计

选择典型小流域，湿地类型包含高寒沼泽、河流和湖泊，研究当地水汽来源、降水和地形特征，制定符合当地云物理条件的人工增雨作业方案（图 5-1）。在流域范围内实施地面人工增

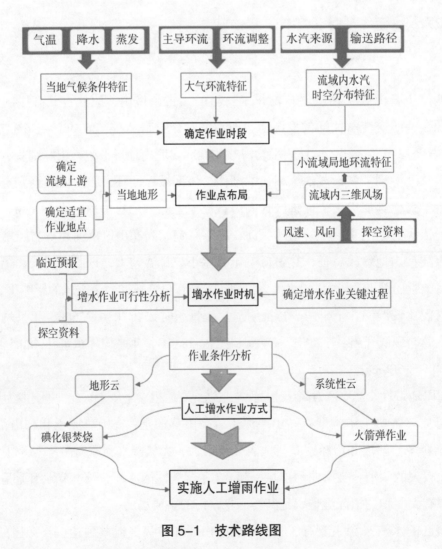

图 5-1　技术路线图

雨，通过从空中补水的方式，增加湿地来水，恢复湿地健康。小流域试验区湿地恢复效果评估，人工增雨效果评价：设计效果评估方案，布设雨量观测点，采用目标区比对和数值模式模拟等方法进行人工增雨效果检验。湿地恢复技术效果评估：对高寒湿地健康状况指标（包括植物群落、植被净初级生产力、土壤湿度、湖泊面积和河流流量等因素）监测，进行试验效果评估。人工补水型高寒湿地恢复技术组装。制定恢复规程、标准及技术措施等进行技术组装。

（1）技术问题

作业时段选择，作业点布局，作业时机选择，作业方式选择等问题。

（2）作业时段

分析研究当地气候条件特征，大气环流特征，分析流域内水汽时空分布特征，确定人工增雨最佳时段。

（3）作业点布局

分析当地地形特征，观测流域内风速风向，实施高空探测，分析研究小流域局地环流特征，建立小流域三维风场矢量图，设计布置人工增雨作业点。

（4）增水作业时机

利用 24 小时和 12 小时天气预报，玉树州气象台 08 时和 20 时探空资料，分析增水作业的可行性。地形云以地面碘化银焚烧为主，系统性云以火箭作业为主。

（5）人工增水作业方式

根据作业条件分析，地形云提前 1 小时作业，采用地面碘化银焚烧；系统性云则在降水发生后，进行火箭作业。

（6）人工增雨效果评估

目标区比对和数值模式模拟等方法进行人工增雨效果检验。

湿地恢复技术效果评估：对研究区植物群落、植被净初级生产力、覆盖度、土壤湿度、河流流量和湖泊面积等进行监测。

（7）观测设计

项目区现有 6 要素自动气象站 2 个，固态降水观测设备一套，微气象观测设备一套（含 50cm 和 200cm 两个高度的风速、风向、气温和相对湿度，150cm 高度的四分量辐射和光合有效辐射，0 ~ 40cm 共 5 层土壤温湿度，土壤热通量和气压等观测要素），涡动相关观测设备一套（含三维超声风速仪、水汽、二氧化碳和甲烷气体分析仪），能为本项目提供近地层和土壤水热等地气常规观测资料。观测小区设自记雨量器 1 个，地温测量仪 1 个，土壤湿度计 1 个；采样间隔设置为 10 分钟一次，每个月读取一次资料；在作业点设置雨滴谱观测点一个，在作业前后进行观测。

土壤温湿度：采用微气象站自动观测数据。

牧草观测：试验区生长季植物种类及频度分布、生物量（功能群）、覆盖度和牧草高度。4 个重复，每月观测 1 次。

土壤理化性质观测：土壤容重、酸碱度、有机碳、氮和磷含量。每年取样观测1次。

（8）方法介绍

A. 双比分析

双比分析假设自然降水情况下作业期作业影响区与对比区的降水量比值和非作业期的对应比值是相同的，以非作业期作业影响区与对比区自然降水量的比值代替作业期二区自然降水量的比值，求出作业影响区作业期自然降水量的估计值，然后与其实测值比较，得到人工增雨效果。

相对增雨率：作业期作业影响区实测降水量Y_2与对比区实测降水量X_2的比值比上非作业期作业影响区实测降水量Y_1与对比区实测降水量X_1的比值减去1再乘以100%，公式：

$$R_{DR} = (\frac{Y_2 / X_2}{Y_1 / X_1} - 1) \times 100\%$$

绝对增雨量：作业影响区作业期实测降水量Y_2与雨量期望值（雨量期望值指计算出的假定未进行人工增雨作业的情况下作业影响区的降水量）的差值，公式：

$$O_{DR} = Y_2 \times \left(\frac{R_{DR}}{1 + R_{DR}}\right)$$

B. 物理检验

物理检验主要利用X双偏振雷达观测资料，对扫描范围内的回波强度从0到60dBZ分为12段，并通过分析作业前后各段回波的体积累积量和组合反射率变化情况。

2018年和2019年玉树隆宝滩湿地恢复型人工增雨作业共开展5次，耗用火箭弹21枚。因此选取5次作业与非作业期目标区，对比区降水量资料，以及作业前后雷达资料。

5.1.2 人工补水湿地恢复技术试验设计

本研究选取了已受损的高寒沼泽湿地为研究对象，以喷灌、禁牧、春季禁牧、喷灌＋禁牧和喷灌＋春季禁牧为恢复措施，设置对照组进行对比，每种恢复处理设置三个重复，具体样地设置如图5.2。

试验区内观测内容包括植物高度、盖度、生物量、10cm土壤含水率、20cm土壤含水率、30cm土壤含水率量、10cm土壤温度、20cm土壤温度和30cm土壤温度。此外，在喷灌和对照样地还对季节性冻土进行持续观测。

详细方案如下：

试验样地选取：本研究位于青海玉树隆宝盆地中部，距玉树县城80km处，是国家自然保护区，四周环山，总体呈"凹"字形，海拔4200m，区内气候寒冷潮湿，雨量充沛。隆宝湿地以分布着典型的高寒沼泽湿地，主要植物以藏嵩草、苔草和钝叶银莲花等11种植物为主（表5-1），为退化高寒湿地中多分布有水麦冬，而在退化湿地类似水麦冬的水生植物，且地表水分较少，草层高度较低。

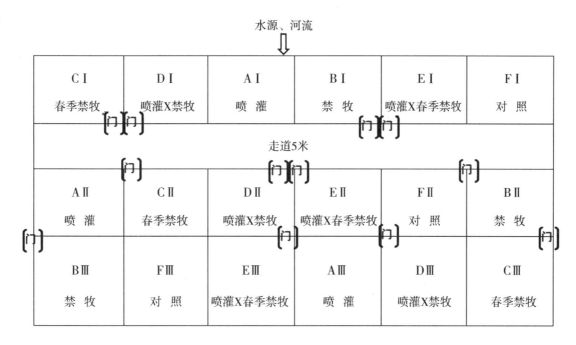

图 5-2　退化高寒沼泽湿地恢复试验设计

表 5-1　隆宝退化高寒湿地的草地特征

序号 Serialnumber	物种 Species
1	藏嵩草 *Kobresia tibetica*
2	苔草 *Carex atrofusca*
3	钝叶银莲花 *Anemone obtusiloba*
4	驴蹄草 *Caltha scaposa*
5	紫菀 *Aster tataricus*
6	马先蒿 *Pedicularis longiflora*
7	漆姑草 *Sagina japonica*
8	火绒草 *Leontopodium leontopodioides*
9	黄帚橐吾 *Ligularia virgaurea*
10	凤毛菊 *Saussurea japonica*
11	报春花 *Primula malacoides*

　　植物取样及测量方法：样地试验从 2018 ～ 2020 年，持续 3 年，取样方法前后都一致。对不同措施小区的不同沼泽湿地生物进行样方调查，每种组合的人工草地取 0.5m×0.5m 样方 3 个。取样时剪取样方内所有植物的地上部分并称重。以优势种牧草和杂类草为两类牧草分类为基础，测量五种恢复措施下不同牧草相对盖度的变化及对比，并用直尺测量自然状态下春季禁牧、禁牧、喷灌、春季禁牧＋喷灌和禁牧＋喷灌五种恢复措施的植物群落高度变化及对比。

　　数据分析：采用 SPSS17.0 对不同恢复措施进行差异性分析。

5.1.3 冻土保育高寒湿地恢复技术试验设计

（1）主要技术问题

喷水时段、时间及喷水量确定

（2）研究方法

试验区冻土现状、特征分析及本底调查：利用研究区附近气象站长年的冻土观测资料，以及研究区夏季冻土抽样调查资料，分析研究区内冻土的类型（永久性及季节性），及其季节、年际和年代际变化动态，为冻土保育措施的实施提供前期研究支持。

喷灌控制试验研究：不同退化程度高寒湿地冻土对喷灌的响应研究；喷灌系统布置。

喷灌系统的布置：布置管道系统时，充分考虑水源位置、地形地势、主要风向和风速等因素，在技术上和经济上进行比较，选择最佳方案。

喷头的技术参数选择

工作压力 P：微喷头要正常喷雾工作，需要有一定的水压力，以喷头前的水压力为标准，称之为工作压力。工作压力的大小将直接影响射程、湿化程度、水量分布图形和工作可靠性等。喷头的工作压力，常用压力在 100 ~ 200kpa 范围内。

湿化程度：微喷头喷出的雾化程度，一般都很高。其水滴直径一般在 1000μm 范围内。降落速度在 3m/s 左右。这对环境增湿、地表降温非常有利。

试验区设计：以小区为单位进行喷灌及网围栏布设，围栏内禁牧的草地全年无放牧活动（图 5.3）。

冻土保育措施的效果评估：利用所观测气象、土壤和冻土观测数据，分析喷灌、地表植被覆盖对深层冻土的影响，根据土壤热通量、各层土壤温湿度评估冻土保育技术的效果。

试验样方设计：试验设 2 因素 2 水平，4 重复共 16 个小区，研究喷灌和围栏对冻土保育的影响。小区面积 50m×50m，间隔 5m，重复之间间隔 10m。

观测设计：试验观测主要包括气象环境监测、土壤特性观测、冻土观测和土壤理化性质观测。

气象观测：利用自动气象站观测降雨量、温度、气压、风速、空气湿度和地表温度等资料；

土壤温湿度（0 ~ 10cm、10 ~ 20cm 和 20 ~ 30cm）：湿度采用 TDR 进行自动观测。

土壤热通量观测：深度为 20cm。

冻土观测：利用冻土观测设备自动观测。

牧草观测：生长季植物种类及频度分布、生物量（功能群）、覆盖度和牧草高度。每月观测 1 次。

土壤理化性质观测：土壤容重、酸碱度、有机碳、氮和磷含量。每年取样观测 1 次。

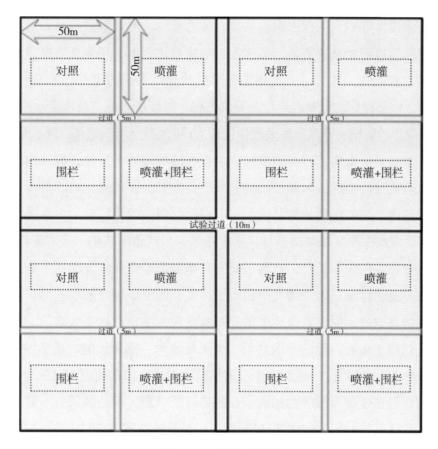

图 5-3 样地设计图

5.2 高寒湿地遥感分类

湿地是丰富的生物资源，为全球巨大的人口提供了生态安全的重要保障，天然湿地在污染治理中起着重要的作用，能够维持河流流域内生态系统的健康，被誉为"地球之肾"。青藏高原独特的地理特征及气候特征孕育了世界上最具特点的湿地类型–高寒湿地，面积占中国总湿地面积的五分之一，其中湖泊的面积占中国总湖泊面积的57%，数量达全国湖泊总数量的41%，使其成为"中国最大的水乡"。由于高寒湿地是基于地貌、水文、生物及土壤等基本因素而形成的，并受到高寒生物群落及气候的相互作用影响，使其具有调节高原气候和补给生态水源等极其重要的生态功能。青藏高原蕴含了典型、多样的湿地类型，具有举足轻重的经济价值、无可替代的生态价值及不可估量的社会价值，对全球气候变化和全球水资源危机起到了响应和预警的重要作用。

青海省位于"世界屋脊"的青藏高原东北部，是我国高寒湿地分布面积最广的省份，行政区内的高寒湿地即是多个大江和大河的发源地，也是国家珍稀生物物种及候鸟的栖息和迁徙地，对高寒生态具有蓄水和调节等重要功能。高寒湿地的生态功能在青海省生态立省战略、生态文明建设及国家公园建设等重大工程占据着举足轻重的地位。但受气候变暖和人类活动等方面的影响，青海省高寒湿地面积减少明显，湿地生态功能退化严重，玛多县为典型的高寒湿地退化区域。国家针对这些问题，进行了一系列生态保护及恢复工程的建设，如退耕还林还草工程、三江源自然保护区生态保护工程和湿地生态补偿工程，减缓了青海省高寒湿地的退化速度。

受全球气候变化的影响，青藏高原黄河源区近60年气温呈增长趋势，降水量则无明显增长，而黄河源区的降水主要来源为其自身的蒸发，由于气温的持续上升使得源区内降水量的补给作用无法弥补径流蒸散发的损耗，因此径流流量减少，未来气候的变化可能对黄河源区水资源的影响不利。玛多县内干涸的小湖泊数量巨大，也有部分消失的沼泽湿地，水体面积减少并向盐碱和内流化发展，湿地中旱生植被逐渐替代水生植被，较严重的影响了生物多样性及人类用水。获取高寒湿地的分布及面积等信息，有利于研究高寒湿地退化及恢复面积等信息对研究高寒湿地生态功能具有重要的意义。以往研究中，由于尺度范围及研究区域性差异，高寒湿地的定义不尽相同，类别的判识也不同，各湿地类型分布及面积大小也存在很大差异，并且国内对高寒湿地的分布研究仅限于川西高原、西藏高原、黄河源区的一部分区域（潘竟虎等，2007；蔡迪花等，2007；李林等，2009）。21世纪以来，遥感技术对水资源的研究就已成为热点，湿地信息的提取、类型的识别和反演参数等都用较全面的研究。早期，湿地的研究一般采用分辨率较低的NOAA/AVHRR、Landsat以及SPOT卫星影像，用于湿地类型的信息提取、时空动态变化监测和精度增强（牛振国等，2012）等。随着遥感技术的发展，影像分辨率显著增强，学者们开始使用较高分辨率的卫星影像数据进行湿地类型的提取，根据不同提取方法采用不同的算法，可分为监督分类、非监督分类、决策树分类、人工神经元网络分类、面向对象分类及支持向量机等方法。但这些方法在高寒地区的应用并不是很多，主要是受到高寒地区的独特地理环境限制，数据分辨率也影响了分类精度。本研究选择高分一号多光谱（GF1-WFV）生长季及非生长季的遥感影像资料，利用先进的分层分类方法，综合利用影像分割及高寒湿地的各类信息提取方法，建立分层分类决策树，获取各个高寒湿地类型的高精度信息，最后得到玛多县高寒湿地分类信息结果。

研究区隶属青海省果洛州的玛多县，位于青海省的南部地区，海拔3882～5262m，总面积为25253km²。玛多县气候为典型的高原大陆性气候，无四季区分，但冷暖季干湿分明，年平均气温为-3.67℃，年平均降水量为321.5mm，其中6～9月降水量是全年的75%左右，是植物的生长季。玛多县地处三江源保护区，河流纵横交错，湖泊如星辰般分布，青海省境内最大的淡水湖扎陵湖和鄂陵湖就位于玛多县，水资源十分丰富。近年来受到气候变化等因素的影响，玛多县干旱灾害严重，致使湿地面积萎缩，部分河流甚至干涸，水源涵养体功能降低。

5.2.1　高寒湿地遥感分类系统

根据青海省地方标准《高寒遥感湿地分类标准》（DB63/T1746-2019）对高寒湿地的分类系

统的规定，按四级标准进行提取。本文中除湿地外的其余地物统一为一类，不再做细分，对研究区的湿地类别提取至分类系统的第Ⅲ级。

表 5-2　高寒湿地遥感分类系统

Ⅰ级	Ⅱ级	Ⅲ级	Ⅳ级
河流湿地	永久性河流	永久性河/溪	
	季节性河流	间歇性河/溪	
		洪泛湿地	
湖泊湿地	永久性湖泊	淡水湖	
		咸水湖	
	季节性湖泊	季节性淡水湖	
		季节性咸水湖	
沼泽湿地	淡水沼泽	泥碳沼泽	苔藓沼泽
		草本沼泽	嵩草 – 苔草沼泽草甸
			芦苇沼泽
			杂类草沼泽
		灌丛沼泽	金露梅灌丛沼泽
			山生柳灌丛沼泽
	咸水沼泽	内陆盐沼	
冰川湿地	冰川积雪		

5.2.2　数据

选用高分一号多光谱相机（GF1-WFV）获取的卫星影像，在中国资源卫星应用中心分别获取了 2015 年至 2018 年的玛多县界范围的高分一号影像数据，为了提取精确的湿地类别信息，获取数据时分别选择了原始影像融合后的玛多县生长季和非生长季两个对比季节的地物特征影像，考虑到高原气候及地理环境对植被生长的特殊影响，生长季界定为 6 月至 9 月，非生长季界定为 12 月至次年 2 月，云遮盖面积 ≤ 5，分辨率为 16 米。GF-1WFV 卫星共有 4 个波段，蓝光波段（B1):0.45-0.52um,能穿透水体,可分辨植被和土壤类型等;绿光波段（B1):0.52-0.59um,可监测植被长势及病虫害影响，可区分水体中的含沙量；红光波段（B3）：0.63-0.69um,用于植被类型的区分，对叶绿素吸收率、悬浮泥沙及水体边界和城市轮廓的判识有主要贡献；近红外波段（B4）：0.77-0.89um,可用于区分水体与陆地的边界，道路、水系、居民点及植被类型的区分。

5.2.3　GF1-WFV 遥感影像预处理

为了降低遥感影像获取中产生的误差，在进行遥感分析之前，本文对原始 GF1-WFV 遥感影像进行了辐射定标、大气校正及几何校正等预处理，其中，辐射定标 Gains 参数选择了中国资源卫星应用中心网站下载页面中获取的 2015 年 GF1-WFV 传感器的绝对辐射定标参数（表 5-3）。本文选择 ENVI5.2 软件中的各预处理模块进行 GF1-WFV 遥感影像的预处理过程。

表 5-3　2015 年国产陆地观测卫星 GF1-WFV 外场绝对辐射定标系数

卫星传感器	B1	B2	B3	B4
WFV1	0.1816	0.1560	0.1412	0.1368
WFV2	0.1684	0.1527	0.1373	0.1263
WFV3	0.1770	0.1589	0.1385	0.1344
WFV4	0.1886	0.1645	0.1467	0.1378

5.2.4　高寒湿地信息提取方法

（1）单波段阈值法

高分一号卫星的近红外波段范围内，湿地因吸收全部入射光，对光谱的反射率非常低，但其他地物在该波段内的反射率较高，可以用于区分湿地与其他非湿地地物。根据近红外波段的灰度值范围，对数据重采样后确定阈值并提取湿地信息。基于单波段阈值法的 GF-1 卫星影像提取模型中 NIR 和 Red 分别表示近红外和红光波段灰度值，L 为湿地提取灰度阈值：

$$NIR < LRed < L \tag{1}$$

（2）波谱关系法

波谱关系法是根据影像各波段的特征曲线判断湿地与其它地物信息的差异，经过多种波段组合，总结出适合湿地波谱关系模型，Blue、Green、Red 和 NIR 分别为 GF1-WFV 影像的四个波段的灰度值。

$$Blue+NIR > Green+Red \tag{2}$$

（3）混合水体指数法

混合水体指数（CIWI）是根据近红外和红光波段的灰度比值构成的无量纲参数，并与无量纲参数 NDVI 相加，从而达到增强水体与植被及城镇的灰度值差异。混合水体指数（CIWI）模型中 NIR 和 RED 分别为 GF1-WFV 的近红外和红光波段的灰度值：

$$CIWI = (NIR-Red) / (NIR+Red) + NIR / \overline{NIR} \tag{3}$$

（4）归一化差异水体指数法

归一化差异水体指数（NDWI_B）是水体指数的升级版，可以在一定程度上抑制与水体无关的背景信息，增强水体信息，本研究中发现鉴别内陆盐沼有较好的作用，BLUE 和 RED 分别为 GF1-WFV 的蓝光波段和红光波段的灰度值：

$$NDWI\ B=(Blue-Red) / (Blue+Red) \tag{4}$$

（5）归一化植被指数法

归一化植被指数（NDVI）利用红光波段与近红外波段的比值关系，使植被与水域的响应能力增强，在有效避免内外因引起的辐射偏差的同时，能够提高高寒湿地的分类精度。下式中，NIR 和 RED 分别为 GF1-WFV 的近红外和红光波段的灰度值：

$$NDVI=（NIR-Red）/（NIR+Red） \quad\quad （5）$$

5.2.5 高寒湿地特征分析

（1）光谱特征

GF-1 遥感影像在对高寒湿地的光谱显示中多为单一的青绿色，且与其他地物呈现出的光谱信息有很大差异，可以用近红外的单波段阈值来提取，在湿地的光谱特征显示中，归一化差异水体指数（NDWI_B）结合 NDVI 对沼泽湿地的判别较好；波谱关系法及混合水体指数（CIWI）结合季节性影像数据对季节性湿地的信息提取较准确；结合 DEM 数据及坡度等辅助数据可以提取出各湿地类型的地理信息。

（2）纹理特征

纹理是一种由很多的相似度不同的单元或者模式所组成的结构。图像的纹理特征就是这些相似度单元与图像的灰度值关系形成的，包括大小和形状等，利用纹理特征对提高分类精度非常重要。利用河流和湖泊的显著纹理特征来区分其他湿地类型。

5.2.6 GF1-WFV 遥感影像分割

遥感影像信息提取方法中最主要的步骤就是影像分割，它是将一景影像划分为相互无重叠且具有某种相似属性的多区域过程。分割尺度的选择直接影响分类精度，分割尺度没有明确的单位，它是一个抽象术语，它用来确定生成的影响对象所允许的最大异质度，值越大则生成的影像对象的尺寸越大，反之则越小。本文选取了三个分割尺度进行影像分割，分别是 80、50 和 30，当分割尺度过大时（80），分割信息不完整，混合像元问题较明显；当分割尺度过小时（30），分割的结果太过于细致，不易于分类，分割尺度 50 则对研究区的湿地类型、植被分布、局部细节及空间的几何变化显示较为有利。本文选择 50 作为分割尺度，其中形状的权重设为 0.25，紧密度设为 0.65（图 5-4）。

5.2.7 高寒湿地分层分类

分层分类技术是湿地分类方法中较为新颖和全面的一种，主要步骤是根据湿地信息特征建立分类决策树，从分类决策树的分级逐层将各类型目标一一区分，按照目标的区分、掩膜及提

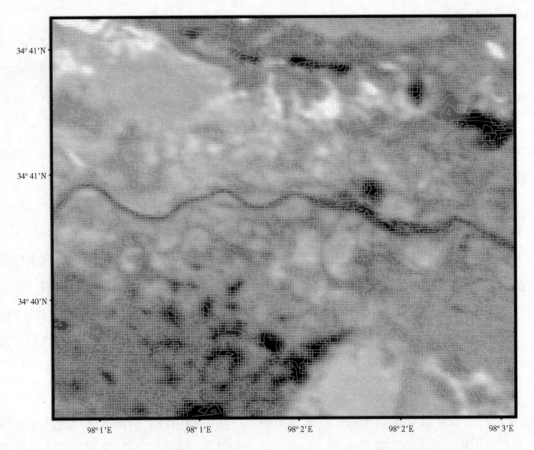

图 5-4　分割尺度为 50 的 GF1-WFV 遥感影像分割结果

取的步骤完成各类别的高精度信息提取。

　　该研究主要利用 GF1-WFV 影像的生长季影像，在 ENVI5.2 软件下，利用 50 的分割尺度对影像进行分割，然后利用单波段阈值法及坡度阈值对湿地进行判识，再结合非生长季影像，综合利用波谱关系法、混合水体指数法、归一化差异水体指数法及单波段阈值法对玛多县的高寒湿地分类系统的Ⅲ级类别进行逐一提取，最后得到玛多县高寒湿地类型分类结果（图 5-5）。

5.2.8　分类精度

　　利用玛多县 Landsat8 卫星影像数据及青海省土地利用数据作为参考影像，在 ENVI5.2 软件下的监督分类模块下随机选取研究区内各高寒湿地类型的 900 个检验样点，采用混淆矩阵的方法对 GF1-WFV 提取的高寒湿地分类影像进行精度分析和评价。

　　从表中可知，GF1-WFV 遥感影像提取的高寒湿地分层分类精度达到 88.59%，Kappa 系数为 0.8637，说明利用 GF1-WFV 遥感影像在青藏高原高寒湿地信息提取具有较高的可行性，分层分类方法在高寒湿地分类的精度通过检验（表 5-4）。

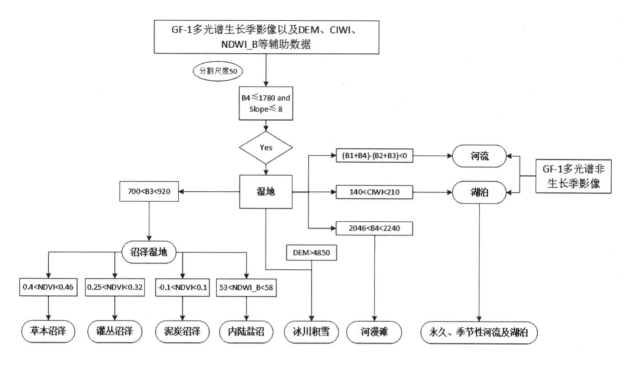

图 5-5 分层分类技术流程图

表 5-4 青海省玛多县高寒湿地分类精度检验

精度评价指标		分类影像												
		永久性河/溪	间歇性河/溪	洪泛湿地	永久性淡水湖	永久性咸水湖	季节性淡水湖	季节性咸水湖	泥炭沼泽	灌丛沼泽	草本沼泽	内陆盐沼	冰川积雪	总计
参考影像	永久性河/溪	49	1	0	3	0	0	0	0	0	1	0	0	54
	间歇性河/溪	1	77	0	0	0	0	0	0	0	2	0	0	80
	洪泛湿地	3	5	61	0	0	0	0	1	0	2	0	0	72
	永久性淡水湖	0	0	1	139	0	0	0	0	0	3	0	0	143
	永久性咸水湖	0	0	0	0	27	0	2	0	0	0	0	0	29
	季节性淡水湖	0	0	0	9	0	47	1	0	0	0	0	0	57
	季节性咸水湖	0	0	0	0	0	0	23	0	0	0	2	0	25
	泥炭沼泽	0	0	0	0	0	0	0	35	0	4	0	1	40
	灌丛沼泽	0	0	0	0	0	3	2	3	97	13	0	1	119
	草本沼泽	0	0	6	0	0	0	0	1	16	147	0	0	170
	内陆盐沼	0	1	2	0	6	0	0	1	2	6	75	0	93
	冰川积雪	0	0	1	0	0	0	0	0	0	0	0	17	18
	总计	53	84	71	151	33	50	28	41	115	178	77	19	900
产品精度/%		90.7	96.3	84.7	97.2	93.1	82.5	92.0	87.5	81.5	86.5	807	94.4	
用户精度/%		92.5	91.7	85.9	92.1	81.8	94.0	82.1	85.4	84.4	82.6	97.4	89.5	
总精度：88.59%　Kappa 系数：0.8637														

5.2.9 玛多县高寒湿地分布信息特征分析

根据分类结果可知，玛多县的湿地资源丰富，高寒湿地类型复杂，包含了Ⅲ级类别中的所有湿地类型，境内高寒湿地面积呈东多西少，北多南少的趋势分布，主要湿地类型集中在中北部地区，尤其是海拔相对较低、地势较平坦的河谷地区，这主要与玛多县的地势地形有较大的关系。洪泛湿地主要分布在河流周边，与季节性河流的分布有着较密切的关系；泥炭沼泽主要分布在地势平坦的草本沼泽周围；生长季的雨水较多，泥炭沼泽的面积相对非生长季而言较大；永久性与季节性的湿地主要利用生长季及非生长季影像的湿地信息提取进行区分，相对永久性湿地信息的提取，季节性湿地信息的提取更为复杂；NDWI 指数在内陆盐沼的提取中发挥重要作用；NDVI 指数主要用于分辨草本沼泽、灌丛沼泽和泥炭沼泽；波谱关系法及 CIWI 指数则用于区分河流及湖泊，加入非季节性影像，永久性与季节性的湿地类型得以区分和辨识。

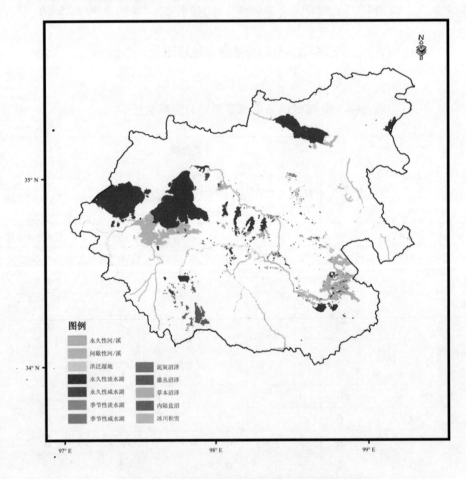

图 5-6 青海省玛多县高寒湿地类型分布图

对提取的玛多县各类高寒湿地类型进行面积统计，永久性淡水湖的面积最大为 1685.58km²，占玛多县总高寒湿地面积的 69.05%；其次是草本沼泽和永久性河/溪，面积分别为 495.56km² 和 94.81km²，占比分别为 20.34% 和 3.88%；季节性咸水湖、季节性淡水湖、间歇性河/溪、洪泛湿地、泥岩沼泽、灌丛沼泽、内陆盐沼及冰川积雪的面积在 1.25 ～ 73.23km² 之间，所占比例不足 1%，其中面积最少的是季节性咸水湖和季节性淡水湖（表 5-5）。

表 5-5　青海省玛多县高寒湿地各类型面积及比例

湿地类型	面积（km²）	所占比例（%）
永久性河 / 溪	94.81	3.88
间歇性河 / 溪	8.60	0.35
洪泛湿地	16.95	0.69
永久性淡水湖	1685.58	69.05
永久性咸水湖	22.74	0.93
季节性淡水湖	2.80	0.11
季节性咸水湖	1.25	0.05
泥炭沼泽	16.95	0.69
灌丛沼泽	73.23	3.00
草本沼泽	496.56	20.34
内陆盐沼	11.04	0.45
冰川积雪	10.55	0.43
总面积	2441.05	

5.3　高寒沼泽湿地退化过程中植物群落的变化特征

湿地的植物是在长期的进化过程中形成的适应湿生环境的独特物种，是保持湿地的结构和功能的重要保障。由于近年来高寒湿地的持续退化，湿地植物群落的物种组成已经发生了明显的改变。本研究探讨了在退化过程中湿地群落的物种组成的改变，为高寒湿地保护和恢复提供基础资料。

研究区位于隆宝高寒沼泽湿地（东经 96° 30′，北纬 33° 13′），海拔 4167m，年均温度 0.58℃，年降水量 489mm。主要植物有小苔草、藏嵩草、水麦冬和钝叶银莲花，土壤类型为泥炭土。

本研究运用空间序列代替时间序列的方法，以高寒沼泽湿地为中心向外延伸的方法，各退化序列分为 4 个退化阶段，即未退化—轻度退化—重度退化—极度退化。采用 50cm×50cm 样方，进行植物高度、盖度和生物量的调查。每个处理 3 个重复，每个重复 1 个样方。在分析群落结构时，物种重要值计算采用各物种相对生物量。

5.3.1　高寒湿地退化植被群落特征

未退化、轻度退化、重度退化和极度退化样地植被盖度分别为 ＞ 95%、85% ～ 95%、65% ～ 75% 和 70% ～ 80%；平均高度分别为 10.61cm、9.98cm、3.60cm 和 7.45cm。未退化样地沼生植物为优势种，有季节性积水，积水面积占比 40% ~ 60%。轻度退化样地沼生植物和湿生植物同为优势种，有较浅的季节性积水，积水面积占比 10% ~ 30%，有少量干化斑块出现，干化斑块上具有明显的鼠洞，鼠洞密度为 10 个 /5m² ~ 20 个 /5m²。重度退化样地湿生植物为优势种，无积水，出现大量干化斑块，鼠洞很多，有裸地出现，鼠洞密度为 80 个 /5m² ~ 120 个 /5m²。极度退化样地湿生植物为半生种，中生植物占据群落绝对优势地位，无积水，湿地系统被完全破坏，鼠洞较多，鼠洞密度为 10 个 /5m² ~ 30 个 /5m²（表 5-6）。

表 5-6　样地基本情况

退化阶段	植被盖度（%）	平均高度（cm）	基本情况
未退化	>95	10.61	沼生植物为优势种，有季节性积水，积水面积占比 40% ~ 60%
轻度退化	85 ~ 95	9.98	沼生植物和湿生植物同为优势种，有较浅的季节性积水，积水面积占比 10% ~ 30%，有少量干化斑块出现，干化斑块上具有明显的鼠洞，鼠洞密度为 10 ~ 20 个 /5m²
重度退化	65 ~ 75	3.60	湿生植物为优势种，无积水，出现大量干化斑块，鼠洞很多，有裸地出现，鼠洞密度为 80 ~ 120 个 /5m²
极度退化	70 ~ 80	7.45	湿生植物为半生种，中生植物占据群落绝对优势地位，无积水，湿地系统被完全破坏，鼠洞较多，鼠洞密度为 10 ~ 30 个 /5m²

5.3.2　物种重要值的变化

未退化和轻度退化沼生植物小苔草的重要值较大，同时伴生有黑褐苔草和水麦冬；藏嵩草随着未退化到重度退化，重要值增大；极度退化样地鹅绒委陵菜和圆穗蓼等中生植物为优势种（表 5-7）。

表 5-7　不同退化样地物质重要值

物种名称	重要值			
	未退化	轻度退化	重度退化	极度退化
小苔草	0.56	0.47	0.34	0.01
黑褐苔草	0.03	0.01	–	–
水麦冬	0.08	0.01	–	–
藏嵩草	0.30	0.46	0.54	0.20
马蹄草	0.01	–	0.01	–
报春花	0.01	0.01	0.01	0.01
紫菀	0.01	0.01	–	–
碱毛茛	0.01	–	–	0.02
鹅绒委陵菜	–	0.01	0.02	0.34
马先蒿	–	0.01	–	–
小米草	–	0.01	–	–

续表

物种名称	重要值			
	未退化	轻度退化	重度退化	极度退化
钝叶银莲花	-	0.01	0.04	-
凤毛菊	-	0.01	-	-
漆姑草	-	0.01	0.01	-
圆穗蓼	-	-	0.01	0.19
莓叶委陵菜	-	-	0.01	-
早熟禾	-	-	0.01	0.03
火绒草	-	-	-	0.07
兰石草	-	-	-	0.01
老鹳草	-	-	-	0.02

5.3.3　功能群的比例

莎草科的比例未退化和轻度退化无显著差异但两者均显著大于重度退化和极度退化；重度退化显著大于极度退化。未退化和轻度退化样地均无禾本科类植物，重度退化禾本科比例显著小于极度退化。杂类草的比例未退化和轻度退化无显著差异，两者均显著小于重度退化，重度退化显著小于极度退化（图5-7）。

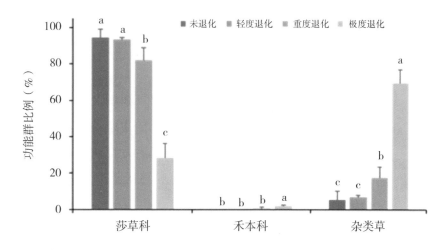

图 5-7　不同退化样地功能群比例

5.3.4　群落地上生物量

地上生物量未退化样地显著大于轻度退化样地，轻度退化样地显著大于重度退化样地，轻度退化样地和极度退化样地无显著差异，重度退化样地和极度退化样地无显著差异（图5-8）。

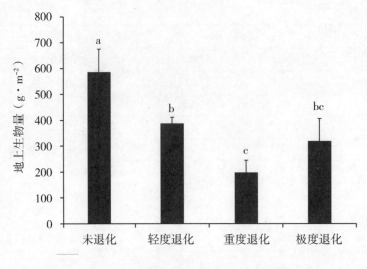

图 5-8 不同退化样地地上生物量

（1）群落盖度和平均高度从未退化到重度退化逐渐减小，随后增大，鼠洞密度刚好呈相反的趋势，积水面积在退化梯度上逐渐减少。

（2）水生植物的重要值随退化梯度逐渐减小，中生植物的重要值逐渐增大。

（3）莎草科的比例随退化梯度逐渐减小，禾本科和杂类草的比例逐渐增大。

（4）地上生物量从未退化到重度退化逐渐减小，随后增大。

5.4 高寒沼泽湿地退化成因分析

湿地作为一种水陆相互作用形成的兼具土壤、水分、空气和生物等组分的独特复合型生态系统，对环境变化具有较高的敏感性，是世界上生产力最高的生态系统之一。中国湿地类型多样且分布较广，面积位居亚洲之首，其中在青藏高原江河源区发育的具有高寒气候背景的高寒湿地群最为独特。目前，全球气候系统变暖已成为学术界公认的事实，在此背景下青藏高原作为气候变化的启动区和敏感区，高寒湿地生态系统如何响应高原气候变化是亟待解决的重大科学问题。针对该问题近年来学者们开展了大量研究工作：如罗磊等研究指出气候变化在青藏高原地区的凸显将使高寒湿地生态系统相对其他区域承受更大的胁迫，并且中小尺度区域内气象特征的改变和关键气象要素时空分配状况的变化可能是湿地退化的直接驱动力；王根绪等揭示了近 40 年来青藏高原湿地退化具有普遍性且与气温升高显著相关；燕云鹏等研究表明1975 ~ 2007 年三江源地区湿地均呈现退化趋势，且长江、黄河和澜沧江源区气候的差异性致使湿地演变规律的不一致；李林等更进一步指出 21 世纪以来黄河源区湿地萎缩对气温、降水和蒸发量等气候因子以及冻土环境的改变具有显著响应。

　　三江源区地处青藏高原核心腹地，分布有大量湖泊湿地和沼泽湿地。作为青藏高原高寒湿地的主要分布区，三江源湿地群对全球变化的响应主要通过其特殊的水文变化和碳循环变化表征。具体来看，长江源区为全国人口密度最小的地区，人口密度不足每平方公里1人，相较于黄河源区受人为干扰因素更少，因而能更加真实反映湿地演变与气候变化间的响应关系。近年来，针对长江源区湿地开展动态变化监测与气候驱动力的研究中，受观测资料时序短、遥感数据源不丰富，湿地提取方法精度差等因素影响，鲜有研究能够全面的揭示长江源区高寒湿地演变规律及其与气候变化间的响应机制。鉴于此，本文选取长江源头典型湿地—隆宝高寒湿地作为研究对象，利用长时序高分辨率影像，采用定量化的湿地提取技术获取湿地变化信息，并尝试从时空变化角度分析隆宝湿地的演变规律，最后对气候变化与高寒湿地演变的响应规律进行探讨，以期为高寒湿地保护与修复提供技术支撑和理论指导。

　　研究区为隆宝国家级自然保护区，是长江源区内最为典型的湿地之一（图5-9），位于玉树藏族自治州州府结古镇西北处约75km处，总面积约100km²，地理坐标北纬33°14′，东经96°37′。保护区地形为山间沟谷盆地，东西狭长，四面环山，地势东高西低，海拔4000～5500m。气候类型为高原大陆性季风气候，寒冷干旱，四季不明，日温差大而年温差小，辐射和蒸发强烈，风力较大。降水多集中6～8月，较为湿润，而冬春季地表长时间被冰雪覆盖，冰冷干燥。年均降水约450mm，年均气温约1.4℃，年日照时数约2400h，全年蒸发量约1400mm，年均最大冻土深度约1m。在保护区中心位置为隆宝湿地的核心区，通天河支流益曲

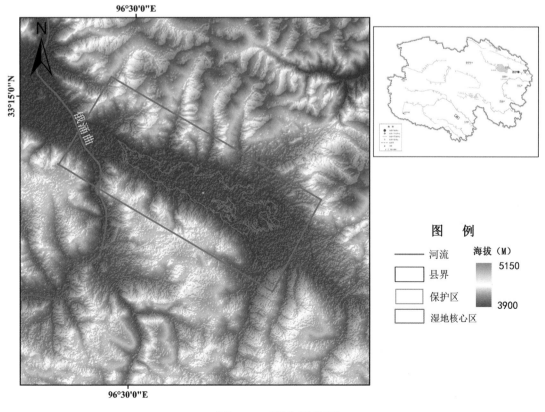

图5-9　研究区范围

在此西北部穿行,使其获得了稳定的水量补给,长期的冻融侵蚀造成核心区中部和西部区域地表起伏不均,并由此形成许多纵横迂回的溪流和大小不等的湖泊湿地,而在湿地核心区东部则分布大量沼泽湿地。目前,在隆宝湿地核心区内生长着大量水生、沼生和湿生植物,而这些优势种组成的群落类型共同形成了该地区丰富的湿地植被。

5.4.1 数据来源与预处理

遥感数据选取具有长时间序列的陆地资源卫星 Landsat5/TM 和 Landsat8/OLI 影像,空间分辨率为 30m,数据从美国地质调查局网站(http://glovis.usgs.gov/)下载。为精细化提取隆宝湿地年际间的演变特征,以每间隔约 2 年选取一期影像数据,影像时间选取湿地植被长势最佳,易于进行湿地信息提取的 7 月份和 8 月份,最终选取的影像数据信息如表 5-8。下载的影像数据已进行了基于控制点的几何精校正,但仍需进行辐射定标、FLAASH 大气校正、裁剪等预处理步骤,并将影像统一转换为 Albers 等面积投影。

表 5-8 1986 ~ 2017 年影像数据列表

影像获取时间	数据类型	传感器	空间分辨率 /m	影像云量(%)
1986-07-25	Landsat5	TM	30	8
1988-06-29	Landsat5	TM	30	5
1990-08-21	Landsat5	TM	30	0
1992-08-27	Landsat5	TM	30	8
1994-07-31	Landsat5	TM	30	0
1996-08-22	Landsat5	TM	30	0
1998-07-29	Landsat5	TM	30	8
2000-07-29	Landsat5	TM	30	0
2002-08-06	Landsat5	TM	30	0
2005-07-13	Landsat5	TM	30	9
2008-08-01	Landsat5	TM	30	9
2009-07-06	Landsat5	TM	30	5
2011-08-31	Landsat5	TM	30	0
2013-08-04	Landsat8	OLI	30	0
2015-07-25	Landsat8	OLI	30	0
2017-07-14	Landsat8	OLI	30	0

注:OLI 为陆地成像仪;TM 为专题绘图仪

气象数据选取隆宝保护区周边 5 个国家级气站台站 1986 ~ 2017 年度观测资料(包括气温、降水、蒸发量和地表温度等),从中国气象局综合气象信息共享平台(CIMISS)获取并已进行了质量控制。因气象站点位置分布与保护区均存在一定空间距离,为获取较为准确的气象数据,采用协同克里格方法将台站年度观测资料进行空间插值，最后提取了各观测要素在保护区空间范围内的年度均值。考虑到各个阶段湿地的演变特征应是该时期各气象要素累计变化结果导致，因而将各气象要素数据进行3年滑动平均以最终用于隆宝湿地演变的气候驱动分析。

5.4.2　高寒湿地分类方法

（1）遥感分类体系

参考我国湿地等级式分类系统以及青海省地方标准《高寒湿地遥感分类技术指南》，建立了隆宝保护区土地覆被遥感分类体系，其中保护区内湿地类型主要以沼泽湿地和湖泊湿地为主并且分布少量河流湿地。本文将上述3种湿地类型归为一类，并将其总面积定义为隆宝高寒湿地面积，同时在保护区内还存在裸岩、裸土、高寒草甸和城乡/工矿/居民用地（建设用地），隆宝保护区土地覆被分类体系和影像特征如表5-9所示。

表 5-9　土地覆被分类体系与影像特征

项目	一级	影像与分布特征			
		真彩色合成	假彩色合成	野外照片	分布与影像特征
高寒湿地	沼泽湿地				真彩色中呈墨绿色，在假彩色中呈暗红色，形状不规则，连片状分布，色调不均一。在保护区内广泛分布在常年性/季节性积水与过湿区域
	湖泊湿地				真彩色呈黑色、深蓝色和褐色，假彩色呈黑色和墨绿色，形状呈多边形，其主要分布在隆宝湿地的核心区域，如隆宝湖以及周边小湖泊
	河流湿地				真彩色呈黑色和褐色，假彩色呈墨绿色，条带状。其主要分布在湿地西北部与益曲河交汇地带，并在河流两侧泛洪处形成湿地
裸岩					真彩色为灰色、青灰色，假彩色呈灰绿色，形状不规则，呈斑块状，主要分布在湿地北部和西北部高山山顶和山坡
裸土					真彩色为土黄色，假彩色为青绿色，形状不规则，连片状。主要分布在湿地南北部高山的山顶和山坡

续表

项目	一级	影像与分布特征			
		真彩色合成	假彩色合成	野外照片	分布与影像特征
高寒草甸					真彩色为深绿色，假彩色为鲜红色，斑块内部色调均匀，主要分布在隆宝湖两侧高山、山坡和山谷地等地，分布范围广
城乡/工矿/居民用地（建设用地）					真彩色中为灰色和灰白色，假彩色中为青绿色，形状为一定宽度条状分布，主要为修建在湿地北部的公路与少量居民点

（2）地物分类特征选取

用于湿地信息提取的分类特征主要包括：光谱波段、特征指数和辅助分类数据。首先，影像光谱波段选取 Landsat8/OLI 与 Landsat5/TM 光谱波段相近的红、绿、蓝、近红外和短波红外波段；其次，挑选能够表征湿地植被、土壤水分和水文信息的特征指数，包括归一化植被指数（NDVI）和归一化差分水体指数（NDWI），计算方法见公式（1）（2）；最后，研究区为高山区地形较为复杂，为有效提高分类精度在分类特征中也融入与地形因子相关的辅助分类数据，如数字高程、坡度和坡向数据。

$$NDVI = \frac{\rho_{NIR} - \rho_{RED}}{\rho_{NIR} + \rho_{RED}} \qquad （1）$$

$$NDVI = \frac{\rho_{Green} - \rho_{NIR}}{\rho_{Green} + \rho_{NIR}} \qquad （2）$$

式中：ρ_{NIR}、ρ_{RED} 和 ρ_{Green} 分别代表近红外、红光和绿光波段，NDVI 和 NDWI 值范围均为 –1–1。

（3）地物信息分类算法

选取随机森林（Randomforests）机器学习方法用于隆宝地类信息的提取，该方法最早于 2001 年由 LeoBreiman 和 AdeleCutler 提出，是一种基于 bagging 框架下的决策树模型，有较好的分类效率和精度。本文通过多次试验获取模型参数，其中将参数中决策树数量设定为 120，特征数量选取为 SquareRoot，停止分裂的最少样本数设定为 1，不纯度函数选择基尼系数，而其阈值设定为 0。在分类过程中需输入训练样本和验证样本，但针对部分历史时期影像进行分类的过程中，较难获取同时期的野外实地调查样点以作为训练和验证样本。因此，尝试利用 ArcGIS10.3 软件中的 CreateRandomPoints 工具创建随机样点，其中每一时期影像数据的随机样点分别为 200 个，并通过人工目视经验判识获取各样点的实际地类属性，最后依据各样点编号采用创建随机数方法按 2∶1 抽取训练样本和验证样本。

5.4.3 湿地演变特征动态分析方法

提取 32a 隆宝地表覆盖类型信息，利用经典的土地利用动态模型从时空角度分析不同时段地表各类型间的演变幅度、速度和演变方向，方法包括单一土地利用动态度（K）、综合土地利用动态度（LC）以及土地利用转移矩阵。

（1）单一 / 综合土地利用动态变化度

单一土地利用动态度（K）指数用于指示研究区内某一地物类型在单位时间段内面积变化幅度和速率，可用于比较各个地类间的变化差异，而综合土地利用动态度（LC）则反映研究区内某一时段全部土地利用类型的整体变化速度，可用于比较不同研究区或时段内地物类型整体变化速度的差异，上述两种指数的计算公式如下：

$$K = \frac{\Delta U_i}{U_i} \times \frac{1}{T} \times 100\% \qquad (3)$$

式中，i 为第 i 种地类；ΔU_i 为研究末期和初期第 i 类土地利用类型的面积（单位 km^2）；T 为研究时段长度（单位：年）。

$$LC = \left[\frac{\sum_{i=1}^{n} \Delta LU_i}{2\sum_{i=1}^{n} LU_i} \right] \times \frac{1}{T} \times 100\% \qquad (4)$$

式中：LU_i 为研究初期第 i 地类未转化为其他类型的面积（单位：km^2）；ΔLU_i 为研究时段第 i 土地利用类型转为非 i 土地利用类型的面积（单位：km^2）；n 为地物类型数；T 为研究时段长度（单位：年）。

土地利用转移矩阵能揭示不同时期保护区内各地表类型间相互转换、演进和流向的动态过程。公式 5 为土地利用类型转移矩阵的具体表达形式，其中，i、j 代表转移前后的土地类型，S_{ij} 表示由 i 种地类转为 j 种地类的面积，m 表示土地利用类型数目，矩阵中的行元素之和表示该类土地转移前面积，列元素之和表示该类土地转移后面积。

$$S_{ij} = \begin{vmatrix} S_{11} & S_{12} & \dots & S_{1m} \\ S_{12} & S_{22} & \dots & S_{2m} \\ \dots & \dots & \dots & \dots \\ S_{m1} & S_{m2} & \dots & S_{mm} \end{vmatrix} \qquad (5)$$

（2）气候驱动因子分析方法

使用线性趋势法进行气候变化趋势分析，该方法通过建立各气象要素数据与时间的线性函数，采用最小二乘法可获得线性变化率并进行线性趋势检验。同时采用 Mann–Kendall 法进一步补充分析了各气象要素的变化趋势以及气候突变现象，该方法作为一种非参数检验方法，相较于参数检验方法其样本数据不必遵循一定分布，并且能够检验线性或非线性趋势，在进行趋势分析时当 UF 或 UB 统计量大于 0 时，则表明该序列呈上升趋势，反之呈下降趋势，并且当超过临界线时，表明上升或下降趋势显著，如果 UF 和 UB 曲线在临界线之间存在交点，则交点对应的时刻便是突变开始的时间。

评价湿地面积消长与各气象要素间的相关程度主要采用了偏相关分析以及 Pearson 相关分析，其中偏相关分析是指当两个变量同时与第三个变量相关时，剔除第三个变量的影响，而只分析两个变量间相关的程度，已有大量研究显示，如相对湿度可与多个气象因子之间同时发生相关关系，因此文中在进行简单相关分析的基础上继续进行偏相关分析，其结果将更能描述各要素间实际的相关程度。文中在相关性分析的基础上为进一步将多个相关程度高的气象要素转为较少的综合指标以简化分析，最后采用了主成分分析法以确定主要气候驱动因子与湿地消长的响应程度及贡献，目前上述方法在气象、生态、地理和生物研究中广泛应用，其相关原理不再赘述。

5.4.4 湿地演变时空特征分析

（1）提取结果与精度评价

隆宝湿地 1986 ~ 2017 年共 16 期影像数据进行土地覆被分类，对各个时期土地分类的结果通过构建混淆矩阵后进行精度验证，其模型总体分类精度均高于 88%，Kappa 系数大于 0.86，表明上述分类结果具有很好的准确性（图 5-10）。

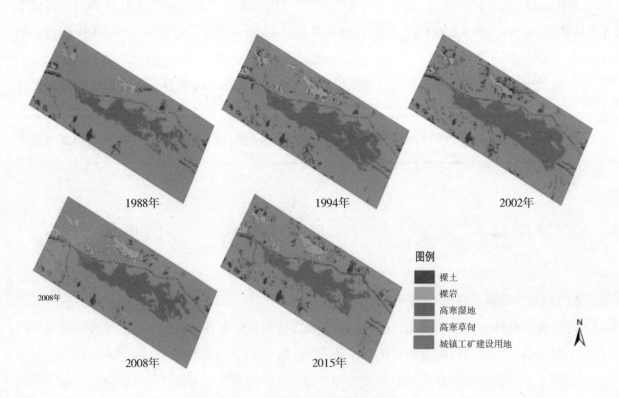

图 5-10 隆宝湿地分类结果

（2）湿地面积与时空变化特征

在空间上看，32 年来隆宝湿地空间变化存在不均一性，在湿地核心区东南部为明显的湿地消长区，湿地边界变化幅度明显快于中部和西部，其原因可能为地形因子对于湿地的演变具有一定影响，具体表现为湿地核心区东部在地势上高于中西部，伴随地势山区降水往往由东南向西北方向汇聚，而地势的不均一将导致湿地核心区内总体水分条件东部要明显劣于中西部地区，因而在气候特征发生较大变化时东部的湿地更易遭受波动从而发生演变；在时间尺度上，32 年隆宝湿地面积总体呈下降趋势，期间共减少 11.66km²，年平均减少速率 0.40km² · a⁻¹，在 2000 ~ 2002 年期间湿地面积出现由增到减的关键转折，2002 年前湿地面积在波动中呈现逐步增加趋势，17 年共增加 7.60km²，增加速率 0.88km² · a⁻¹，2002 年后隆宝湿地面积呈持续下降趋势，15 年共减少了 11.28km²，减少速率 1.36km² · a⁻¹，后期湿地面积的退化速率明显高于前期湿地面积的增加速率（图 5-11、5-12）。

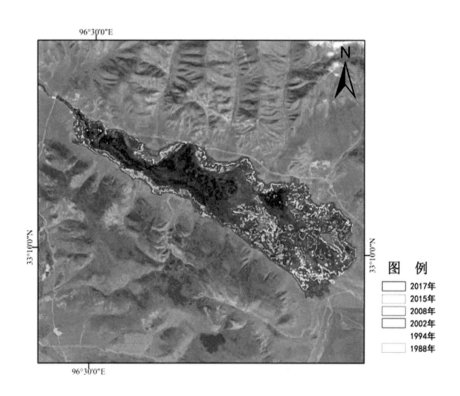

图 5-11　1986 ~ 2017 年隆宝湿地空间分布范围

5.4.5　土地利用结构演变与动态变化度分析

以保护区内地表类型发生较大变化的年份将研究时段划分为 4 段（1986 ~ 1994 年，1994 ~ 2002 年，2002 ~ 2008 年和 2008 ~ 2017 年），其综合土地利用动态度指数分别为 0.44%，0.42%，0.75% 和 0.01%，表明随着时间推移保护区内地表类型的变化程度趋于减弱（表 5-10）。

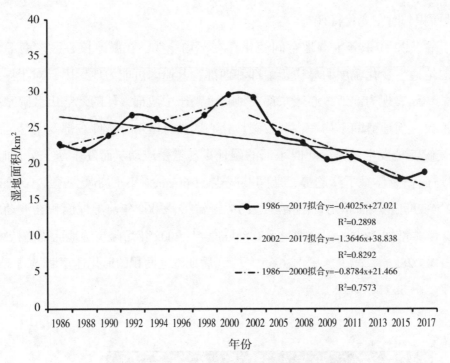

图 5-12　1986～2017 年隆宝湿地面积

表 5-10　1986～2017 年隆宝土地利用变化转移矩阵

时间	类型	建设用地 km²	裸岩 km²	裸土 km²	高寒草甸 km²	湿地 km²	转出面积 km²
1986～1994 年	建设用地	0.05	0	0	0	0	0
	裸岩	0.05	0.51	0	0	0	0.05
	裸土	0.06	0.05	3.46	0.42	0.02	0.55
	高寒草甸	0.	0	2.23	110.2	3.37	5.6
	湿地	0	0.06	0.66	0.7	22.81	1.42
	转入面积	0.11	0.11	2.89	1.12	3.39	7.62
1994～2002 年	建设用地	0.09	0	0	0.07	0	0.07
	裸岩	0	0.57	0.19	0.05	−0.19	0.05
	裸土	0.01	0	5.61	0.72	0.01	0.74
	高寒草甸	0.1	0	4.52	99.31	7.39	12.01
	湿地	0	0.03	0.12	4.01	22.04	4.16
	转入面积	0.11	0.03	4.83	4.85	7.21	17.03
2002～2008 年	建设用地	0.1	0.03	0.07	0	0	0.1
	裸岩	0	0.58	0.01	0.01	0	0.02
	裸土	0.1	0.02	7.93	2.39	0	2.51
	高寒草甸	0.11	0.03	0.34	101.99	1.69	2.17
	湿地	0	0.01	0	10.27	18.97	10.28
	转入面积	0.21	0.09	0.42	12.67	1.69	15.08
2008～2017 年	建设用地	0.18	0.01	0.02	0.05	0.06	0.14
	裸岩	0	0.6	0.02	0.03	0.01	0.07
	裸土	0.09	0	7.75	0.45	0.05	0.59
	高寒草甸	0.1	0.02	0.49	110.64	3.42	4.02
	湿地	0	0	0.4	6.12	14.14	6.51
	转入面积	0.19	0.03	0.92	6.64	3.55	11.33

其中在 1986～1994 年建设用地和裸土的土地利用变换强度较大，分别达到 36.67% 和 9.73%，利用转移矩阵分析发现，该时段因保护区修建道路，其他土地利用类型转换为建设用地的面积达到了 0.11km²，而裸土的转入面积也达到 2.89km²，高寒草甸面积转出 5.6km²，并主要转换为湿地（转入 3.39km²）和裸土（转入 2.23km²）两种类型。在 1994～2002 年裸土和建设用地的土地利用动态变化强度较大，依次为 7.16% 和 2.78%，高寒草甸的转出面积达到了 12.01km²，其转化为裸土、湿地和建设用地的面积分别达到了 4.52km²、4.01km² 和 0.1km²，湿地类型的转出面积为 4.16km²，其主要转化为高寒草甸约 4.01km²。在 2002～2008 年建设用地、裸土和湿地的年变化强度大于 2%，湿地的转出面积较大达到 10.28km² 并主要转换为高寒草甸。在 2008～2017 年各地类动态变化均趋于平稳，动态变化度均小于 2%，呈现湿地面积减小而高寒草甸面积增大，约有 3.42km² 湿度面积转换为了高寒草甸。总体分析，隆宝保护区地表各类型中，建设用地在 1986～1994 年和 2002～2008 年具有较大变化度，其主要原因与区域道路扩建有关，裸土在 1986～2002 年具有较大变化度，该期间主要存在裸土与高寒草甸间的相互转换，湿地和高寒草甸是保护区内主要的地表覆盖类型，并在 1986～2017 年 4 个时期中两种类型间存在普遍的相互转换，其年平均转换率为 2.0% 和 0.76%（表 5-11）。

表 5-11　1986～2017 年隆宝土地利用变化动态度

土地利用动态度 /%	土地利用动态度 /%			
	1986～1994 年	1994～2002 年	2002～2008 年	2008～2017 年
建设用地	36.67	2.78	7.86	1.7
裸岩	1.79	−0.36	1.67	−0.55
裸土	9.73	7.16	−2.86	0.4
高寒草甸	−0.64	−0.71	1.44	0.23
湿地	1.36	1.29	−4.2	−1.44
综合土地利用	0.44	0.42	0.75	0.01

5.4.6　气候变化特征

湿地生态系统对气候变化较为敏感，并且以气温、降水和蒸发等气候因子对于湿地的影响最为明显，本文针对隆宝保护区近 32 年的气温、降水等关键因子的变化趋势和气候突变状况予以分析，其中年平均气温整体呈现显著上升趋势，气候倾向率为 0.56℃·(10a)⁻¹，且通过 α=0.01 的显著性水平，由 M-K 方法分析在 1986～2001 年间气温呈现波动上升但并不显著，而在 2001 年后气温上升显著，超过 α=0.05 的显著性水平临界线，根据 UF 和 UB 曲线的交点确定其突变年份为 2001 年；年降水量总体呈现不显著性增加趋势，其中 1989～1997 年降水量在波动中总体呈现出减少趋势，而在 1997 年后呈现波动增加趋势，但上述变化趋势均不显著，由 M-K 方法确定了降水突变年份为 1989 年和 2004 年；年蒸发量整体呈显著增大趋势，其气候倾向率达到 46.79mm·（10a）$^{-1}$，且通过 α =0.01 的显著性水平检验，M-K 方法分析在 2000 年后蒸发量增大趋势显著，其突变年份为 1998 年和 2000 年；平均风速整体呈现显著增大趋势，其气候倾向率达到了 0.15m·s^{-1}·（10a）$^{-1}$，且通过 α =0.01 的显著性水平检验，而由 M-K 方法分析 1998 年之前风速总体呈现减小趋势，在 1998 年后风速呈持续增大，并且在 2012 年后风速增大趋势显著，确定其突变年份为 2011 年；年平均地表温度整体呈现显著升高趋势，其气候倾向率达到 0.80℃·（10a）$^{-1}$，并通过 α =0.01 的显著性水平检验，而 M-K 方法进一步分析表明在 2001 年后地表温度升温显著，其突变年份为 2002 年；年最大冻土深度整体表现为逐步变浅趋势，其中 1986 ~ 2008 年呈现变浅趋势，其变化率为 –11.63cm·（10a）$^{-1}$，而在 2008 年后年最大冻土深度逐步加深，其变化率达到了 38.80cm·（10a）$^{-1}$，经 M-K 方法分析在 2005 ~ 2011 年下降趋势显著，而 2011 年后呈显著上升趋势，并确定其突变年份为 2002 年；平均相对湿度整体呈现显著下降趋势，其气候倾向率达到 –2.08%·（10a）$^{-1}$，并通过 α =0.01 的显著性水平，M-K 方法分析在 1986 ~ 2001 年呈现波动上升，而在 2001 年后呈持续下降趋势，并在 2009 年后下降趋势显著，确定突变年份为 2006 年；年积雪日数整体呈现下降趋势，其气候倾向率达到 –10.66d·（10a）$^{-1}$，且通过 α =0.01 的显著性水平，M-K 方法分析在 1986 ~ 1998 年呈波动增大，而 1998 年后持续减少，并在 2004 年后积雪日数减少趋势显著，确定了突变年份为 2002 年（图 5-13、5-14）。

5.4.7 湿地面积与各气候驱动因子的相关性

（1）相关性分析

将 1986 ~ 2017 年隆宝湿地的面积与气温、降水、相对湿度等 8 个气象要素的 3 年滑动平均数据进行相关性分析，考虑到隆宝湿地面积的演变往往是多种气象因素共同作用结果，并且气象要素间也存在相互影响。为准确判识各个气象要素与湿地演变的相关程度，在计算相关系数的同时也计算了偏相关系数，其中湿地面积与相对湿度、积雪日数、风速和地表温度具有极显著相关关系（通过 0.01 显著性水平），其相关系数和偏相关系数分别达到了 0.8 和 0.7 以上，与气温、最大冻土深度和降水量也达到了显著相关关系（通过 0.05 显著性水平），其相关系数和偏相关系数均达到 0.5 以上。而蒸发量与湿地面积间的偏相关系数仅为 0.4 左右，其相关关系并不显著。

（2）响应程度分析

对湿地退化过程中的气候驱动因素进行定量判识，在 8 种气象要素中选取与之存在显著相关关系的 7 个因素进行因子分析。首先，KMO 检测值为 0.74（KMO 值 ≥ 0.6），Bartlett 球度检验相伴概率为 0.00，低于显著性水平 0.05，因此适合进行因子分析，采用主成分分析方法提取主成分分量，并利用最大正交旋转法对因子载荷矩阵进行旋转以简化结构便于因子解释。利用主成分分析方法提取了三种主成分，其特征值分别为 4.6、1.0 和 0.6，选取特征值 ≥ 1 的前两个

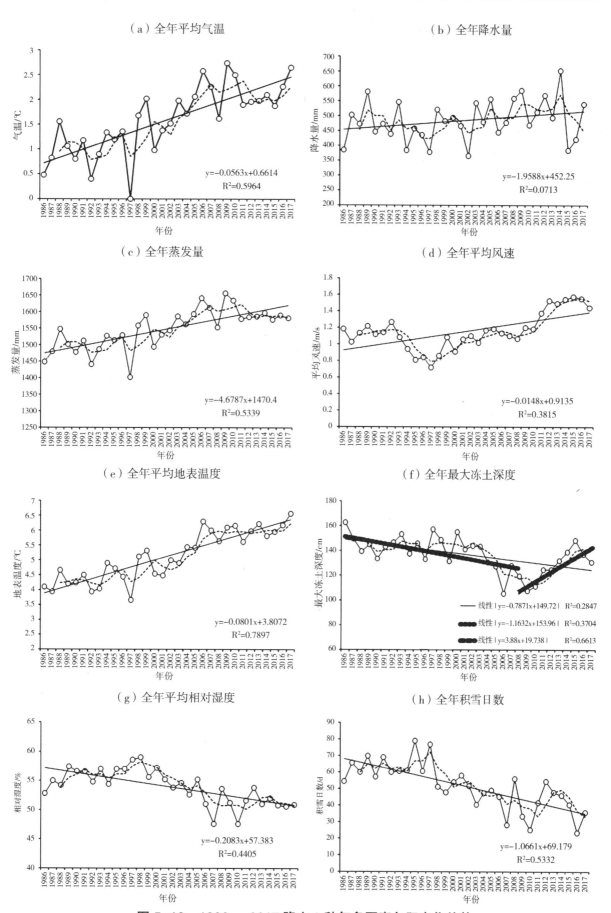

图 5-13 1986 ～ 2017 隆宝 8 种气象要素年际变化趋势

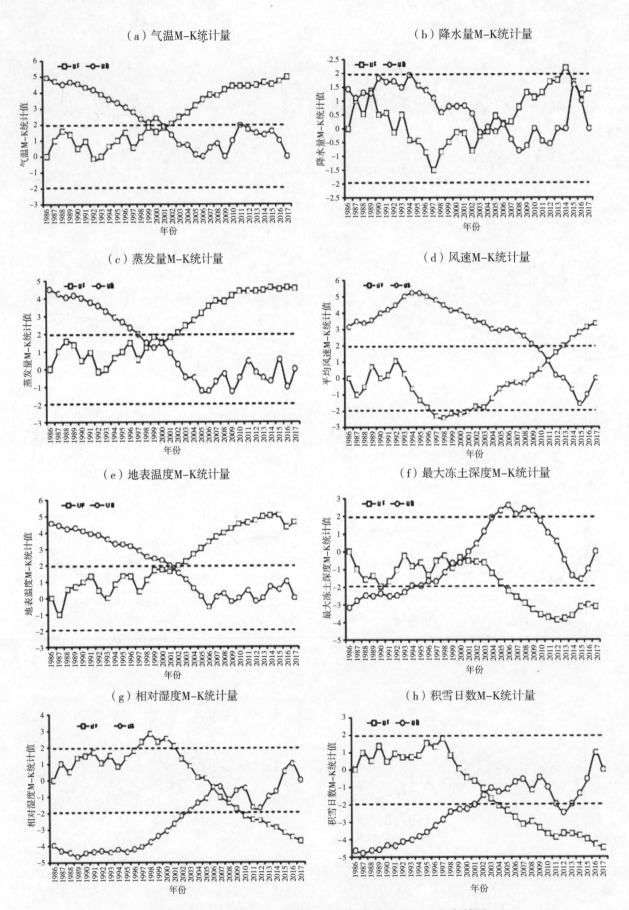

图 5-14　1986 ~ 2017 隆宝 8 种气象要素 M-K 突变检验

主成分分量，方差累计贡献率达到了 86.2%。在第一主成分中年平均地表温度、年平均气温和年最大冻土深度的载荷绝对值在 0.77 以上。综合可以看出第一主成分主要与环境热量有关。在第二主成分中年平均相对湿度、年积雪日数和年平均风速的载荷绝对值在 0.74 以上，主要与蒸发量和固态降水有关（表 5-12）。

表 5-12　1986 ～ 2017 隆宝 8 种气象要素 M–K 突变检验

原始变量	成　分		
	第一主成分	第二主成分	第三主成分
年平均气温	−0.79	0.52	0.21
年降水量	−0.17	0.08	0.98
年平均相对湿度	0.60	−0.76	0.08
年积雪日数	0.62	−0.74	−0.11
年平均地表温度	−0.77	0.55	0.22
年最大冻土深度	0.91	−0.20	−0.15
年平均风速	−0.22	0.93	0.13
方差贡献率 /%	74.34	86.22	94.1

（3）响应模型建立与检验

为进一步明确各个变量与湿地变化间的响应程度，利用提取的前两个主成分进行多元线性回归，其回归方程为：

$$Z_s = 0.546Z_1 - 0.721Z_2 \tag{6}$$

式中：Z_s 为标准化后的湿地面积；Z_1 和 Z_2 为第一、第二主成分，经检验 R 为 0.90，R^2 为 0.81，F=26.86，伴随概率值 $P < 0.001$，常数项近似为 0，表明自变量与因变量间存在显著线性回归关系且模型的拟合优度较好，将回归方程中的 Z_1 和 Z_2 主成分利用因子得分矩阵，同时根据因变量和自变量的标准化方程 $Y' =（Y-$ 均值）/ 标准差，$X' =（X-$ 均值）/ 标准差，将回归方程还原到原始各个气候变量，并将方程进一步展开为：

$$Y = 5.064 - 0.621X_1 + 0.006X_2 + 0.357X_3 + 0.061X_4 - 0.503X_5 + 0.010X_6 - 3.287X_7 \tag{7}$$

式中：Y 为遥感提取的湿地面积；X_1，X_2，X_3，X_4，X_5，X_6 和 X_7 分别代表年平均气温（单位：℃）、年降水量（单位：mm）、年平均相对湿度（单位：%）、年积雪日数（单位：d）、年平均地表温度（单位：℃）、年最大冻土深度（单位：cm）和年平均风速（单位：m·s⁻¹）。通过对回归方程分析可得，湿地面积变化响应程度由高到低依次为年平均风速、年平均气温、年平均地表温度和年平均相对湿度，其回归系数相对较大，并且根据方程可以看出湿地面积会随着气温和地表温度升高，风速加大以及相对湿度降低而萎缩，物理意义较为合理清晰。

将遥感提取的隆宝湿地面积作为真实值，经计算，模型预测值与真实值间相对误差在 0.00% ～ 8.84%，平均相对误差为 4.44%，绝对误差为 0.00 ～ 2.41km²，平均绝对误差为 1.02km²，均方根误差为 1.21，与响应模型预测的湿地面积 1 : 1 作图法进行验证发现，预测模型的相关系数达到 0.90，通过 0.001 水平显著检验，表明模型中各个气候因子对于模型贡献显著，且准确度较高。

利用长时间序列高分辨率影像资料，同时采用定量化的湿地提取技术获取了近 32 年隆宝湿地时空演变特征信息，并对气候变化与湿地演变的响应规律进行分析，得出主要结论如下：

①采用随机森林方法能准确提取湿地面积信息，近 32 年隆宝湿地面积在空间上东南部为明显的湿地消长变化区域，在时间上湿地面积总体呈退化趋势，并在 2002 年前后出现由增至减的转折点，保护区内地物类型变化程度不大，湿地类型主要与高寒草地间进行平稳的演替。

②近 32 年隆宝区域内气候特征表现为气温显著升高，而降水量增加趋势并不显著，风速、地表温度和蒸发量显著增加，相对湿度和积雪日数显著减少，最大冻土深度在年际波动中逐步变浅，在 2002 年后隆宝区域内气候将呈现明显的暖干化趋势。

③32 年隆宝湿地面积演变依次与风速、气温、地表温度和相对湿度的响应程度高。

该研究隆宝保护区内湿地面积在时间尺度上的变化趋势，与长江源区内 1990～2004 年湿地面积遥感监测结果相比，2000 年以前长江源区内湿地面积整体呈增长态势，而之后湿地面积开始退缩，隆宝湿地作为长江源区重要的湿地之一，该区域湿地面积在时间尺度的变化特征能与长江源区整体湿地演变特征保持较好的一致性。在空间尺度上隆宝湿地核心区域的东南部湿地范围变化相较于中西部更明显。一般认为，地形对湿地的形成具有重要作用，湿地植被分布及演变与地形因子间存在较好的响应程度，而隆宝湿地区域内海拔差异导致水分条件在空间上的不均，进而可能造成隆宝湿地演变特征在空间上的不一致性。目前，在青藏高原主体增温显著，而年总降水量呈不显著增加趋势，并且年总降水量在空间分布不均，东南多而西北少，高原整体风速减小，积雪深度和积雪日数缓慢下降，高原东部正在逐步变暖变干。燕云鹏等（2015）对长江源区 1975～2007 年气候特征研究指出 2000 年前长江源区呈现暖湿特征而在 2000 年后逐渐暖干化，该研究发现隆宝湿地气候变化特征与长江源区整体气候变化背景较为一致，并且自 2002 年以来隆宝湿地区域气候仍呈现暖干化趋势；前人研究多指出长江源区湿地退化的主要气候响应因子为蒸发量、降水量和气温，该研究对湿地面积消长与气候驱动因子进行相关性辨识，结果表明隆宝湿地演变与气温、风速、地表温度和相对湿度响应程度高。当前青藏高原气候变暖已不可避免地对湿地生态系统产生重大影响，而隆宝地区气温与湿地面积间存在极显著负相关关系这与燕云鹏等（2015）的研究结果保持一致。相对湿度和风速与湿地面积间也存在极显著相关关系，高寒湿地水分消耗的主要途径为蒸散发，风速加大以及相对湿度的降低，能够直接导致湿地环境蒸发量的加大，同时能够加剧湿地植物的蒸腾作用，进而导致湿地水分状况恶化引发湿地退化，该研究也间接证实蒸散状况的确是隆宝湿地演变重要的影响因子。在青藏高原冻土区之上广泛分布着高寒湿地，一般冻土层能够阻止地表水向地下渗透，致使活动层长期饱和从而形成湿地，在青藏高原冻土整体呈现退化背景下，近 32 年来隆宝地区冻土整体也表现出退化趋势，引发冻土退化原因较多，而玉树地区地表温度的升高是冻土退化的最大驱动力，该研究隆宝湿地面积与地表温度存在极显著负相关关系，与最大冻土深度呈显著正相关关系，因而可以推测 2002 年后隆宝湿地面积的消减可能与该地区地表温度的升高引发的冻土退化有关（图 5-15）。

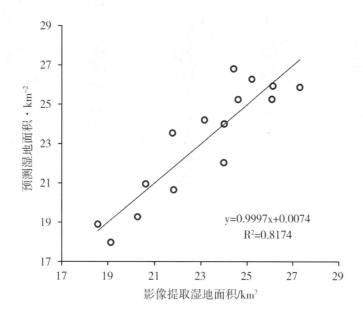

图 5-15　隆宝湿地面积与气候因子响应模型的精度检验

5.5　冻土保育技术对沼泽湿地地上生物量的影响

5.5.1　冻土保育技术对地上生物量的影响

（1）2018 年退化高寒湿地初始地上生物量

通过测量，我们获得 2018 年退化高寒沼泽湿地不同措施小区的初始地上生物量，统计发现，喷灌、禁牧、春季禁牧、喷灌 + 禁牧、喷灌 + 春季禁牧、对照的生物量分别为 298.8g·m^{-2}、253.3g·m^{-2}、266.9g·m^{-2}、285.2g·m^{-2}、277.3g·m^{-2} 和 257.6g·m^{-2}，各小区间的生物量无显著性差异（图 5-16）。

（2）2019 年不同恢复措施对地上生物量的影响研究

研究发现，通过一年的退化高寒沼泽湿地恢复处理后，喷灌、禁牧、春季禁牧、喷灌 + 禁牧、喷灌 + 春季禁牧和对照的生物量分别达到了为 520.8g·m^{-2}、520.4g·m^{-2}、524.8g·m^{-2}、602.2g·m^{-2}、601.9g·m^{-2} 和 436.3g·m^{-2}，五种处理措施处理下的生物量显著高于对照组（$P < 0.05$）。

与 2018 年相比，喷灌、禁牧、春季禁牧、喷灌 + 禁牧和喷灌 + 春季禁牧较 2018 年的增产率分别为 74.3%、105.4%、96.6%、111.1% 和 117.1%，2019 年各处理小区的生物量均显著高于 2018 年生物量（$P < 0.05$）（表 5-13）。

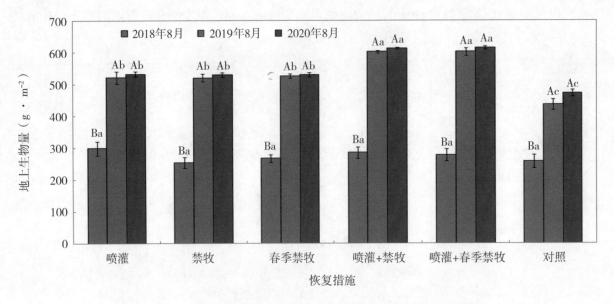

图 5-16　不同处理措施对高寒沼泽湿地植物地上生物量的影响

表 5-13　不同处理措施下高寒沼泽湿地植物地上生物量增长率

年份 / 比较项	退化高寒湿地修措施					
	喷灌	禁牧	春季禁牧	喷灌 + 禁牧	喷灌 + 春季禁牧	对照
2018	298.8	253.3	266.9	285.2	277.3	257.6
2019	520.8	520.4	524.8	602.2	601.9	436.3
2020	531.9	529.9	528.7	612.2	614.6	471.9
2019 年较 2018 年生物量增产率（%）	74.3	105.4	96.6	111.1	117.1	69.3
2020 年较 2018 年生物量增产率（%）	78.0	109.2	98.0	114.7	121.7	83.2

（3）2020 年不同恢复措施对地上生物量的影响研究

研究发现，经过两年的退化高寒沼泽湿地恢复处理后，喷灌、禁牧、春季禁牧、喷灌 + 禁牧、喷灌 + 春季禁牧和对照的生物量分别达到了为 531.9g·m^{-2}、529.9g·m^{-2}、528.7g·m^{-2}、612.2g·m^{-2}、614.6g·m^{-2} 和 471.9g·m^{-2}，五种恢复处理小区的生物量显著高于对照组（$P < 0.05$），其中，喷灌 + 春季禁牧的生物量最高，喷灌 + 禁牧次之。

与 2018 年相比，喷灌、禁牧、春季禁牧、喷灌 + 禁牧和喷灌 + 春季禁牧较 2018 年的增产率分别为 78.0%、109.2%、98.0%、114.7% 和 121.7%，2020 年各处理小区的生物量均显著高于 2018 年生物量（$P < 0.05$），由此看出，经过两年恢复处理，五种措施均能有效增加湿地地上植物生物量，其中喷灌 + 春季禁牧生物量增产率效果最佳，喷灌 + 禁牧次之。

（4）不同恢复措施对生长季各月地上生物量的影响

本研究连续测定了 2019 年 6 月、7 月和 8 月三个月的地上生物量。6 月，春季禁牧和喷灌 + 禁牧处理高寒沼泽湿地地上生物量分别为 335.3g·m^{-2} 和 341.9g·m^{-2}，显著高于对照组（$P < 0.05$），且较对照组分别增加了 15.2% 和 17.5%。7 月，喷灌、禁牧、春季禁牧、喷灌 + 禁牧和喷灌 +

春季禁牧 5 种处理地上生物量分别为 509.4g·m^{-2}、452.1g·m^{-2}、493.9g·m^{-2}、608.5g·m^{-2} 和 579.8g·m^{-2}，均显著高于对照组（$P < 0.05$），其中，喷灌＋禁牧处理地上生物量较对照增加幅度最大，为 96.5%，喷灌＋春季禁牧次之，为 87.3%。8 月，5 种恢复措施处理下的地上生物量均显著高于对照组（$P < 0.05$），其中喷灌＋禁牧和喷灌＋春季禁牧对地上生物量的增加效果最为明显，两处理下地上生物量分别为 602.2g·m^{-2} 和 601.9g·m^{-2}，较对照组分别增加了 38.0% 和 37.9%。

对比不同月份的地上生物量发现，除对照组外，其他各处理 7 月和 8 月地上生物量均显著高于 6 月（$P < 0.05$）；此外，禁牧和对照组 8 月地上生物量显著高于 7 月（$P < 0.05$），其他处理 7 月和 8 月地上生物量无显著性差异（$P > 0.05$）（图 5-17）。

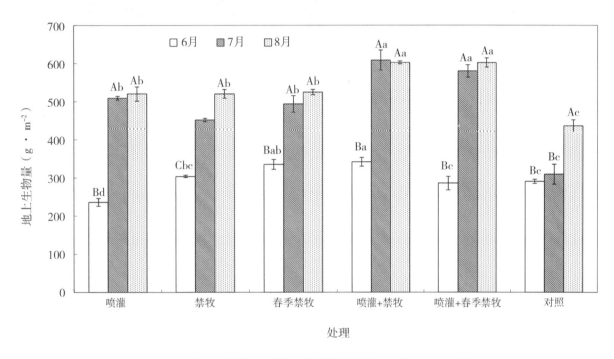

图 5-17　不同处理措施对退化高寒沼泽湿地植物生物量的影响

5.5.2　冻土保育技术对群落植物最大高度的影响

（1）2018 年退化高寒湿地初始植物群落最大高度

通过测量，获得 2018 年退化高寒沼泽湿地不同措施小区的初始地植物群落最大高度，统计发现，喷灌、禁牧、春季禁牧、喷灌＋禁牧、喷灌＋春季禁牧和对照的生物量分别为 22.0mm、22.3mm、23.0mm、21.3mm、19.7mm 和 20.0mm，各小区间的群落最大高度无显著性差异（$P > 0.05$）（图 5-18）。

（2）2019 年不同恢复措施对植物群落最大高度的影响研究

研究发现，通过一年的退化高寒沼泽湿地恢复处理后，喷灌、禁牧、春季禁牧、喷灌＋禁牧、喷灌＋春季禁牧和对照的植物群落最大高度分别达到了为 29.7mm、30.0mm、28.3mm、41.7mm、30.0mm 和 26.0mm，其中，喷灌＋禁牧处理小区的植物群落高度显著高于对照组（$P < 0.05$）。

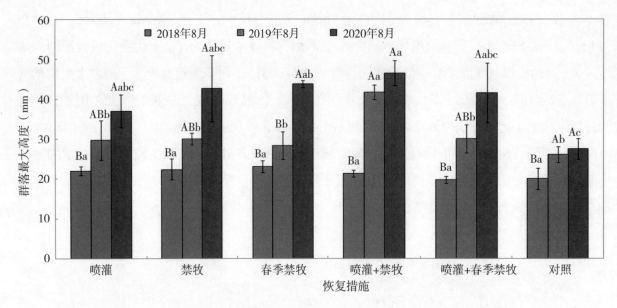

图 5-18　不同处理措施对退化高寒沼泽湿地植物群落最大高度的影响

与 2018 年相比，喷灌、禁牧、春季禁牧、喷灌＋禁牧和喷灌＋春季禁牧较 2018 年的植物群落高度分别增加了 34.8%、34.5%、23.2%、95.6% 和 52.3%，2019 年喷灌＋禁牧和喷灌＋春季禁牧两个处理小区的植物群落最大高度均显著高于 2018 年（$P < 0.05$），其余各处与 2018 年无显著性差异（$P > 0.05$）（表 5-14）。

表 5-14　不同处理措施下高寒沼泽湿地植物群落最大高度变化

年份 / 比较项	退化高寒湿地修措施					
	喷灌	禁牧	春季禁牧	喷灌＋禁牧	喷灌＋春季禁牧	对照
2018	22.0	22.3	23.0	21.3	19.7	20.0
2019	29.7	30.0	28.3	41.7	30.0	26.0
2020	37.0	42.7	43.7	46.5	41.5	27.5
2019 年较 2018 年群落最大高度变化（%）	34.8	34.5	23.2	95.6	52.3	30.0
2020 年较 2018 年群落最大高度变化（%）	68.2	91.5	90.0	118.3	110.7	37.5

（3）2020 年不同恢复措施对植物群落最大高度的影响研究

研究发现，通过两年的退化高寒沼泽湿地恢复处理后，喷灌、禁牧、春季禁牧、喷灌＋禁牧、喷灌＋春季禁牧和对照的植物群落最大高度分别达到了为 37.0mm、42.7mm、43.7mm、46.5mm、41.5mm 和 27.5mm，其中，春季禁牧和禁牧＋喷灌两个处理小区的植物群落高度显著高于对照组（$P < 0.05$）。

2020 年除对照组植物群落高度与 2018 年无显著差异外，其余五种处理小区的植物群落高度均显著高于 2018 年。与 2018 年相比，2020 年喷灌、禁牧、春季禁牧、喷灌＋禁牧和喷灌＋春季禁牧较 2018 年的植物群落高度分别增加了 68.2%、91.5%、90.0%、118.3% 和 110.7%（$P < 0.05$）。

5.5.3 冻土保育技术对植物群落盖度的影响

（1）不同恢复措施对杂类草相对盖度的影响

本研究测定了 2019 年（恢复措施 1 年后）8 月不同处理小区的杂类草和优势种植物的相对盖度（图 5.19）。分析发现不同处理植被群落杂草的相对盖度度可知，禁牧、春季禁牧和喷灌 + 禁牧 3 种处理杂类草植物的相对盖度分别为 12.8%、12.4% 和 9.5%，显著低于对照组的 24.3%（$P < 0.05$）。喷灌和喷灌 + 春季禁牧杂类草盖度分别为 19.2% 和 20.5%，低于对照组，但未达到显著性水平（$P > 0.05$），说明禁牧、春季禁牧和喷灌 + 禁牧能显著增加高寒沼泽湿地植物群落高度。

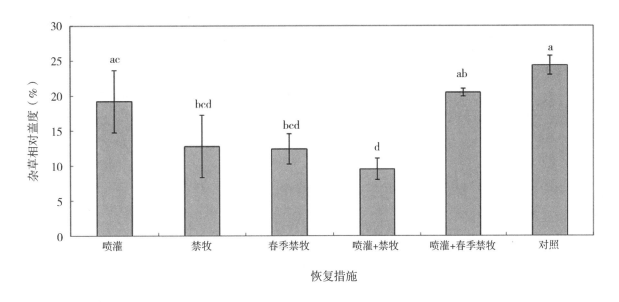

图 5-19　不同恢复处理对退化高寒沼泽湿地杂类草相对盖度的影响

（2）不同恢复措施对优势种植物相对盖度的影响

经过为期一年的退化高寒沼泽湿地恢复试验后发现，喷灌、喷灌 + 禁牧和喷灌 + 春季禁牧 3 种处理样地，出现了隆宝高寒沼泽湿地标志性水生植物水麦冬，水麦冬对于退化高寒沼泽湿地的修复具有指示性意义。此外，在禁牧、春季禁牧和喷灌 + 禁牧处理下，水麦冬和莎草在整个植物群落中的相对盖度分别达到 86.9%、87.4% 和 89.5%，显著高于对照组的 75.3%（$P < 0.05$）。由此可见，减少牲畜对退化高寒沼泽湿地的采食和践踏，有利于退化高寒沼泽湿地的植被修复（图 5-20）。

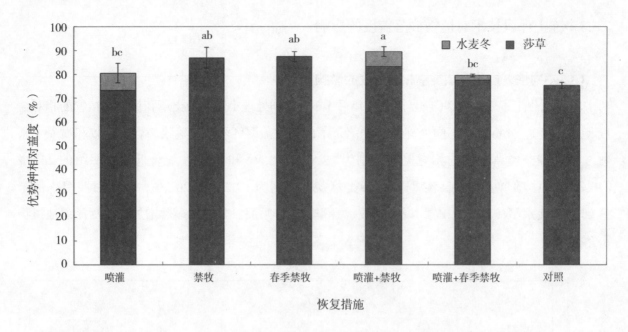

图 5-20　不同恢复处理对退化高寒沼泽湿地莎草和水麦冬相对盖度的影响

5.6　冻土保育技术对季节性冻土层厚度的影响

5.6.1　冻土保育技术对退化高寒沼泽湿地地表融化层厚度的影响

分析 2018 年 11 月 ~ 2021 年 1 月喷灌处理和对照处理地表融化层厚度值发现，当温度升高，冻土进入消融期，与对照组相比，喷灌能有效减缓表层冻土的融化速度，同一时期，喷灌处理冻土融化层明显小于对照组（图 5-21）。

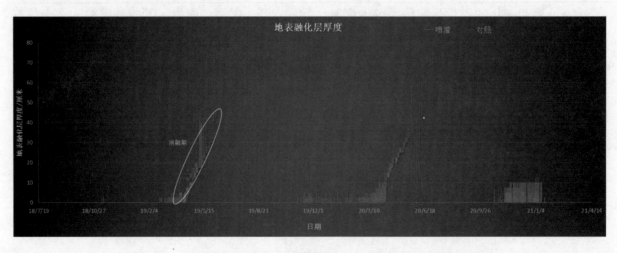

图 5-21　喷灌处理对退化高寒沼泽湿地地表融化层厚度的影响

一般认为，当土壤温度低于0℃时，土壤处于冻结，分析2018年11月～2021年1月喷灌处理和对照处理2.5cm土壤温度发现，喷灌处理2.5cm土壤温度明显低于对照组，且喷灌处理低于0℃的时间线明显长于对照组，即喷灌处理能有效降低表层土壤温度，延长表层土壤的冻结时间（图5-22）。

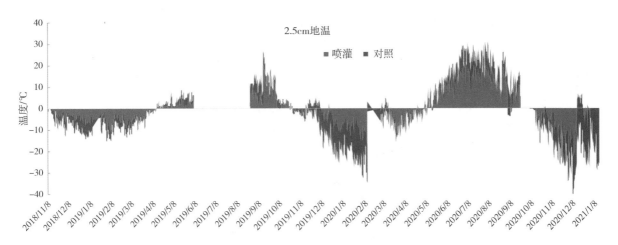

图5-22　喷灌处理对退化高寒沼泽湿地浅表层土壤温度的影响

5.6.2　冻土保育技术对退化高寒沼泽湿地季节冻土层深度的影响

分析2018年11月～2021年1月喷灌处理和对照处理季节冻土层深度发现，在冻土逐渐冻结过程中，喷灌处理的土壤下层冻土深度大于对照组，喷灌能有效加速下层土壤的冻结（图5-23）。

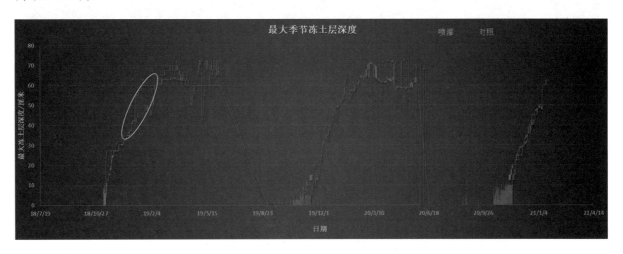

图5-23　喷灌处理对退化高寒沼泽湿地土壤下层冻结深度的影响

分析50cm土层土壤温度发现，喷灌处理50cm土壤温度小于0℃的时间线显著长于对照组，即喷灌处理50cm深度的土壤冻结时间显著长于对照组，即喷灌能有效延长下层土壤的冻结时间；当50cm土壤温度大于0℃时，喷灌处理能有效降低土壤温度，使深层土壤温度显著低于对照组，即当下层土壤处于融化状态时，喷灌能有效降低下层土壤温度的变化幅度（图 5-24）。

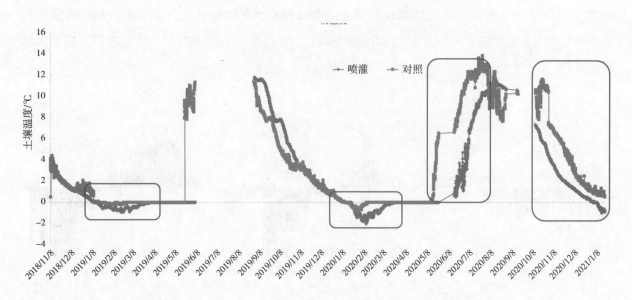

图 5-24　喷灌处理对退化高寒沼泽湿地 50cm 土壤温度的影响

5.6.3　冻土保育技术对退化高寒沼泽湿地季节冻土层厚度的影响

分析 2018 年 11 月 ~ 2021 年 1 月喷灌处理和对照处理季节冻土层厚度发现，在土壤冻结厚度逐渐增加阶段，喷灌处理的土壤冻结厚度较对照组大（图 5-25）。

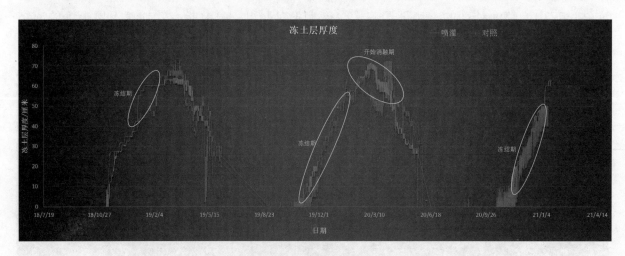

图 5-25　喷灌对退化高寒沼泽湿地土壤下层冻结深度的影响

5.6.4　冻土保育技术对季节性冻土层厚度的影响

高寒湿地是高寒地区野生生物的天堂，也是高寒地区水分循环的有机组成部分，为人类提供了许多无价的生态服务。然而，在人为和气候等多因素综合影响下，高寒湿地退化问题日益严峻。对于敏感且脆弱的高寒湿地而言，地表保持足够的水分是维持湿地存在的关键所在，水分平衡关系决定湿地的消长，水文特征的微小变化会导致湿地生态系统的变化。本研究通过减少或阻断家畜行为对退化高寒湿地的影响的同时，对表层土壤进行喷灌补水和降温处理，促进高寒沼泽湿地植被的近自然恢复，抑制和延缓活动层冻土上限的融化速度和深度，从而达到高寒沼泽湿地修复的效果。

本研究发现禁牧、春季禁牧和喷灌 + 禁牧都减小了或阻断了家畜对植物的采食，有利于高寒沼泽湿地植物群落高度的增加，提高优势种植物的相对盖度。喷灌不仅能补充地表水分，增加水分蒸散发，从而降低土壤表层温度，还能为植物生长提供所充足的水分，在有喷灌的样地，即在喷灌、喷灌 + 禁牧和喷灌 + 春季禁牧处理样地，均出现了高寒沼泽湿地的标志性湿生植物水麦冬，这对于退化高寒沼泽湿地修复具有积极的指示性意义。此外，五种恢复措施均能显著提高生物量最大季（7 月和 8 月）的地上生物量，有助于退化高寒沼泽湿地的自然修复。

冻土能有效阻止地表水的下渗，有利于形成湿地。季节性冻土的发展与变化直接影响土壤营养和植物的生长状况，如水分循环和碳氮元素的生物化学循环，及湿地植物的养分利用等。本研究利用喷灌技术，补充地表水分，增加地表水分蒸发，降低地表温度，从而抑制冻土层上限的加深。本研究结果表明，喷灌能增加土壤水分，降低表层土壤温度，有效的抑制和延缓了活动层冻土上限的加深，对退化高寒湿地恢复有一定作用。但是，由于喷灌技术同时增大了地表热容，对下层土壤有一定的保温作用，因此，在喷灌的水量控制方面还应多加以考虑。由于本试验为冻土保育型退化高寒湿地研究初探，故未考虑该方面的问题，在以后的研究中，需要结合恢复措施对深层冻土的影响研究，为退化高寒湿地提供科学依据。

5.7 人工补水高寒湿地恢复技术

5.7.1 目标区与对比区的选取

人工增雨作业区和对比区的选取主要按照试验区地形地貌、主要天气系统盛行的高空风风向以及水汽条件等因素进行。试验区两面高山耸峙，平行延伸，中间为沟谷地带，主导风向为偏西风。根据催化剂反映时间、水汽条件和动力特征等方面的因素影响，试验目标区主要为作业点下游 10 ~ 20km 范围内，因而，玉树隆宝地区主要作业点位置应布设在该区域的西部区域。

作业及影响区范围确定后，可根据以下原则选择对比区：①对比区通常选在作业影响区的上风方或侧风方，要求不受催化作业影响；②对比区的地形、面积与作业影响区大体相仿；③对比区和作业影响区受相同或相似天气系统影响；④对比区与作业影响区的降水量相关性较好。

根据上述的对比区选择原则，拟选取处于实验区上风方向、不受催化影响和面积相近的区域作为对比区（图 5-26）。

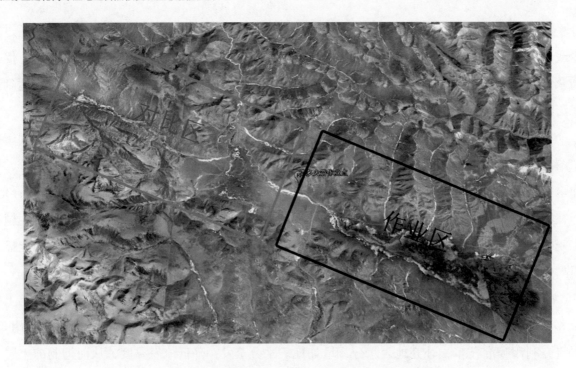

图 5-26　玉树隆宝试验区增雨作业区和对比区分布图

5.7.2　个例分析

（1）2018 年 8 月 1 日个例分析

a 天气背景分析

根据 2018 年 7 月 31 日 20 时高空分析图和降水预报情况（图 5-27），8 月 1 日受副高东退，玉树南部切变影响，玉树南部有明显降水，预计有中雨产生。

图 5-27　2018 年 7 月 31 日 20 时高空分析和降水预报

b 探空资料分析

从探空资料（图5-28）可以看出，此次天气过程云层多层云转变成为单层云，主要为冷云降水。云中相对湿度大，水汽含量高，存在饱和湿区。08时，0℃层位于5289m，云层基本位于0℃层之上，发展较为深厚，垂直方向上可达9000m。综合判断，具有较好的人工增雨作业条件。

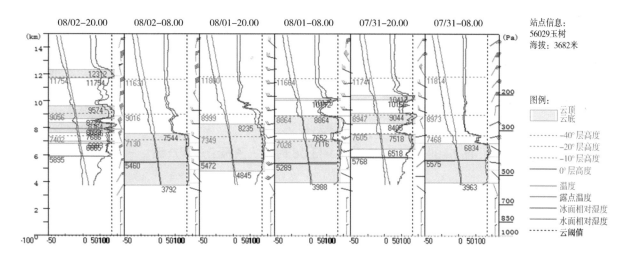

图 5-28　探空资料分析

c 云宏微观及垂直结构分析

根据2018年8月1日08时CPEFS模式预报云带可以看出，从09时到17时，我省玉树地区均有降水云系覆盖，具有较大的增雨潜力（图5-29）。

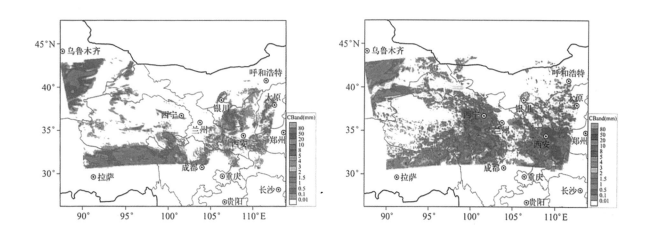

图 5-29　2018年8月1日08时模式预报云带产品

综合模式云宏观场7小时预报结果（图5-30）：8月1日15时，玉树有降水云系覆盖，雷达组合反射率达35dbz，云中含有较分散过冷水，该区域上空云系发展较为旺盛。

根据2018年8月1日08时模式7小时预报云微观及垂直结构结果（图5-31、5-32）：15时，

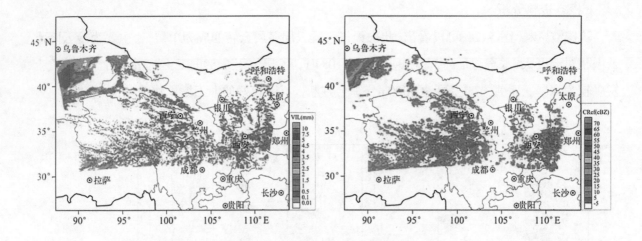

图 5-30   2018 年 8 月 1 日 08 时模式预报云宏观产品

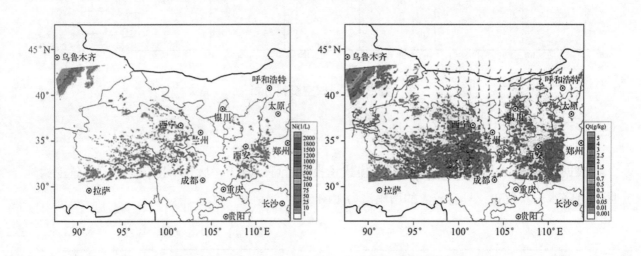

图 5-31   2018 年 8 月 1 日 08 时模式预报云微观产品

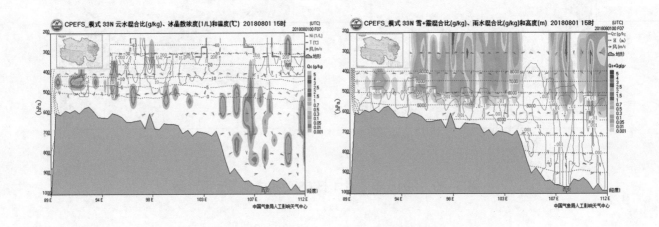

图 5-32   2018 年 8 月 1 日 08 时 33°N 剖面玉树云系垂直结构

左图：云水（填色阴影），冰晶（红色等值线），等温线（紫色等值线）

右图：雪＋霰（填色阴影），雨（红色等值线），等高线（紫色等值线）

玉树上空有发展较为旺盛的降水云系，过冷水主要位于 0 ~ 10℃ 层（6000 ~ 8000m），过冷水含量达 0.001g·kg^{-1}，冰晶数浓度小于 50 个·L^{-1}，地面水成物含量丰富，有一定的增雨潜力。0℃层和 –10℃ 层高度分别位于 6000m 和 8000m。

d 双偏振雷达探测资料分析

对扫描范围内的回波强度进行分段体积累积，将回波强度从 0 到 60dBZ 分为 12 段，从分段回波体积量看，回波强度所占体积量较高主要集中在 5 ~ 20dBz 段。作业前 25 ~ 35dBz 段回波体积量有减小趋势，随着 15∶21 人工增雨催化作业的进行，25 ~ 35dBz 段回波体积量又出现增加趋势。结合雷达组合反射率也可以看出，作业前雷达回波强度有减弱趋势，随着作业的进行，试验区内雷达回波又出现增强趋势。这说明随着人工增雨催化的进行，增强了云体的发展，延长了云体的生命期（图 5–33）。

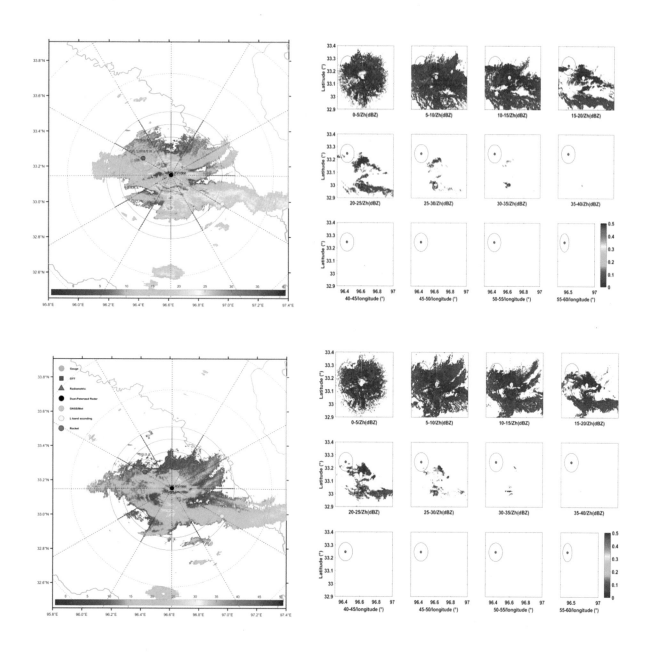

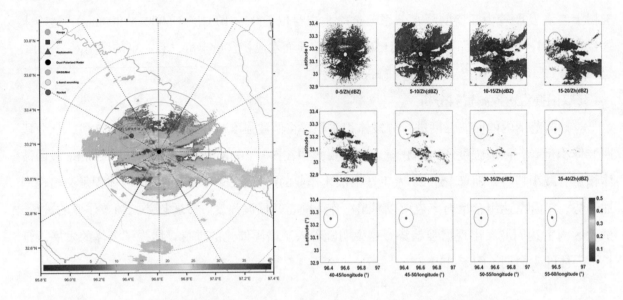

图 5-33　8 月 1 日 15：01、15：21 和 15：41 雷达资料分析

（2）2018 年 8 月 11 日个例分析

a. 天气背景分析

根据 2018 年 8 月 11 日 08 时高空分析图和降水预报情况（图 5-34），8 月 11 日受高空冷空气与低空切变共同影响，玉树大部将出现明显降水天气过程，预计有中雨产生。

图 5-34　2018 年 8 月 11 日 08 时高空分析和降水预报

b. 能量分析

根据模式中尺度分析：11 日 14 时，500hPa 玉树位于比湿 ≥ 6g·kg^{-1} 的高湿区中，700hPa 玉树大部位于比湿 ≥ 8g·kg^{-1} 的高湿区中，地面与高空水汽配合较好（图 5-35）。

c. 探空资料分析

从探空资料可以看出（图 5-36），此次天气过程云层多层云转变成为单层云，主要为冷云降水。云中相对湿度大，水汽含量高，存在饱和湿区。08 时，0℃层位于 5628m，云层基本位于 0℃层之上，发展较为深厚，垂直方向上可达 10000m。综合判断，具有较好的人工增雨作业条件。

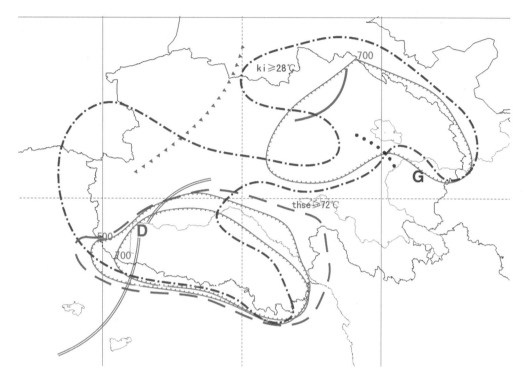

图 5-35　2018 年 8 月 11 日 14 时中尺度分析

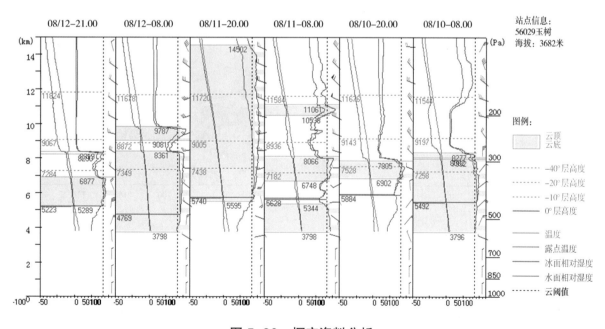

图 5-36　探空资料分析

d. 云宏微观及垂直结构分析

根据 2018 年 8 月 11 日 08 时 CPEFS 模式预报云带可以看出（图 5-37），从 18 时开始，玉树大部分地区有降水云系覆盖，随着云系的发展演变，该地区上空云系在一定时段内发展旺盛，云区局部过冷水较丰富，具有较大的增雨潜力。

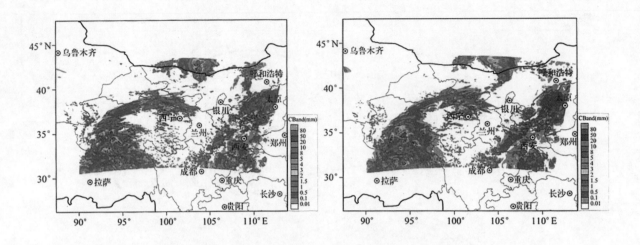

图 5-37　2018 年 8 月 11 日 08 时模式预报云带产品

综合模式云宏观场 10 小时预报结果（图 5-38）：8 月 11 日 18 时，玉树有降水云系覆盖，雷达组合反射率达 35dbz，云中含有较分散过冷水，该区域上空云系发展较为旺盛。

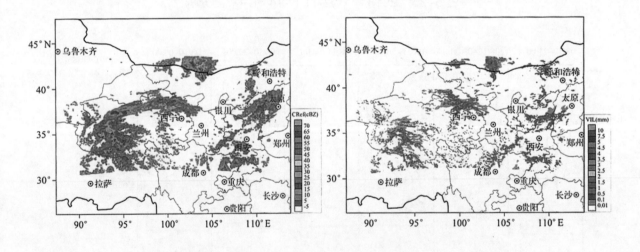

图 5-38　2018 年 8 月 11 日 08 时模式预报云宏观产品

根据 2018 年 8 月 11 日 08 时模式 10 小时预报云微观及垂直结构结果（图 5-39、5-40）：18 时，玉树上空有发展较为旺盛的冷云结构降水云系，过冷水主要位于 0 ~ 20℃层（6000 ~ 8700m），过冷水含量达 0.005g·kg^{-1}，冰晶数浓度小于 50 个·L^{-1}，云水配合较好，具有一定的增雨潜力。0℃层和 –10℃层高度分别位于 6000m 和 8000m。

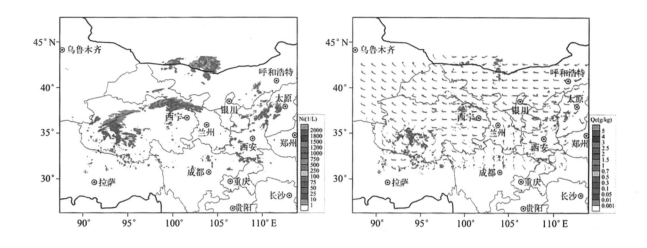

图 5-39　2018 年 8 月 11 日 08 时模式预报云微观产品

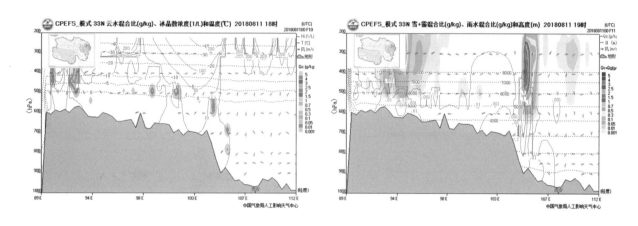

图 5-40　2018 年 8 月 11 日 08 时 33°N 剖面玉树云系垂直结构

左图：云水（填色阴影），冰晶（红色等值线），等温线（紫色等值线）

右图：雪 + 霰（填色阴影），雨（红色等值线），等高线（紫色等值线）

e. 双偏振雷达探测资料分析

对扫描范围内的回波强度进行分段体积累积，将回波强度从 0 ~ 60dBZ 分为 12 段，从分段回波体积量看，回波强度所占体积量较高主要集中在 5 ~ 20dBz 段。作业前整体回波体积量有减小趋势，随着 18：15 人工增雨催化作业的进行，作业点附近 5 ~ 20dBz 段回波体积量出现增加趋势。结合雷达组合反射率也可以看出，作业前雷达回波强度有减弱趋势，随着作业的进行，试验区内雷达回波又出现增强趋势。说明随着人工增雨催化的进行，增强了云体的发展，延长了云体的生命期（图 5-41）。

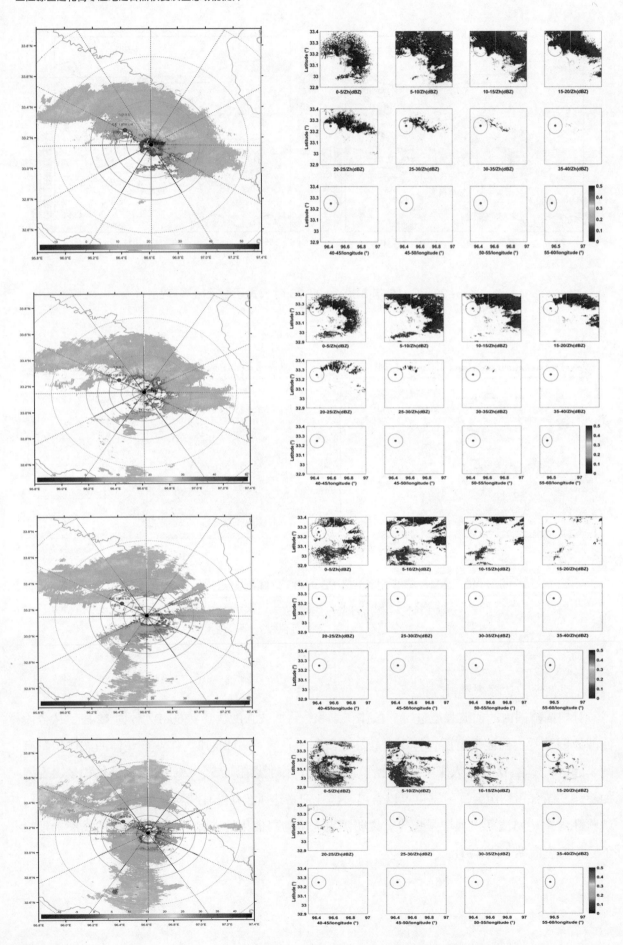

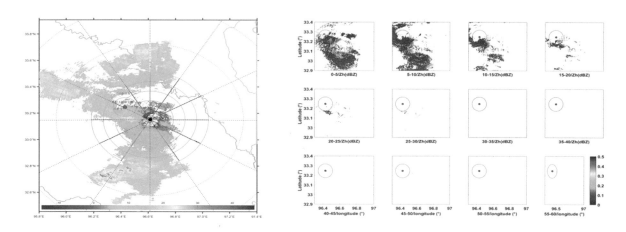

图 5-41　8 月 11 日 17：31、17：51、18：12、18：32 和 18：52 雷达资料分析

（3）8 月 18 日个例分析

a. 天气背景分析

根据 2019 年 8 月 18 日 20 时高空分析图和降水预报情况（图 5-42），8 月 18 日，玉树南部受低涡切变影响，玉树南部有明显降水，预计有小雨产生。

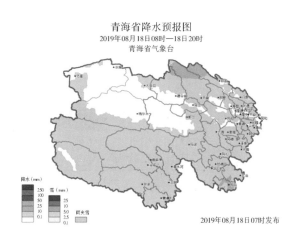

图 5-42　2019 年 8 月 17 日 20 时高空分析和降水预报

b. 探空资料与能量分析

从探空资料可以看出，此次天气过程主要为冷云降水，云中相对湿度大，水汽含量高，存在饱和湿区。08 时，0℃层位于 5754m，云层基本位于 0℃层之上，发展较为深厚，垂直方向上可达 10000m 以上。综合判断，具有较好的人工增雨作业条件。根据模式中尺度分析：18 日 14 时，500hPa 和 600hPa 玉树大部位于高湿区中，水汽条件较好（图 5-43）。

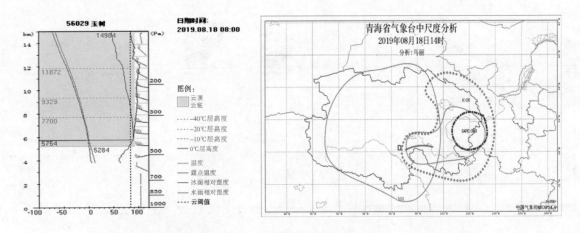

图 5-43　2019 年 8 月 18 日玉树 08 时探空与 14 时能量分析

c. 云宏微观及垂直结构分析

根据 2019 年 8 月 18 日 08 点 CPEFS 模式预报云带可以看出（图 5-44），从 10 点到 11 时，我省玉树地区均有降水云系覆盖，具有较大的增雨潜力。

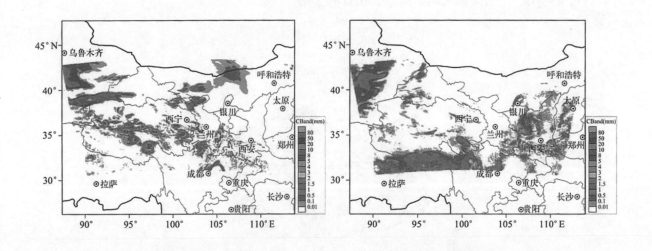

图 5-44　2019 年 8 月 18 日 08 时模式预报云带产品

综合模式云宏观场预报结果（图 5-45）：8 月 18 日 10 时，玉树有降水云系覆盖，雷达组合反射率达 40dbz，云中含有较分散过冷水，该区域上空云系发展较为旺盛。

根据 2019 年 8 月 18 日 08 时模式云微观及垂直结构结果（图 5-46、5-47）：10 时，玉树上空有发展较为旺盛的降水云系，过冷水主要位于 0 ~ 10℃层（6000 ~ 8000m），过冷水含量达 0.001g·kg⁻¹，冰晶数浓度小于 50 个·L⁻¹，地面水成物含量丰富，有一定的增雨潜力。0℃层和 -10℃层高度分别位于 6000m 和 8000m。

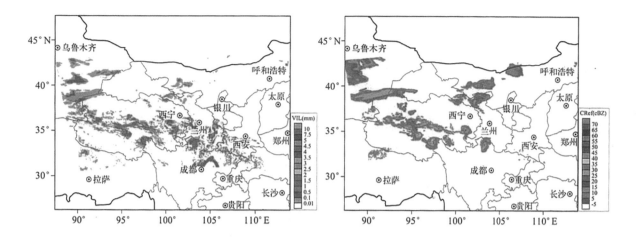

图 5-45　2019 年 8 月 18 日 08 时模式预报云宏观产品

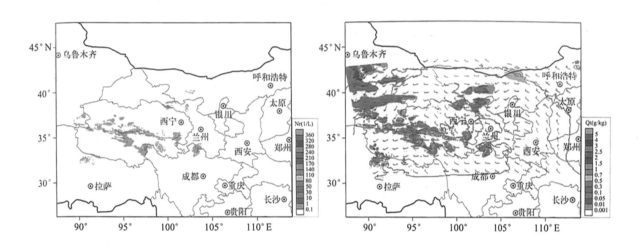

图 5-46　2019 年 8 月 18 日 08 时模式预报云微观产品

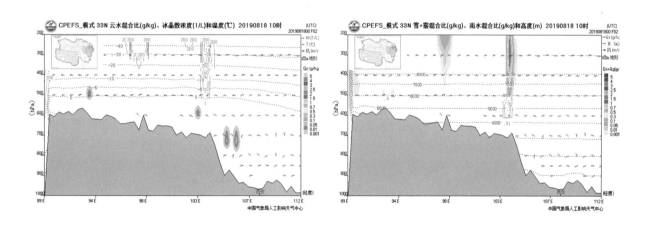

图 5-47　2019 年 8 月 18 日 08 时 33°N 剖面玉树云系垂直结构

左图：云水（填色阴影），冰晶（红色等值线），等温线（紫色等值线）

右图：雪＋霰（填色阴影），雨（红色等值线），等高线（紫色等值线）

（4）8月21日个例分析

a. 天气背景分析

根据2019年8月20日20时高空分析图和降水预报情况（图5-48），8月21日受低涡切变影响，玉树大部将出现明显降水天气过程，预计有小雨产生。

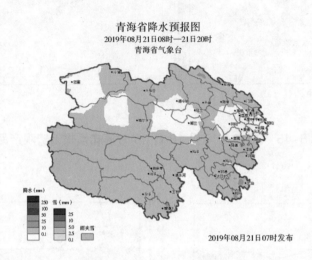

图 5-48　2019 年 8 月 20 日 08 时高空分析和降水预报

b. 能量分析

根据模式中尺度分析：21日14时，500hPa玉树大部水汽条件较好；600hPa玉树处于高湿区，地面与高空水汽配合较好（图5-49）。

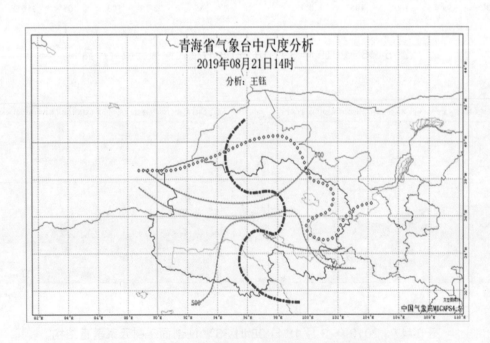

图 5-49　2019 年 8 月 21 日玉树 14 时能量分析

c. 云宏微观及垂直结构分析

根据 2019 年 8 月 21 日 08 点 CPEFS 模式预报云带可以看出（图 5-50），从 12 点开始，玉树大部分地区有降水云系覆盖，随着云系的发展演变，该地区上空云系在一定时段内发展旺盛，云区局部过冷水较丰富，具有较大的增雨潜力。

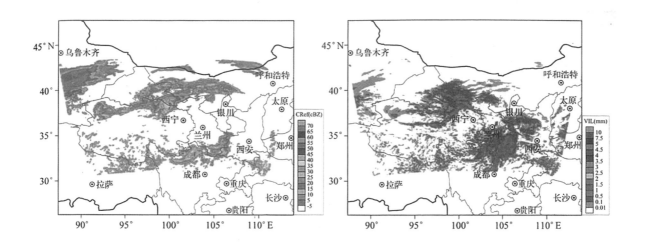

图 5-50　2019 年 8 月 21 日 08 时模式预报云宏观产品

综合模式云宏观场预报结果（图 5-51）：8 月 21 日 12 时，玉树有降水云系覆盖，雷达组合反射率达 40dbz，云中含有较分散过冷水，该区域上空云系发展较为旺盛。

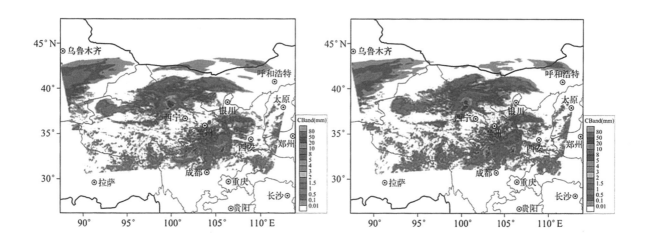

图 5-51　2019 年 8 月 21 日 08 时模式预报云带产品

根据 2019 年 8 月 21 日 08 时模式预报云微观及垂直结构结果（图 5-52、5-53）：12 时，玉树上空有发展较为旺盛的冷云结构降水云系，过冷水主要位于 0 ～ 20℃层（6000 ～ 8700m），过冷水含量达 0.3g·kg⁻¹，冰晶数浓度小于 50 个·L⁻¹，水汽条件较好，具有一定的增雨潜力。0℃层和 –10℃层高度分别位于 6000m 和 7800m。

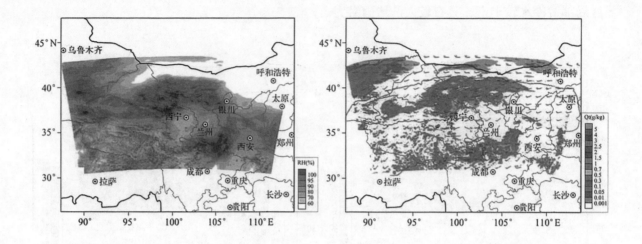

图 5-52 2019 年 8 月 21 日 08 时模式预报云微观产品

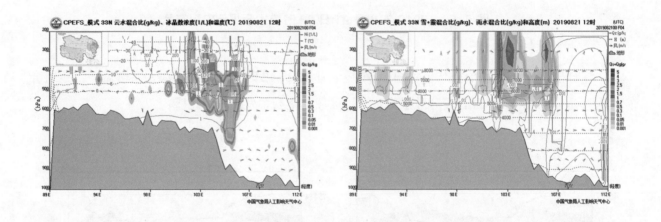

图 5-53 2019 年 8 月 21 日 08 时 33° N 剖面玉树云系垂直结构

左图：云水（填色阴影），冰晶（红色等值线），等温线（紫色等值线）

右图：雪＋霰（填色阴影），雨（红色等值线），等高线（紫色等值线）

（5）9 月 3 日个例分析

a. 天气背景分析

根据 2019 年 9 月 2 日 20 时高空分析图和降水预报情况（图 5-54），9 月 3 日受低涡切变影响，玉树大部将出现明显降水天气过程，预计有小到中雨产生。

b. 探空资料及能量分析

从探空资料（图 5-55）可以看出，此次天气过程云层较厚，且主要为冷云降水。云中相对湿度大，水汽含量高，存在饱和湿区。08 时，0℃层位于 5317m，云层基本位于 0℃层之上，发展较为深厚，垂直方向上可达 9752m。综合判断，具有较好的人工增雨作业条件。根据模式中尺度分析：9 月 3 日 14 时，500hPa 玉树大部处于高湿区；600hPa 玉树南部水汽条件较好，地面与高空水汽配合较好。

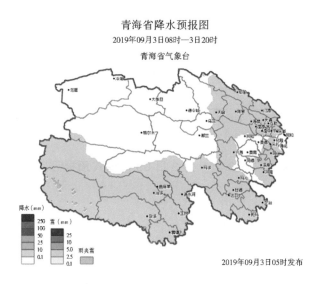

图 5-54　2019 年 9 月 2 日 20 时高空分析和降水预报

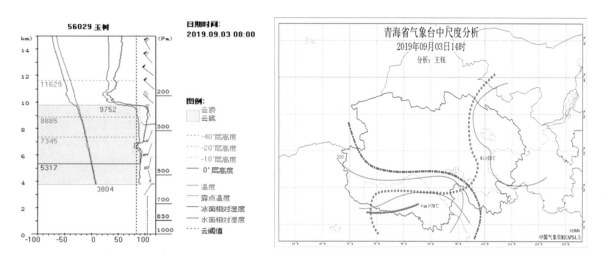

图 5-55　2019 年 9 月 3 日玉树 08 时探空与 14 时能量分析

c. 云宏微观及垂直结构分析

根据 2019 年 9 月 3 日 08 时 CPEFS 模式预报云带可以看出（图 5-56），从 11 时开始，玉树大部分地区有降水云系覆盖，随着云系的发展演变，该地区上空云系在一定时段内发展旺盛，云区局部过冷水较丰富，具有较大的增雨潜力。

综合模式云宏观场预报结果（图 5-57）：9 月 3 日 11 时，玉树有降水云系覆盖，雷达组合反射率达 35dbz，云中含有较分散过冷水，该区域上空云系发展较为旺盛。

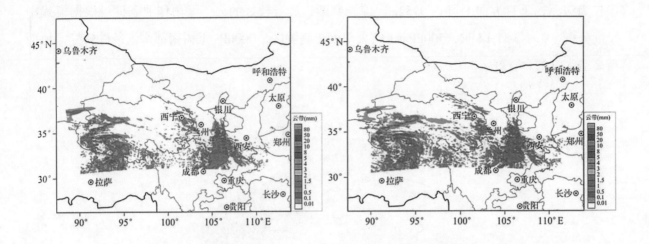

图 5-56　2019 年 9 月 3 日 08 时模式预报云带产品

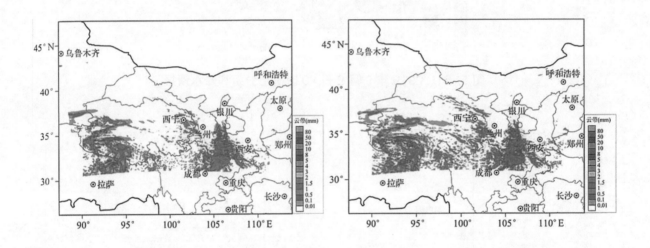

图 5-57　2019 年 9 月 3 日 08 时模式预报云宏观产品

根据 2019 年 9 月 3 日 08 时模式预报云微观及垂直结构结果（图 5-58、5-59）：11 时，玉树上空有发展较为旺盛的冷云结构降水云系，过冷水主要位于 0～15℃层（5000～8000m），过冷水含量达 0.005g·kg^{-1}，冰晶数浓度小于 50 个·L^{-1}，云水配合较好，具有一定的增雨潜力。0℃层和 -10℃层高度分别位于 5000m 和 7500m。

5.7.3　统计检验分析结果

根据前期试验设计中作业点及雨量站点的布设，作业点主要位于试验区的东部，对比区位于作业上风方向，即试验区西部。收集布设于作业区和对比区的雨量观测点逐 3 小时的降水量数据用于效果分析（表 5-15、5-16、5-17、5-18）。

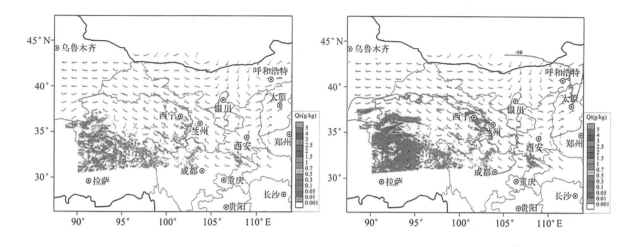

图 5-58　2019 年 9 月 3 日 08 时模式预报云微观产品

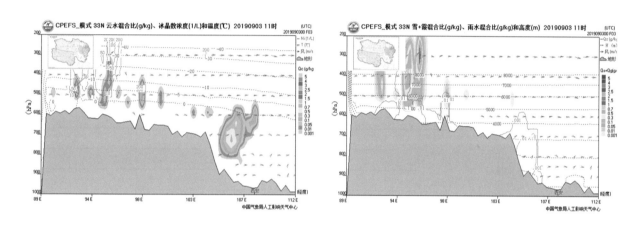

图 5-59　2019 年 9 月 3 日 08 时 33°N 剖面玉树云系垂直结构

左图：云水（填色阴影），冰晶（红色等值线），等温线（紫色等值线）

右图：雪 + 霰（填色阴影），雨（红色等值线），等高线（紫色等值线）

表 5-15　2018 年作业过程对应作业影响区和对比区的累积 3 小时降水量

日期	作业影响区（mm）	对比区（mm）
8 月 1 日	2.3	0
	0.3	0
	0.2	0
	0.2	0.4
平均降水量	0.8	0.1
8 月 11 日	7.1	2.0
	0.6	0.8
	2.2	0.6
	1.8	2.6
平均降水量	2.9	1.5

表 5-16　2018 年对比样本对应作业影响区和对比区的逐 3 小时降水量

日期	作业影响区逐 3 小时降水量（未作业）（mm）	对比区逐 3 小时降水量（mm）
7 月 22 日	2.80	3.20
8 月 5 日	3.01	0.23
8 月 12 日	0.75	0.10
平均降水量	2.2	1.2

表 5-17　作业过程对应作业影响区和对比区的累积 3 小时降水量

日期	作业影响区 3 小时降水量（mm）	对比区 3 小时降水量（mm）
8 月 18 日	0.2	0
	0.7	0
	0.7	0.4
	0.2	0
平均降水量	0.5	0.1
8 月 21 日	0.1	0
	0.5	0
	0	0
	0.1	0.4
平均降水量	0.2	0.1
9 月 3 日	0.1	0
	0.9	0.2
	0	0
	0.1	0
平均降水量	0.3	0.1

表 5-18　对比样本对应作业影响区和对比区的累积 3 小时降水量

日期	作业影响区逐 3 小时降水量（未作业）（mm）	对比区逐 3 小时降水量（mm）
8 月 7 日	0.55	0.20
9 月 9 日	0.45	0.15
平均降水量	0.5	0.2

采用双比分析方法，对 2018 年 2 次过程的整体作业效果进行统计分析，作业期影响区平均逐 3 小时降水量：1.85mm，对比区平均逐 3 小时降水量：0.80mm；未作业期影响区平均逐 3 小时降水量：2.22mm，对比区平均逐 3 小时降水量：1.18mm；代入公式计算：

相对增雨率

$$R_{DR} = \left(\frac{1.85 / 0.80}{2.22 / 1.18} - 1 \right) \times 100\% = 22.8\%$$

绝对增雨量

$$O_{DR} = 1.85 \times \left(\frac{0.23}{1 + 0.23} \right) = 0.35 \text{ mm}$$

综上，隆宝试验区 2 次增雨作业过程的平均作业效果为每 3 小时增加降水量 0.35mm，相对降水量增加 22.8%，作业效果较明显。

采用双比分析方法，对 2019 年 3 次过程的整体作业效果进行统计分析，作业期影响区平均 3 小时降水量：0.30mm，对比区平均 3 小时降水量：0.08mm；未作业期影响区平均 3 小时降水量：0.50mm，对比区平均 3 小时降水量：0.18mm；代入公式计算：

相对增雨率

$$R_{DR} = \left(\frac{0.30 / 0.08}{0.50 / 0.18} - 1 \right) \times 100\% = 34.9\%$$

绝对增雨量

$$O_{DR} = 0.30 \times \left(\frac{0.35}{1 + 0.35} \right) = 0.08 mm$$

综上，隆宝试验区 3 次增雨作业过程的平均作业效果为 3 小时增加降水量 0.08mm，相对增加降水量 34.9%，作业效果较明显。但由于样本数量有限，未能进行显著性检验。

5.8 结论

（1）禁牧、春季禁牧、喷灌＋禁牧有利于高寒沼泽湿地植物群落高度的增加，提高优势种植物的相对盖度；有喷灌补水的处理，即喷灌、喷灌＋禁牧和喷灌＋春季禁牧有利于原生植物的恢复。喷灌能有效减缓表层冻土的融化速度，降低表层土壤温度，延长表层土壤的冻结时间，降低下层土壤温度的变化幅度，对退化高寒湿地冻土保护有一定作用。

（2）利用双比分析方法对逐 3 小时降水量的统计分析，2018 年 2 次增雨作业过程的平均作业效果为每 3 小时增加降水量 0.35mm，相对增加降水量 22.8%。2019 年 3 次增雨作业过程的平均作业效果为每 3 小时增加降水量 0.8mm，相对增加降水量 34.9%。主要利用 X 双偏振雷达观测资料，对扫描范围内的回波强度从 0 到 60dBZ 分为 12 段，并通过分析作业前后各段回波的体积累积量和组合反射率变化情况，发现通过人工增雨催化后，试验区内雷达云体积有所增加，雷达回波增强，说明随着人工增雨催化的进行，在一定程度上有利于云体的发展和生命期的延长。

6 三江源区退化高寒湿地恢复技术体系构建与示范推广

6.1 技术体系构建方案

利用遥感等资料对三江源区高寒湿地进行退化原因判识，然后针对退化原因选择典型示范点，组装配套本课题研发的各项修复技术，并示范推广，评价综合效果，最后总结提出三江源退化高寒湿地恢复技术体系和管理技术体系（图6-1）。

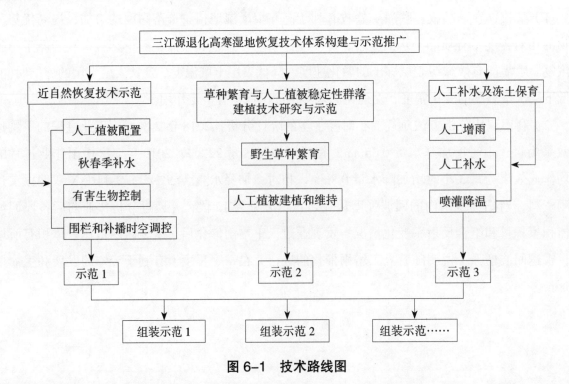

图 6-1 技术路线图

6.1.1　三江源区高寒湿地退化原因判识

应用遥感技术，气象资料（降雨量、蒸发量），载畜量调查（通过统计年鉴和牧户调查获得）和实地调查方法，研究三江源区湿地退化面积，退化程度（植被、土壤和水）；研究区内湿地植被、土壤和水分变化与气候因子和载畜量的关系（当年气候因子的影响及气候因子的滞后效应）；区分气候变化和人类干扰对湿地的不同影响；将湿地退化原因区分判定为干旱、过度放牧和干旱 – 过度放牧 3 种类型。

6.1.2　修复技术组装和示范点选择

针对 3 种类型退化原因判识，对前 4 个专题研发的恢复技术（退化高寒湿地近自然植被恢复技术、退化高寒湿地人工植被建植技术和退化高寒湿地人工补水和冻土保育技术等）进行组装，形成以下 3 种类型的技术组合，进行示范推广。

类型 1：增雨主导型。

适用于由于气候变化引起的轻度退化湿地的恢复。此类湿地原生植被保留较好，放牧压力不大。

相应技术组合：灭鼠、设置围栏禁牧、适当补播、每年 5 ~ 9 月进行人工增雨，每月增雨 1 ~ 2 次。

示范地区：玉树县（隆宝）。

示范推广面积：200hm²。

类型 2：禁牧主导型。

适用于由于过度放牧引起的轻度、中度退化湿地的恢复。此类湿地所在区域自然降雨相对充足，但放牧压力较大。

相应技术组合：灭鼠、设置围栏禁牧、补播和相应的田间管理、安排喷灌设施，人工春、秋季补水若干次。

示范地区：玛沁县。

类型 3：增雨 – 禁牧混合型。

适用于由于过度放牧和气候变化共同引起的重度退化湿地。此类湿地所在区域自然降雨量少，原生植被破坏较严重，且放牧压力较大。

相应技术组合：灭鼠、设置围栏禁牧、补播和相应的田间管理、每年 4 ~ 10 月进行人工增雨，每月增雨 3 次。

示范地区：玛多县。

示范推广面积：140hm²。

6.1.3　示范样地退化高寒湿地恢复过程监测与恢复效果评价

示范地建立以后，监测各示范样地年际间气候因子变化特征。测定示范样地年际间不同恢复措施的效果，以生态功能为主，生产功能为辅，运用层次分析法和熵权法等分析方法评估不同示范地的恢复效果。

监测内容如下：

气候因子和水文状况监测：

气温，降水，蒸发，径流，土壤水分，土壤冻结日数等。

生态系统功能监测：

生态功能：重点监测冻土厚度；水源涵养；碳固持；植被覆盖度，生物多样性，群落稳定性、土壤养分、水分、酶活性等。

生产功能：植物地上生产力和家畜可食用牧草比例。

6.1.4　三江源区退化高寒湿地恢复技术体系和管理技术体系的建立

总结不同恢复技术适宜性分区方法和相应示范推广技术规程，形成三江源区高寒湿地恢复技术体系和管理技术体系，提出咨询决策建议（三江源区退化高寒湿地恢复技术体系构建示意图和思路图如图 6-2、6-3）。

对课题内 4 个专题研发的恢复技术（退化高寒湿地近自然植被恢复技术、退化高寒湿地人工植被建植技术和退化高寒湿地人工补水和冻土保育技术等）进行组装，形成以下 3 种类型的技术组合，进行示范推广。类型 1：增雨主导型。适用于由于气候变化引起的轻度退化湿地的恢复。此类湿地原生植被保留较好，放牧压力不大。相应技术组合：灭鼠、设置围栏禁牧、适当补播、每年 5 ~ 9 月进行人工增雨，每月增雨 1 ~ 2 次。示范地区：玉树市（隆宝镇）。示范推广面积：

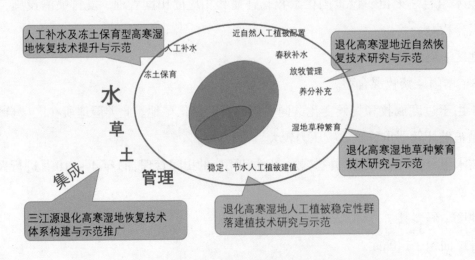

图 6-2　三江源区退化高寒湿地恢复技术体系构建示意图

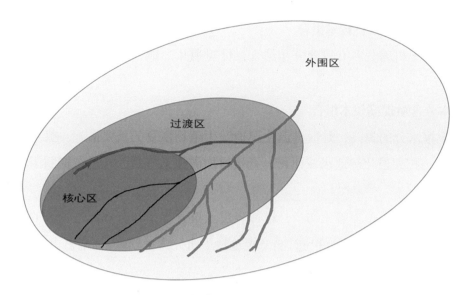

图 6-3　三江源区退化高寒湿地恢复技术体系构建思路图

（遏制外围的退化，保护湿地核心区域，进而扩大湿地核心区面积）

200hm^2。类型 2：禁牧主导型。适用于由于过度放牧引起的轻度、中度退化湿地的恢复。此类湿地所在区域自然降雨相对充足，但放牧压较大。相应技术组合：灭鼠、设置围栏禁牧、补播和相应的田间管理、安排喷灌设施，人工春、秋季补水若干次。示范地区：玛沁县。类型 3：增雨 - 禁牧混合型。适用于由于过度放牧和气候变化共同引起的重度退化湿地。此类湿地所在区域自然降雨量少，原生植被破坏较严重，且放牧压力较大。相应技术组合：灭鼠、设置围栏禁牧、补播和相应的田间管理、每年 4 ~ 10 月进行人工增雨，每月增雨 3 次。示范地区：玛多县。示范推广面积：140hm^2。

6.1.5　退化湿地恢复技术组合

玛多退化湿地示范区地区黄河源区，以放牧和干旱，水源减少为主要因子引发湿地整体退化。玉树隆宝放牧和鼠害，植被破坏为主要影子引发的湿地植被和土壤退化。

（1）因地制宜选择合适技术组合

玛多退化湿地示范区采用多种措施，退化湿地划区开展保护和恢复工作。玉树隆宝退化湿地示范采取直接的封育和人工增雨促进退化湿地植被恢复。

（2）动物因子防除组合

通过围栏封育去除家畜和野生动物采食，同时人工控制局部鼠害发生程度。

（3）植物补播物种选择组合

植物选择以本地区乡土多年生草种为主，一年生草种作为辅助。长寿命草种和中长寿命草种相结合。早期快速建植草种和中晚期建植草种相结合。高禾草和中低禾草相结合。须根型和根茎型草种相结合。耐盐碱草种的局部种植。

（4）土壤养分和质地改良技术组合

土壤养分添加无机养分和有机养分相结合，针对退化湿地外围不同退化程度进行养分添加和土壤质地改良。

（5）土壤水分含量提高技术组合

退化湿地土壤水分的提高，是促进退化湿地湿生植物恢复的重要措施。拦水坎建设，有效利用湿地水资源，扩大退化湿地水域面积，直接增加周边土壤水分含量，抑制了湿地莎草科植物的退化。

植物种植过程中，通过覆盖无纺布，增加表层土壤含水量，有效促进种子的萌发，是高寒湿地通过种子进行植被恢复的重要措施，高寒湿地地下水分含量较高，而地表由于强辐射和大风，蒸发量高，地表反而水分含量低。

人工增雨措施，可以有效提高湿地土壤含水量，对轻度的湿地植被退化，通过大规模的应用效果显著。

6.2 实施概况

2017年初，确定玛多县和隆宝滩具体的实施退化湿地样点（图6-4、6-5）。同时进行退化湿地的本地土壤和植被调查。玛多县示范点进行围栏封育，开始退化湿地的近自然恢复过程。

2018年初对退化湿地范围内的极度干旱区进行鼠害防止工作，退化湿地的鼠害的大量发生出现在退化湿地的核心水域的外围干旱区，此区域植被稀疏、低矮，土壤被大量鼠洞的干扰质地疏松，总体鼠害发生区仅占退化湿地的极少部分。2018年4月底课题对本专题具体的恢复措施进行再次研讨，确定了2018年度退化湿地恢复的实施方案。2018年5月底和6月初完成了玛多县退化湿地的补播、施肥、覆膜和拦水坎建设工作。

2018年同时确定了技术集成示范点，玉树隆宝滩湿地退化主要原因是家畜的采食和高强度践踏导致，这也是引起湿地退化的主要人为因子。在沼泽湿地两侧沿着水流方向，依次设置了放牧区，短期封育区和长期封区，依次

图6-4　玛多退化湿地恢复技术集成示范点

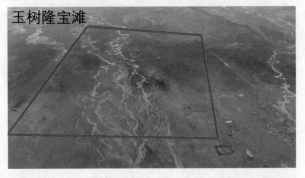

图6-5　玉树隆宝滩退化湿地技术集成示范点

为图中的 1、2 和 3 区。同时，结合人工增雨作业，推动退化湿地恢复进程。

6.3 退化湿地养分添加恢复效果监测

6.3.1 河流湿地退化过程及养分添加

（1）植被特征

河流湿地退化过程中植被特征结果显示（表 6-1、6-2），随着河流湿地的退化，整体上其植被盖度、地上生物量和地下生物量不断降低，并存在显著性差异（$P < 0.05$）。在 2019 年时，河流湿地退化中后期（中度退化湿地、重度退化湿地、极度退化湿地）植被盖度要低于 2018 年河流湿地退化中后期的植被盖度，但其地上生物量和地下生物量与 2018 年相比有所增加。

表 6-1 2018 年河流湿地不同退化阶段植被群落特征

退化梯度	盖度（%）	地上生物量（$g \cdot m^{-2}$）	地下生物量（$g \cdot m^{-2}$）
未退化湿地	88 ± 4.04a	529 ± 10.07a	297 ± 9.62a
轻度退化湿地	80 ± 0.37b	118 ± 2.68b	238 ± 7.51b
中度退化湿地	65 ± 3.21c	100 ± 1.98b	200 ± 10.00c
重度退化湿地	35 ± 0.49d	25 ± 0.80d	237 ± 2.60b
极度退化湿地	20 ± 0.82e	86 ± 1.80c	26 ± 2.00d

表 6-2 2019 年河流湿地不同退化阶段植被群落特征

退化梯度	盖度（%）	地上生物量（$g \cdot m^{-2}$）	地下生物量（$g \cdot m^{-2}$）
未退化湿地	—	—	—
轻度退化湿地	88 ± 0.58a	400 ± 10.00b	231 ± 6.77a
中度退化湿地	40 ± 1.53b	111 ± 6.11c	221 ± 14.87a
重度退化湿地	20 ± 1.00c	35 ± 1.01e	268 ± 68.64a
极度退化湿地	15 ± 1.53d	83 ± 6.22d	59 ± 5.33b

河流湿地在施肥处理下不同程度退化阶段植被群落特征：结果显示，通过两年的植被特征数据表明（表 6-3、6-4），在河流湿地不同退化阶段施肥处理对其植被盖度、地上生物量和地下生物量有显著影响（$P < 0.05$），2018 和 2019 年在轻度退化湿地阶段施用过磷酸钙使其植被覆盖率增长最为显著，且与 CK 有显著性差异（$P < 0.05$），在重度退化湿地阶段施用有机掺混肥使其植被覆盖率增长最为显著，且与 CK 有显著性差异（$P < 0.05$），2018 年，极度退化湿地阶段的植被覆盖率不受施肥处理的影响，但在 2019 年，施用尿素处理使其植被覆盖率增长最为

表 6-3 2018 年河流湿地不同施肥处理下不同程度退化阶段植被群落特征

	退化梯度 Gradientdegrdation	处理 Processingmethod			
		对照 CK	尿素 Urea	过磷酸钙 Superphsphate	有机肥 + 掺混肥 Organicfertilizer+ mixedfertilizer
盖度（%） Coverage	未退化湿地	88 ± 4.04			
	轻度退化湿地	81 ± 8.54b	84 ± 3.06ab	98 ± 2.08a	81 ± 8.54b
	重度退化湿地	35 ± 2.52b	41 ± 4.04b	41 ± 6.02b	75 ± 1.53a
	极度退化湿地	20 ± 3.00a	15 ± 0.58ab	20 ± 2.00a	11 ± 2.08b
地上生物量（g·m⁻²） Above-groundbiomass	未退化湿地	529 ± 10.07			
	轻度退化湿地	118 ± 2.68c	199 ± 0.72a	80 ± 0.64d	141 ± 1.24b
	重度退化湿地	25 ± 0.80c	53 ± 2.00b	54 ± 0.24b	71 ± 3.60a
	极度退化湿地	86 ± 1.80b	63 ± 2.44c	129 ± 3.80a	43 ± 4.20d
地下生物量（g·m⁻²） Below-groundbiomass	未退化湿地	250 ± 7.40			
	轻度退化湿地	235 ± 12.10c	301 ± 12.24b	312 ± 9.84ab	337 ± 9.34a
	重度退化湿地	236 ± 11.56a	70 ± 13.00c	138 ± 32.45b	117 ± 15.15b
	极度退化湿地	27 ± 2.56c	23 ± 1.30c	35 ± 1.04b	44 ± 1.53a

表 6-4 2019 年河流湿地不同施肥处理下不同程度退化阶段植被群落特征

	退化梯度 Gradientdegrdation	处理 Processingmethod			
		对照 CK	尿素 Urea	过磷酸钙 Superphsphate	有机肥 + 掺混肥 Organicfertilizer+ mixedfertilizer
盖度（%） Coverage	未退化湿地	—	—	—	—
	轻度退化湿地	88 ± 0.58c	91 ± 1.53ab	95 ± 1.53a	90 ± 2.53ab
	重度退化湿地	40 ± 1.53c	41 ± 1.00c	81 ± 2.09b	85 ± 1.00a
	极度退化湿地	20 ± 1.00d	31 ± 3.61c	40 ± 3.00b	55 ± 2.00a
地上生物量（g·m⁻²） Above-groundbiomass	未退化湿地	15 ± 1.53c	40 ± 1.53a	19 ± 1.00bc	23 ± 2.52b
	轻度退化湿地	529 ± 10.07			
	重度退化湿地	402 ± 10.00b	415 ± 7.00b	417 ± 2.57b	452 ± 10.92a
	极度退化湿地	111 ± 6.11b	111 ± 6.21b	270 ± 6.00a	285 ± 9.65a
地下生物量（g·m⁻²） Below-groundbiomass	未退化湿地	35 ± 1.01d	63 ± 1.40	85 ± 4.23a	75 ± 2.84b
	轻度退化湿地	83 ± 6.22c	75 ± 4.62c	159 ± 3.06a	97 ± 4.62b
	重度退化湿地	250 ± 7.40			
	极度退化湿地	233 ± 4.08c	261 ± 6.72bc	270 ± 8.16b	376 ± 19.49a

显著，且与 CK 和其他施肥处理有显著性差异（$P < 0.05$）。2019 年不同施肥处理下各退化阶段植被地上生物量均高于 2018 年不同施肥处理下各退化阶段植被地上生物量，在各退化阶段施用过磷酸钙和有机掺混肥对于提升地上生物量有显著效果，且与 CK 有显著性差异（$P < 0.05$）。在极度退化湿地阶段，2019 年的地下生物量高于 2018 年的地下生物量，其他阶段的地下生物量在两年间变化不明显，通过对两年的不同施肥处理下各退化阶段的地下生物量数据分析，我们发现整体上施用过磷酸钙和有机掺混肥对于提升其地下生物量都有显著效果，且与 CK 有显著性差异（$P < 0.05$）。这与其不同处理对地上生物量的影响规律相近。

（2）土壤理化性质

河流湿地自然退化过程中土壤理化性质，结果显示：2018 年、2019 年的土壤全氮含量均随着河流湿地的退化呈现出先增长后下降的趋势并有显著差异（$P < 0.05$），但 2019 年土壤全氮含量较 2018 年相比有所下降。2018 年、2019 年的土壤全磷含量均随着河流湿地的退化没有明显的变化规律，且 2019 年土壤全磷含量较 2018 年相比有所下降。2018 年河流湿地退化各阶段土壤有机碳含量没有显著性差异，但在 2019 年河流湿地退化的不同阶段土壤有机碳含量产生了显著性差异（$P < 0.05$），虽然两年的土壤有机碳含量均随着河流湿地的退化呈现出"先增长后下降"的趋势，但在 2019 年，除了未退化湿地的土壤有机碳含量较 2018 年未退化湿地的土壤有机碳含量相比有所增加，其他退化阶段的土壤有机碳含量较 2018 年相比均有所降低。2018 年、2019 年的土壤全氮 / 全磷、土壤含水量均随着河流湿地的退化呈现曲折下降的趋（表 6-5、6-6）。

表 6-5 2018 年河流湿地不同退化阶段土壤理化性质

样地 Samples	全氮 TN/（g·kg^{-1}）	全磷 TP/（g·kg^{-1}）	有机碳 TOC/（g·kg^{-1}）	有机碳 / 全氮 TOC/TN	全氮 / 全磷 TN/TP	含水量 （m^3·m^{-3}）	土壤电导率 （Sm·cm^{-1}）
未退化湿地	0.841 ± 0.007c	0.347 ± 0.037a	33.257 ± 4.125a	39.558 ± 5.213b	2.443 ± 0.267ab	0.4 ± 0.01a	0.68 ± 0.15a
轻度退化湿地	0.998 ± 0.070b	0.431 ± 0.050a	43.771 ± 5.449a	43.864 ± 4.377b	2.344 ± 0.424bc	0.4 ± 0.01a	0.45 ± 0.04b
中度退化湿地	1.194 ± 0.023a	0.378 ± 0.038a	40.876 ± 11.265a	34.245 ± 9.435b	3.182 ± 0.274a	0.35 ± 0.01b	0.35 ± 0.04b
重度退化湿地	0.924 ± 0.035bc	0.373 ± 0.029a	39.238 ± 5.071a	42.603 ± 6.727b	2.486 ± 0.123ab	0.29 ± 0.02c	0.12 ± 0.03c
极度退化湿地	0.624 ± 0.056d	0.406 ± 0.066a	39.298 ± 1.188a	63.240 ± 4.567a	1.570 ± 0.325c	0.25 ± 0.02d	0.36 ± 0.06b

表 6-6 2019 年河流湿地不同退化阶段土壤理化性质

样地 Samples	全氮 TN/（g·kg^{-1}）	全磷 TP/（g·kg^{-1}）	有机碳 TOC/（g·kg^{-1}）	有机碳 / 全氮 TOC/TN	全氮 / 全磷 TN/TP	含水量 （m^3·m^{-3}）	土壤电导率 （Sm·cm^{-1}）
未退化湿地	0.76 ± 0.02b	0.14 ± 0.01a	51.26 ± 5.39a	67.71 ± 5.70a	5.37 ± 0.13a	0.4 ± 0.01b	0.61 ± 0.03a
轻度退化湿地	0.84 ± 0.04ab	0.18 ± 0.03a	35.87 ± 1.41bc	42.57 ± 2.84b	4.71 ± 0.49a	0.38 ± 0.01b	0.51 ± 0.05b
中度退化湿地	0.90 ± 0.05a	0.18 ± 0.01a	37.74 ± 0.98b	42.19 ± 3.47b	5.01 ± 0.24a	0.45 ± 0.01a	0.29 ± 0.01c
重度退化湿地	0.84 ± 0.01ab	0.17 ± 0.01a	29.88 ± 1.47c	35.67 ± 0.1.67b	5.04 ± 0.12a	0.12 ± 0.01c	0.02 ± 0.01d
极度退化湿地	0.54 ± 0.03b	0.17 ± 0.01a	32.77 ± 0.92bc	60.24 ± 4.84a	3.13 ± 0.08b	0.13 ± 0.01c	0.06 ± 0.02d

　　河流湿地不同施肥处理下各退化阶段土壤理化性质结果显示，通过2018年和2019年土壤理化性质数据表明（表6-7、6-8），在河流湿地不同退化阶段施肥处理并不能使其土壤全氮含量、土壤全磷含量和土壤含水量显著变化，2019年土壤全氮含量和土壤全磷含量较2018年相比有所下降。在河流湿地不同退化阶施用过磷酸钙和有机掺混肥会使其土壤有机碳含量有一定的增长但没有显著性差异（$P > 0.05$），2019年土壤有机碳含量较2018年相比有所下降。在河流湿地退化前中期（轻度退化湿地、中度退化湿地）施肥处理均会土壤有机碳/全氮有所下降，但在河流湿地退化后期（极度退化湿地）施用尿素会使土壤有机碳/全氮显著增长（$P < 0.05$）。

表6-7　2018年河流湿地不同施肥处理下不同程度退化阶段植土壤理化性质

	退化梯度 Gradientdegrdation	处理 Processingmethod			
		对照 CK	尿素 Urea	过磷酸钙 Superphsphate	有机肥+掺混肥 Organicfertilizer+ mixedfertilizer
全氮 TN/（g·kg⁻¹）	未退化湿地	1.08 ± 0.15			
	轻度退化湿地	0.76 ± 0.03a	1.2 ± 0.49a	0.8 ± 0.06a	0.87 ± 0.07a
	中度退化湿地	1.16 ± 0.07a	1.1 ± 0.07a	1.06 ± 0.07a	1.1 ± 0.08a
	重度退化湿地	0.91 ± 0.05b	1.15 ± 0.06a	0.93 ± 0.07b	0.76 ± 0.05c
	极度退化湿地	0.79 ± 0.04a	0.53 ± 0.02c	0.68 ± 0.04b	0.82 ± 0.05a
全磷 TP/（g·kg⁻¹）	未退化湿地	0.35 ± 0.04			
	轻度退化湿地	0.43 ± 0.05a	0.40 ± 0.03a	0.35 ± 0.03a	0.36 ± 0.03a
	中度退化湿地	0.38 ± 0.04a	0.41 ± 0.04a	0.42 ± 0.05a	0.42 ± 0.04a
	重度退化湿地	0.37 ± 0.03a	0.43 ± 0.04a	0.46 ± 0.05a	0.39 ± 0.04a
	极度退化湿地	0.41 ± 0.07a	0.40 ± 0.04a	0.48 ± 0.04a	0.41 ± 0.05a
有机碳 TOC/（g·kg⁻¹）	未退化湿地	33.26 ± 4.13			
	轻度退化湿地	43.77 ± 5.45a	42.86 ± 3.95a	45 ± 2.00a	48.5 ± 5.50a
	中度退化湿地	40.9 ± 11.3a	35.7 ± 2.8a	45.6 ± 5.6a	43.5 ± 3.2a
	重度退化湿地	39.24Z ± 5.07a	37.49 ± 1.67a	45.56 ± 2.22a	42.31 ± 6.66a
	极度退化湿地	39.3 ± 1.19a	39.23 ± 2.73a	44.53 ± 2.36a	40.11 ± 3.14a
有机碳/全氮 TOC/TN	未退化湿地	39.558 ± 5.213			
	轻度退化湿地	57.80 ± 5.22a	38.64 ± 10.59b	56.13 ± 3.49a	55.74 ± 4.42ab
	中度退化湿地	49.65 ± 1.60a	32.59 ± 1.95a	42.76 ± 2.57a	39.47 ± 1.90a
	重度退化湿地	42.91 ± 3.20b	32.66 ± 1.06c	48.94 ± 2.70ab	55.17 ± 5.44a
	极度退化湿地	49.65 ± 1.34c	73.35 ± 2.50a	65.28 ± 0.94b	49.18 ± 1.13c
全氮/全磷 TN/TP	未退化湿地	2.443 ± 0.267			
	轻度退化湿地	1.76 ± 0.14a	2.94 ± 1.03a	2.29 ± 0.05a	2.44 ± 0.05a
	中度退化湿地	3.07 ± 0.13a	2.67 ± 0.08b	2.67 ± 0.11b	2.64 ± 0.06b
	重度退化湿地	2.45 ± 0.05a	2.67 ± 0.16a	2.05 ± 0.07b	1.99 ± 0.07b
	极度退化湿地	1.99 ± 0.25a	1.34 ± 0.06b	1.43 ± 0.06b	2.00 ± 0.17a

续表

	退化梯度 Gradientdegrdation	处理 Processingmethod			
		对照 CK	尿素 Urea	过磷酸钙 Superphsphate	有机肥＋掺混肥 Organicfertilizer+ mixedfertilizer
含水量 （m³·m⁻³）	未退化湿地	0.4±0.01			
	轻度退化湿地	0.4±0.01a	0.39±0.01a	0.53±0.00a	0.41±0.14a
	重度退化湿地	0.29±0.02a	0.27±0.01a	0.25±0.00b	0.29±0.00a
	极度退化湿地	0.25±0.02c	0.29±0.00b	0.25±0.00c	0.33±0.02a

表 6-8　2019 年河流湿地不同施肥处理下不同程度退化阶段植土壤理化性质

	退化梯度 Gradientdegrdation	处理 Processingmethod			
		对照 CK	尿素 Urea	过磷酸钙 Superphsphate	有机肥＋掺混肥 Organicfertilizer+ mixedfertilizer
全氮 TN/（g·kg⁻¹）	未退化湿地	0.57±0.06			
	轻度退化湿地	0.54±0.05a	0.54±0.01a	0.59±0.04a	0.51±0.00a
	中度退化湿地	0.49±0.05a	0.49±0.02a	0.49±0.02a	0.56±0.02a
	重度退化湿地	0.68±0.00a	0.58±0.02b	0.57±0.01b	0.59±0.02b
	极度退化湿地	0.54±0.01b	0.58±0.04ab	0.62±0.02a	0.56±0.02ab
全磷 TP/（g·kg⁻¹）	未退化湿地	0.14±0.01			
	轻度退化湿地	0.16±0.01a	0.17±0.01a	0.18±0.01a	0.18±0.01a
	中度退化湿地	0.16±0.03ab	0.15±0.01b	0.19±0.01ab	0.21±0.02a
	重度退化湿地	0.28±0.01a	0.23±0.00b	0.26±0.02ab	0.28±0.01a
	极度退化湿地	0.17±0.00b	0.16±0.02b	0.24±0.03a	0.18±0.01b
有机碳 TOC/（g·kg⁻¹）	未退化湿地	23.77±0.77			
	轻度退化湿地	29.34±1.49a	24.12±4.74a	31.01±1.30a	29.02±2.58a
	中度退化湿地	24.22±1.12a	27.71±1.63a	24.50±1.86a	26.95±4.78a
	重度退化湿地	30.14±1.09b	27.27±1.81b	29.60±0.66b	35.76±1.34a
	极度退化湿地	34.53±1.45ab	27.88±3.18b	27.43±6.08b	40.77±2.92a
有机碳/全氮 TOC/TN	未退化湿地	42.14±3.32			
	轻度退化湿地	54.94±3.90a	46.49±8.52a	52.87±1.65a	56.43±4.55a
	中度退化湿地	49.90±3.15a	56.67±2.01a	50.31±2.60a	47.87±6.95a
	重度退化湿地	44.36±1.34c	61.81±0.99a	52.25±0.68b	46.35±1.57c
	极度退化湿地	44.17±1.13b	73.27±3.41a	44.47±8.91b	48.05±2.96b
全氮/全磷 TN/TP	未退化湿地	4.00±0.24			
	轻度退化湿地	3.31±0.20a	3.03±0.16ab	3.30±0.01a	2.86±0.08b
	中度退化湿地	3.03±0.29ab	3.35±0.21a	2.56±0.08b	2.69±0.22b
	重度退化湿地	2.40±0.09a	2.46±0.04a	2.18±0.10b	2.14±0.04b
	极度退化湿地	3.10±0.07b	3.57±0.22a	2.62±0.25c	3.14±0.05ab

续表

	退化梯度 Gradientdegrdation	处理 Processingmethod			
		对照 CK	尿素 Urea	过磷酸钙 Superphsphate	有机肥 + 掺混肥 Organicfertilizer+ mixedfertilizer
含水量 （m³·m⁻³）	未退化湿地	0.4 ± 0.01			
	轻度退化湿地	0.42 ± 0.10a	0.55 ± 0.10a	0.40 ± 0.09a	0.40 ± 0.11a
	中度退化湿地	0.41 ± 0.05b	0.61 ± 0.06a	0.67 ± 0.10a	0.42 ± 0.05b
	重度退化湿地	0.62 ± 0.10a	0.54 ± 0.02a	0.53 ± 0.02a	0.62 ± 0.10a
	极度退化湿地	0.12 ± 0.02a	0.13 ± 0.01a	0.13 ± 0.02a	0.12 ± 0.02a

6.3.2 漫滩湿地退化过程及养分添加

（1）植被特征

河漫滩湿地自然退化过程中植被特征结果显示（表6-9、6-10）：随着河漫滩湿地退化，植被盖度、地上生物量和地下生物量整体上呈现曲折增长趋势，并存在显著性差异（$P < 0.05$）。在2019年时，河漫滩湿地退化过程中植被盖度要低于2018年河漫滩湿地退化过程中植被盖度，但地上生物量和地下生物量与2018年相比有所增加。

表 6-9 2018年河漫滩湿地不同退化阶段植被群落特征

退化梯度 Gradientdegradation	盖度（%） Coverage	地上生物量（g·m⁻²） Above-groundbiomass	地上生物量（g·m⁻²） Above-groundbiomass
未退化湿地	10 ± 4.04d	40 ± 4.07b	25 ± 7.40b
轻度退化湿地	25 ± 0.32c	28 ± 0.46d	10.47 ± 0.36c
中度退化湿地	10 ± 0.26d	36 ± 1.33c	22.50 ± 0.54b
重度退化湿地	40 ± 0.20b	83 ± 1.64a	23.09 ± 0.41b
极度退化湿地	60 ± 0.35a	84 ± 1.76a	40.03 ± 0.66a

表 6-10 2019年河漫滩湿地不同退化阶段植被群落特征

退化梯度 Gradientdegradation	盖度（%） Coverage	地上生物量（g·m⁻²） Above-groundbiomass	地上生物量（g·m⁻²） Above-groundbiomass
未退化湿地	—	—	—
轻度退化湿地	15 ± 0.20c	45 ± 1.22d	32 ± 6.39c
中度退化湿地	8 ± 0.25d	59 ± 3.02c	16 ± 3.20d
重度退化湿地	19.67 ± 0.31b	94 ± 3.67a	73 ± 3.20b
极度退化湿地	23.27 ± 0.83a	85 ± 1.60b	97 ± 1.94a

河漫滩湿地不同施肥处理下各退化阶段植被群落特征结果显示（表6-11、6-12）：在河漫滩湿地不同退化阶段施肥处理对其植被盖度、地上生物量、地下生物量有显著性影响（$P < 0.05$），

表 6-11　2018 年河漫滩湿地不同施肥处理下不同程度退化阶段植被群落特征

退化梯度 Gradientdegrdation		处理 Processingmethod			
		对照 CK	尿素 Urea	过磷酸钙 Superphsphate	有机肥 + 掺混肥 Organicfertilizer+ mixedfertilizer
盖度（%） Coverage	未退化湿地	10 ± 4.04			
	轻度退化湿地	25 ± 0.32b	35 ± 0.42a	15 ± 0.53c	8 ± 0.40d
	中度退化湿地	10 ± 0.26b	45 ± 0.62a	11 ± 0.70b	5 ± 0.21c
	重度退化湿地	40 ± 0.20b	69 ± 0.55a	24 ± 0.60c	24 ± 0.53c
	极度退化湿地	60 ± 0.35c	80 ± 0.78a	81 ± 0.75a	75 ± 0.25b
地上生物量（g·m^{-2}） Above-groundbiomass	未退化湿地	40 ± 4.07			
	轻度退化湿地	28 ± 0.46b	77 ± 2.57a	30 ± 1.20b	17 ± 1.74c
	中度退化湿地	36 ± 1.33b	44 ± 2.24a	31 ± 1.22c	21 ± 0.83d
	重度退化湿地	83 ± 1.64b	125 ± 2.14a	85 ± 1.29b	73 ± 2.62c
	极度退化湿地	84 ± 1.76d	170 ± 2.12a	128 ± 2.41b	112 ± 1.83c
地下生物量（g·m^{-2}） Below-groundbiomass	未退化湿地	25 ± 7.40			
	轻度退化湿地	10.47 ± 0.36d	36.32 ± 0.67a	b16.82 ± 0.90	13.06 ± 0.35c
	中度退化湿地	22.50 ± 0.54a	5.65 ± 0.71b	6.36 ± 0.59b	6.94 ± 0.63b
	重度退化湿地	23.09 ± 0.41d	64.89 ± 0.98a	38.16 ± 0.91c	40.81 ± 0.84b
	极度退化湿地	40.03 ± 0.66d	96.14 ± 0.60b	83.45 ± 0.77c	132.13 ± 0.82a

表 6-12　2019 年河漫滩湿地不施肥处理下不同程度退化阶段植被群落特征

退化梯度 Gradientdegrdation		处理 Processingmethod			
		对照 CK	尿素 Urea	过磷酸钙 Superphsphate	有机肥 + 掺混肥 Organicfertilizer+ mixedfertilizer
盖度（%） Coverage	未退化湿地	—	—	—	—
	轻度退化湿地	15 ± 0.20a	16 ± 0.53a	15 ± 0.31a	15 ± 0.66a
	中度退化湿地	8 ± 0.25c	15 ± 0.45a	11 ± 0.60b	10 ± 0.25b
	重度退化湿地	20 ± 0.31a	20 ± 0.53a	20 ± 0.20a	20 ± 0.40a
	极度退化湿地	23 ± 0.83b	25 ± 0.47ab	26 ± 0.92a	25 ± 0.83ab
地上生物量（g·m^{-2}） Above-groundbiomass	未退化湿地	40 ± 4.07			
	轻度退化湿地	45 ± 1.22c	85 ± 4.03a	53 ± 2.88b	57 ± 2.41b
	中度退化湿地	59 ± 3.02c	87 ± 2.01a	68 ± 2.20b	60 ± 2.41c
	重度退化湿地	94 ± 3.67b	104 ± 3.03a	103 ± 4.21ab	98 ± 3.63ab
	极度退化湿地	85 ± 1.60a	64 ± 3.63b	62 ± 3.49b	62 ± 4.33b
地下生物量（g·m^{-2}） Below-groundbiomass	未退化湿地	25 ± 7.40			
	轻度退化湿地	32 ± 6.39b	48 ± 2.54a	37 ± 1.47b	34 ± 3.88b
	中度退化湿地	16 ± 3.20a	9 ± 3.88a	14 ± 3.88a	17 ± 22.54a
	重度退化湿地	73 ± 3.20a	76 ± 5.29a	76 ± 5.08a	78 ± 3.88a
	极度退化湿地	90 ± 1.94a	94 ± 7.62a	89 ± 6.54a	92 ± 4.27a

2018 和 2019 年，河漫滩湿地各退化阶段施用尿素使其植被覆盖率增长最为明显，且与 CK 有显著性差异（$P < 0.05$）。2019 年不同施肥处理下不同程度退化阶段植被地上生物量都高于 2018 年不同施肥处理下不同程度退化阶段植被地上生物量，在各退化阶段施用尿素对于提升其地上生物量都有显著效果，且与 CK 有显著性差异（$P < 0.05$）。在轻度退化湿地阶段，施用尿素会使其地下生物量增长最为显著（$P < 0.05$），在中度退化湿地阶段施肥处理不会对其地下生物量产生影响，在河漫滩湿地退化后期（重度退化湿地、极度退化湿地）施用尿素、有机掺混肥使其地下生物量增长较显著，由于 2019 年与 2018 年相比其地下生物量普遍有所增长，所以在 2019 年，施用尿素、有机掺混肥，使其地下生物量增长较多，但与 CK 相比不存在显著性差异（$P > 0.05$）。

（2）土壤理化性质

河漫滩湿地自然退化过程中土壤理化性质结果显示（表 6-13、6-14）：2018 年和 2019 年土壤全氮含量均随着河漫滩湿地退化无明显的变化规律，2019 年土壤全氮含量在未退化湿地、重度退化阶段较 2018 年相比有所增长，其他阶段较 2018 年相比有所下降。2018 年和 2019 年在重度退化阶段土壤全磷含量显著高于其他阶段（$P < 0.05$），且 2019 年土壤全磷含量较 2018 年相比有所下降。2018 年河漫滩湿地退化的不同阶段土壤有机碳含量没有显著性差异，在 2019 年随河漫滩湿地退化土壤有机碳含量整体上呈现先增长后下降趋势并显著性差异（$P < 0.05$），但在 2019 年，河漫滩湿地退化各阶段土壤有机碳含量较 2018 年相比均有所降低。2019 年土壤有机碳/全氮、全氮/全磷、土壤含水量较 2018 相比均有所下降。

表 6-13　2018 年河漫滩湿地不同退化阶段土壤理化性质

样地 Samples	全氮 TN/（g·kg⁻¹）	全磷 TP/（g·kg⁻¹）	有机碳 TOC/（g·kg⁻¹）	有机碳/全氮 TOC/TN	全氮/全磷 TN/TP	含水量（m³·m⁻³）	土壤电导率（Sm·cm⁻¹）
未退化湿地	0.46±0.03b	0.23±0.03b	36.16±2.26a	79.14±1.05a	1.99±0.12a	0.40±0.01d	1.02±0.11c
轻度退化湿地	0.89±0.27a	0.42±0.04a	30.94±1.18a	36.80±9.36c	2.10±0.49a	0.43±0.01c	3.07±0.16b
中度退化湿地	0.53±0.04b	0.35±0.04a	30.30±2.00a	57.70±1.05b	1.52±0.04a	0.82±0.01b	6.13±0.21a
重度退化湿地	0.65±0.05ab	0.42±0.04a	40.73±12.03a	61.50±13.99ab	1.56±0.03a	0.90±0.02a	3.09±0.26b
极度退化湿地	0.62±0.05ab	0.34±0.03a	36.27±2.30a	58.29±1.52b	1.84±0.30a	0.23±0.01e	0.05±0.01d

表 6-14　2019 年河漫滩湿地不同退化阶段土壤理化性质

样地 Samples	全氮 TN/（g·kg⁻¹）	全磷 TP/（g·kg⁻¹）	有机碳 TOC/（g·kg⁻¹）	有机碳/全氮 TOC/TN	全氮/全磷 TN/TP	含水量（m³·m⁻³）	土壤电导率（Sm·cm⁻¹）
未退化湿地	0.57±0.06ab	0.14±0.01b	23.77±0.77c	42.14±3.32b	4.00±0.24a	0.4±0.01a	1.54±0.29b
轻度退化湿地	0.54±0.05b	0.16±0.01b	29.34±1.49b	54.94±3.90a	3.31±0.20b	0.42±0.10a	2.75±1.28b
中度退化湿地	0.49±0.05b	0.16±0.03b	24.22±1.12c	49.90±3.15bc	3.03±0.29b	0.41±0.05b	4.91±1.16a
重度退化湿地	0.68±0.00a	0.28±0.01a	30.14±1.09b	44.36±1.34cd	2.40±0.09c	0.62±0.10a	4.87±0.78a
极度退化湿地	0.54±0.01b	0.17±0.00b	34.53±1.45a	64.17±1.13a	3.10±0.07b	0.12±0.02a	0.02±0.01b

河漫滩湿地不同施肥处理下各退化阶段土壤理化性质结果显示（表 6-15、6-16）：2018 年，河漫滩湿地不同退化阶段施用有机掺混肥使其土壤全氮含量有所增长越到退化后期影响越明显；

表 6-15　2018 年河漫滩湿地不同施肥处理下不同程度退化阶段植土壤理化性质

	退化梯度 Gradientdegrdation	处理 Processingmethod			
		对照 CK	尿素 Urea	过磷酸钙 Superphsphate	有机肥＋掺混肥 Organicfertilizer+ mixedfertilizer
全氮 TN/（g·kg⁻¹）	未退化湿地	0.46 ± 0.03			
	轻度退化湿地	0.89 ± 0.27a	0.56 ± 0.05a	0.59 ± 0.05a	0.61 ± 0.05a
	中度退化湿地	0.53 ± 0.04a	0.58 ± 0.07a	0.52 ± 0.04a	0.56 ± 0.04a
	重度退化湿地	0.65 ± 0.05ab	0.61 ± 0.06b	0.71 ± 0.07ab	0.77 ± 0.06a
	极度退化湿地	0.62 ± 0.05b	074 ± 0.07ab	0.72 ± 0.06b	1.07 ± 0.23a
全磷 TP/（g·kg⁻¹）	未退化湿地	0.23 ± 0.03			
	轻度退化湿地	0.42 ± 0.04a	0.47 ± 0.03a	0.41 ± 0.04a	0.42 ± 0.04a
	中度退化湿地	0.35 ± 0.04a	0.36 ± 0.04a	0.37 ± 0.05a	0.37 ± 0.04a
	重度退化湿地	0.42 ± 0.04a	0.40 ± 0.04a	0.46 ± 0.04a	0.44 ± 0.04a
	极度退化湿地	0.34 ± 0.03a	0.37 ± 0.04a	0.40 ± 0.04a	0.39 ± 0.03a
有机碳 TOC/（g·kg⁻¹）	未退化湿地	36.16 ± 2.26			
	轻度退化湿地	30.94 ± 1.18a	33.22 ± 4.01a	33.09 ± 2.21a	32.58 ± 2.39a
	中度退化湿地	30.30 ± 2.00a	30.23 ± 3.35a	34.25 ± 1.08a	28.83 ± 3.89a
	重度退化湿地	40.73 ± 12.03a	37.84 ± 7.24a	41.88 ± 3.78a	37.07 ± 10.54a
	极度退化湿地	36.27 ± 2.30a	36.34 ± 2.69a	35.22 ± 4.96a	38.56 ± 2.40a
有机碳／全氮 TOC/TN	未退化湿地	79.14 ± 1.05			
	轻度退化湿地	36.80 ± 9.36a	59.95 ± 12.56a	56.07 ± 6.08a	53.73 ± 7.90a
	中度退化湿地	57.70 ± 1.05ab	52.48 ± 2.25b	65.94 ± 3.47a	51.61 ± 4.85b
	重度退化湿地	61.50 ± 13.99a	61.95 ± 6.37a	58.80 ± 1.18a	47.44 ± 10.23a
	极度退化湿地	58.29 ± 1.52a	49.38 ± 1.39b	48.45 ± 3.47b	36.88 ± 5.21c
全氮／全磷 TN/TP	未退化湿地	1.99 ± 0.12			
	轻度退化湿地	2.10 ± 0.49a	1.51 ± 0.02ab	1.46 ± 0.01b	1.45 ± 0.01b
	中度退化湿地	1.52 ± 0.04ab	1.61 ± 0.06a	1.40 ± 0.08b	1.517 ± 0.05ab
	重度退化湿地	1.56 ± 0.03b	1.51 ± 0.01c	1.54 ± 0.02bc	1.74 ± 0.01a
	极度退化湿地	1.84 ± 0.30b	1.98 ± 0.03b	1.83 ± 0.04b	2.70 ± 0.44a
含水量 （m³·m⁻³）	未退化湿地	0.4 ± 0.01			
	轻度退化湿地	0.43 ± 0.01c	0.56 ± 0.03ab	0.58 ± 0.01a	0.52 ± 0.03b
	中度退化湿地	0.82 ± 0.01a	0.80 ± 0.04a	0.55 ± 0.03c	0.69 ± 0.01b
	重度退化湿地	0.90 ± 0.02a	0.83 ± 0.01a	0.54 ± 0.01b	0.10 ± 0.06c
	极度退化湿地	0.23 ± 0.01ab	0.24 ± 0.01ab	0.25 ± 0.02a	0.23 ± 0.03b

表 6-16　2019 年河漫滩湿地不同施肥处理下不同程度退化阶段植土壤理化性质

退化梯度 Gradientdegrdation		处理 Processingmethod			
		对照 CK	尿素 Urea	过磷酸钙 Superphsphate	有机肥 + 掺混肥 Organicfertilizer+ mixedfertilizer
全氮 TN/（g·kg⁻¹）	未退化湿地	0.57 ± 0.06			
	轻度退化湿地	0.54 ± 0.05a	0.54 ± 0.01a	0.59 ± 0.04a	0.51 ± 0.00a
	中度退化湿地	0.49 ± 0.05a	0.49 ± 0.02a	0.49 ± 0.02a	0.56 ± 0.02a
	重度退化湿地	0.68 ± 0.00a	0.58 ± 0.02b	0.57 ± 0.01b	0.59 ± 0.02b
	极度退化湿地	0.54 ± 0.01b	0.58 ± 0.04ab	0.56 ± 0.02ab	0.62 ± 0.02a
全磷 TP/（g·kg⁻¹）	未退化湿地	0.14 ± 0.01			
	轻度退化湿地	0.16 ± 0.01a	0.17 ± 0.01a	0.18 ± 0.01a	0.18 ± 0.01a
	中度退化湿地	0.16 ± 0.03ab	0.15 ± 0.01b	0.19 ± 0.01ab	0.21 ± 0.02a
	重度退化湿地	0.28 ± 0.01a	0.23 ± 0.00b	0.26 ± 0.02ab	0.28 ± 0.01a
	极度退化湿地	0.17 ± 0.00b	0.16 ± 0.02b	0.18 ± 0.01b	0.24 ± 0.03a
有机碳 TOC/（g·kg⁻¹）	未退化湿地	23.77 ± 0.77			
	轻度退化湿地	29.34 ± 1.49a	24.12 ± 4.74a	31.01 ± 1.30a	29.02 ± 2.58a
	中度退化湿地	24.22 ± 1.12a	27.71 ± 1.63a	24.50 ± 1.86a	26.95 ± 4.78a
	重度退化湿地	30.14 ± 1.09b	35.76 ± 1.34a	29.60 ± 0.66b	27.27 ± 1.81b
	极度退化湿地	34.53 ± 1.45ab	27.88 ± 3.18b	27.43 ± 6.08b	40.77 ± 2.92a
有机碳 / 全氮 TOC/TN	未退化湿地	42.14 ± 3.32			
	轻度退化湿地	54.94 ± 3.90a	46.49 ± 8.52a	52.87 ± 1.65a	56.43 ± 4.55a
	中度退化湿地	49.90 ± 3.15a	56.67 ± 2.01a	50.31 ± 2.60a	47.87 ± 6.95a
	重度退化湿地	44.36 ± 1.34c	61.81 ± 0.99a	52.25 ± 0.68b	46.35 ± 1.57c
	极度退化湿地	64.17 ± 1.13a	73.27 ± 3.41a	44.47 ± 8.91b	48.05 ± 2.96b
全氮 / 全磷 TN/TP	未退化湿地	4.00 ± 0.24			
	轻度退化湿地	3.03 ± 0.16a	3.31 ± 0.20a	3.30 ± 0.01a	2.86 ± 0.08b
	中度退化湿地	3.03 ± 0.29ab	3.35 ± 0.21a	2.56 ± 0.08b	2.69 ± 0.22b
	重度退化湿地	2.40 ± 0.09a	2.46 ± 0.04a	2.18 ± 0.10b	2.14 ± 0.04b
	极度退化湿地	3.10 ± 0.07b	3.57 ± 0.22a	2.62 ± 0.25c	3.14 ± 0.05ab
含水量 （m³·m⁻³）	未退化湿地	0.4 ± 0.01			
	轻度退化湿地	0.42 ± 0.10a	0.55 ± 0.10a	0.40 ± 0.09a	0.40 ± 0.11a
	中度退化湿地	0.41 ± 0.05b	0.61 ± 0.06a	0.67 ± 0.10a	0.42 ± 0.05b
	重度退化湿地	0.62 ± 0.10a	0.54 ± 0.02a	0.53 ± 0.02a	0.62 ± 0.10a
	极度退化湿地	0.12 ± 0.02a	0.13 ± 0.01a	0.13 ± 0.02a	0.12 ± 0.02a

施肥处理不会土壤全磷含量、有机碳含量和有机碳/全氮显著增长；在退化后期施用有机掺混肥会使其土壤全氮/全磷有所增长；轻度退化湿地和极度退化湿地阶段施用过磷酸钙使土壤含水量显著增长，其他退化阶段施肥处理并不能使土壤含水量显著增长。2019年，施用有机掺混肥会使极度退化湿地土壤全氮含量显著提高；有机掺混肥会使其各阶段的土壤全磷含量和有机碳含量有所增加，但在极度退化湿地最显著；在河漫滩湿地不同退化阶段施用尿素均会使其土壤有机碳/全氮和全氮/全磷有所增长，越到退化后期影响越明显；施肥处理并不能使土壤含水量显著增长。通过对两年河漫滩湿地不同施肥处理下各退化阶段土壤理化性质数据发现，2019年土壤全氮含量和土壤全磷含量较2018年相比有所下降，但在河漫滩湿地退化后期施用有机掺混肥会减缓土壤全氮含量的增长，在施肥当年（2018），施肥处理并不会使土壤全磷含量、有机碳含量和有机碳/全氮显著增长，在施肥处理次年（2019），施用有机掺混肥会使其各阶段的土壤全磷含量和有机碳含量有所增加，施肥处理对河漫滩湿地退化过程中土壤含水量的影响较小。

6.3.3 湖泊湿地退化过程及养分添加

（1）植被特征

湖泊湿地（零星水域群）退化过程中植被特征结果显示（表6-17、6-18）：随湖泊湿地退化加剧，植被盖度、地上生物量和地下生物量不断降低，并存在显著性差异（$P < 0.05$）。在2019年时，湖泊湿地退化各阶段植被盖度较2018年有所下降，但其地上生物量和地下生物量与2018年相比有所增加。

表 6-17　2018年湖泊湿地不同退化阶段植被群落特征

退化梯度 Gradientdegradation	盖度（%） Coverage	地上生物量（g·m⁻²） Above-groundbiomass	地上生物量（g·m⁻²） Above-groundbiomass
未退化湿地	90 ± 3.50a	489 ± 15.78a	270 ± 6.87a
轻度退化湿地	80.10 ± 0.36a	116 ± 1.44b	175.85 ± 0.99b
中度退化湿地	69.80 ± 0.40b	90 ± 0.79c	89.33 ± 0.58c
极度退化湿地	60 ± 0.35c	84 ± 1.76c	40.03 ± 0.66d

表 6-18　2019年湖泊湿地不同退化阶段植被群落特征

退化梯度 Gradientdegradation	盖度（%） Coverage	地上生物量（g·m⁻²） Above-groundbiomass	地上生物量（g·m⁻²） Above-groundbiomass
未退化湿地	—	—	—
轻度退化湿地	66 ± 0.96b	239 ± 1.22b	164 ± 3.88b
中度退化湿地	45 ± 0.40c	124 ± 1.22c	141 ± 3.88c
极度退化湿地	23 ± 0.83d	85 ± 1.60d	97 ± 1.94d

湖泊湿地不同施肥处理下各退化阶段植被群落特征结果显示（表6-19、6-20）：在湖泊湿地不同退化阶段施肥处理对其植被盖度、地上生物量、地下生物量有显著影响（$P < 0.05$），

表 6-19　2018 年湖泊湿地不同施肥处理下不同程度退化阶段植被群落特征

	退化梯度 Gradientdegrdation	处理 Processingmethod			
		对照 CK	尿素 Urea	过磷酸钙 Superphsphate	有机肥 + 掺混肥 Organicfertilizer+ mixedfertilizer
盖度（%） Coverage	未退化湿地	88 ± 4.04			
	轻度退化湿地	80.10 ± 0.36d	98.10 ± 0.66a	94.90 ± 0.56b	90.57 ± 0.74c
	中度退化湿地	69.80 ± 0.40b	79.60 ± 0.53a	50.47 ± 0.45d	60.40 ± 0.87c
	极度退化湿地	60 ± 0.35c	80 ± 0.78a	81 ± 0.75a	75 ± 0.25b
地上生物量（g·m^{-2}） Above-groundbiomass	未退化湿地	529 ± 10.07			
	轻度退化湿地	116 ± 1.44c	175 ± 2.20a	116 ± 0.96c	168 ± 2.76b
	中度退化湿地	90 ± 0.79c	148 ± 2.29a	68 ± 2.17d	129 ± 2.87b
	极度退化湿地	84 ± 1.76d	170 ± 2.12a	128 ± 2.41b	112 ± 1.83c
地下生物量（g·m^{-2}） Below-groundbiomass	未退化湿地	250 ± 7.40			
	轻度退化湿地	175.85 ± 0.99a	110.63 ± 0.64d	124.01 ± 0.51c	135.58 ± 0.91b
	中度退化湿地	89.33 ± 0.58c	100.53 ± 0.67b	76.13 ± 0.33d	166.48 ± 0.68a
	极度退化湿地	40.03 ± 0.66d	96.14 ± 0.60b	83.45 ± 0.77c	132.13 ± 0.82a
	中度退化湿地	22.50 ± 0.54a	5.65 ± 0.71b	6.36 ± 0.59b	6.94 ± 0.63b
	重度退化湿地	23.09 ± 0.41d	64.89 ± 0.98a	38.16 ± 0.91c	40.81 ± 0.84b
	极度退化湿地	40.03 ± 0.66d	96.14 ± 0.60b	83.45 ± 0.77c	132.13 ± 0.82a

表 6-20　2019 年湖泊湿地不同施肥处理下不同程度退化阶段植被群落特征

	退化梯度 Gradientdegrdation	处理 Processingmethod			
		对照 CK	尿素 Urea	过磷酸钙 Superphsphate	有机肥 + 掺混肥 Organicfertilizer+ mixedfertilizer
盖度（%） Coverage	未退化湿地	—	—	—	—
	轻度退化湿地	66 ± 0.96b	76 ± 0.95a	76 ± 0.91a	75 ± 0.62a
	中度退化湿地	45 ± 0.40a	46 ± 1.14a	45 ± 0.31a	46 ± 1.33a
	极度退化湿地	23 ± 0.83b	25 ± 0.47ab	26 ± 0.92a	25 ± 0.83ab
地上生物量（g·m^{-2}） Above-groundbiomass	未退化湿地	529 ± 10.07			
	轻度退化湿地	239 ± 1.22b	267 ± 3.40a	264 ± 2.80a	264 ± 4.18a
	中度退化湿地	90 ± 2.81b	124 ± 1.22a	93 ± 2.20b	91 ± 3.86b
	极度退化湿地	85 ± 1.60a	90 ± 3.63a	62 ± 3.49b	62 ± 4.33b
地下生物量（g·m^{-2}） Below-groundbiomass	未退化湿地	250 ± 7.40			
	轻度退化湿地	164 ± 3.88c	228 ± 5.29a	218 ± 3.88a	204 ± 5.13b
	中度退化湿地	141 ± 3.88a	131 ± 3.88a	140 ± 4.81a	132 ± 5.82a
	极度退化湿地	97 ± 1.94a	94 ± 7.62a	89 ± 6.54a	92 ± 4.27a
	中度退化湿地	16 ± 3.20a	9 ± 3.88a	14 ± 3.88a	17 ± 22.54a
	重度退化湿地	73 ± 3.20a	76 ± 5.29a	76 ± 5.08a	78 ± 3.88a
	极度退化湿地	90 ± 1.94a	94 ± 7.62a	89 ± 6.54a	92 ± 4.27a

施用尿素使湖泊湿地各退化阶段植被覆盖率增长最为明显，且与CK有显著性差异（$P < 0.05$），2019年湖泊湿地各退化阶段的植被盖度较2018年相比有所减少。2019年湖泊湿地退化前中期（轻度退化湿地和中度退化湿地）施肥处理下的植被地上生物量都高于2018年湖泊湿地退化前中期施肥处理下的植被地上生物量，施用尿素会使湖泊湿地退化各阶段地上生物量显著性提高（$P < 0.05$），施用有机掺混肥对湖泊湿地退化的中后期的地下生物量显著提高（$P < 0.05$），但到了2019年施肥处理对湖泊湿地各阶段的地下生物量没有显著影响。通过对两年的不同施肥处理下不同程度退化阶段的地下生物量数据分析，我们发现在施肥处理当年，施用有机掺混肥对于提升其地下生物量都有显著效果，且与CK有显著性差异（$P < 0.05$），但在第2年效果不显著。

（2）土壤理化性质

湖泊湿地自然退化过程中土壤理化性质结果显示（表6-21、6-22）：2018年和2019年土壤全氮含量和土壤全磷含量均随湖泊湿地的退化呈现先增高后下降趋势，并存在显著差异（$P < 0.05$），但2019年土壤全氮含量和土壤全磷含量较2018年相比有所下降。2019年湖泊湿地各退化阶段的土壤有机碳含量较2018年相比有所下降，通过两年土壤有机碳含量的数据，可知土壤有机碳含量随湖泊湿地退化呈现曲折向下趋势，土壤全氮/全磷和土壤含水量均随河流湿地退化呈现先增长后下降趋势，2019年湖泊湿地退化各阶段的土壤含水量较2018年相比有所减少。

表6-21　2018年湖泊湿地不同退化阶段土壤理化性质

样地 Samples	全氮 TN/（g·kg⁻¹）	全磷 TP/（g·kg⁻¹）	有机碳 TOC/（g·kg⁻¹）	有机碳/全氮 TOC/TN	全氮/全磷 TN/TP	含水量 （m³·m⁻³）	土壤电导率 （Sm·cm⁻¹）
未退化湿地	1.14 ± 0.12b	0.40 ± 0.04ab	47.28 ± 2.37a	41.55 ± 2.97b	2.82 ± 0.04b	0.4 ± 0.01a	0.57 ± 0.01a
轻度退化湿地	1.43 ± 0.10a	0.44 ± 0.04a	40.36 ± 4.90ab	28.14 ± 1.66c	3.27 ± 0.07a	0.43 ± 0.01a	0.38 ± 0.03b
中度退化湿地	1.12 ± 0.11b	0.46 ± 0.05a	45.12 ± 3.51ab	40.25 ± 0.90b	2.46 ± 0.03b	0.38 ± 0.01b	0.09 ± 0.01c
极度退化湿地	0.62 ± 0.05c	0.34 ± 0.03b	36.27 ± 2.30b	58.29 ± 1.52a	1.84 ± 0.30c	0.23 ± 0.01c	0.05 ± 0.01c

表6-22　2019年湖泊湿地不同退化阶段土壤理化性质

样地 Samples	全氮 TN/（g·kg⁻¹）	全磷 TP/（g·kg⁻¹）	有机碳 TOC/（g·kg⁻¹）	有机碳/全氮 TOC/TN	全氮/全磷 TN/TP	含水量 （m³·m⁻³）	土壤电导率 （Sm·cm⁻¹）
未退化湿地	0.61 ± 0.01b	0.27 ± 0.02a	30.53 ± 1.50c	50.37 ± 3.68b	2.22 ± 0.14d	0.4 ± 0.01a	0.62 ± 0.05a
轻度退化湿地	1.00 ± 0.05a	0.23 ± 0.01b	41.16 ± 1.38a	41.13 ± 0.95c	4.40 ± 0.19a	0.34 ± 0.02b	0.64 ± 0.07a
中度退化湿地	0.92 ± 0.06a	0.25 ± 0.01ab	37.32 ± 2.34ab	40.75 ± 1.18c	3.66 ± 0.16b	0.17 ± 0.02c	0.05 ± 0.04b
极度退化湿地	0.54 ± 0.01b	0.17 ± 0.00c	34.53 ± 1.45bc	64.17 ± 1.13a	3.10 ± 0.07c	0.12 ± 0.02d	0.02 ± 0.01b

湖泊湿地不同施肥处理下各退化阶段土壤理化性质结果显示（表6-23、6-24）：在湖泊湿地退化各阶段施用过磷酸钙均会使其土壤全氮含量显著增长（$P < 0.05$），两年数据对比分析，2019年土壤全氮含量和土壤全氮含量较2018年相比有所下降。2018年，施肥处理不会使各退化阶段的土壤全磷含量显著增长，2019年，在湖泊湿地退化各阶段施用过磷酸钙都会使其土

全磷含量显著增长（$P < 0.05$），2019 年土壤全氮含量和土壤全氮含量较 2018 年相比有所下降，两年数据对比分析我们发现，施用过磷酸钙可以减缓湖泊湿地因退化而造成土壤全磷含量的减少。在湖泊湿地不同退化阶施肥处理不会使其土壤有机碳含量显著增长，2019 年湖泊湿地各退化阶段土壤有机碳含量较 2018 年相比有所下降，施肥处理不会使湖泊湿地各退化阶段的土壤有机碳 / 全氮、全氮 / 全磷和土壤含水量增长，且 2019 年湖泊湿地不同退化阶的土壤含水量低于 2018 年湖泊湿地不同退化阶的土壤含水量。

表 6-23　2018 年湖泊湿地不同施肥处理下不同程度退化阶段植土壤理化性质

退化梯度 Gradientdegrdation	处理 Processingmethod			
	对照 CK	尿素 Urea	过磷酸钙 Superphsphate	有机肥 + 掺混肥 Organicfertilizer+ mixedfertilizer
全氮 TN/（g·kg⁻¹） 未退化湿地	1.14 ± 0.12			
轻度退化湿地	1.43 ± 0.10bc	1.10 ± 0.07c	1.91 ± 0.24a	1.63 ± 0.24ab
中度退化湿地	1.12 ± 0.11a	1.04 ± 0.08ab	1.19 ± 0.06a	0.86 ± 0.06b
极度退化湿地	0.62 ± 0.05b	074 ± 0.07ab	1.07 ± 0.23a	0.72 ± 0.06b
全磷 TP/（g·kg⁻¹） 未退化湿地	0.40 ± 0.04			
轻度退化湿地	0.44 ± 0.04b	1.10 ± 0.10a	1.01 ± 0.09a	0.55 ± 0.05b
中度退化湿地	0.46 ± 0.05a	0.45 ± 0.05a	0.43 ± 0.05a	0.46 ± 0.04a
极度退化湿地	0.34 ± 0.03a	0.37 ± 0.04a	0.40 ± 0.04a	0.39 ± 0.03a
有机碳 TOC/（g·kg⁻¹） 未退化湿地	47.28 ± 2.37			
轻度退化湿地	40.36 ± 4.90a	39.51 ± 0.19a	41.07 ± 4.52a	39.55 ± 4.50a
中度退化湿地	45.12 ± 3.51a	43.08 ± 3.24a	42.32 ± 4.81a	36.60 ± 6.91a
极度退化湿地	36.27 ± 2.30a	36.34 ± 2.69a	35.22 ± 4.96a	38.56 ± 2.40a
有机碳 / 全氮 TOC/TN 未退化湿地	41.55 ± 2.97			
轻度退化湿地	28.14 ± 1.66b	36.12 ± 2.27a	21.55 ± 1.58c	24.42 ± 1.06bc
中度退化湿地	40.25 ± 0.90a	41.50 ± 1.76a	35.39 ± 2.23a	42.51 ± 5.16a
极度退化湿地	58.29 ± 1.52a	49.38 ± 1.39b	48.45 ± 3.47b	36.88 ± 5.21c
全氮 / 全磷 TN/TP 未退化湿地	2.82 ± 0.04			
轻度退化湿地	3.27 ± 0.07a	1.00 ± 0.04d	1.88 ± 0.07c	2.97 ± 0.19b
中度退化湿地	2.46 ± 0.03b	2.34 ± 0.12b	2.79 ± 0.16a	1.87 ± 0.02c
极度退化湿地	1.84 ± 0.30b	1.98 ± 0.03b	1.83 ± 0.04b	2.70 ± 0.44a
含水量 （m³·m⁻³） 未退化湿地	0.4 ± 0.01			
轻度退化湿地	0.43 ± 0.01a	0.37 ± 0.01b	0.37 ± 0.01b	0.33 ± 0.01b
中度退化湿地	0.38 ± 0.01a	0.31 ± 0.01b	0.27 ± 0.01c	0.28 ± 0.01c
极度退化湿地	0.23 ± 0.01ab	0.24 ± 0.01ab	0.25 ± 0.02a	0.23 ± 0.03b

表 6-24　2019 年湖泊湿地不同施肥处理下不同程度退化阶段植土壤理化性质

退化梯度 Gradientdegrdation		处理 Processingmethod			
		对照 CK	尿素 Urea	过磷酸钙 Superphsphate	有机肥＋掺混肥 Organicfertilizer+ mixedfertilizer
全氮 TN/（g·kg⁻¹）	未退化湿地	0.61±0.01			
	轻度退化湿地	1.00±0.05b	1.12±0.02a	1.16±0.02a	1.09±0.04ab
	中度退化湿地	0.92±0.06a	0.81±0.01b	0.97±0.03a	0.68±0.02c
	极度退化湿地	0.54±0.01b	0.58±0.04ab	0.62±0.02a	0.56±0.02ab
全磷 TP/（g·kg⁻¹）	未退化湿地	0.27±0.02			
	轻度退化湿地	0.23±0.01b	0.26±0.02ab	0.32±0.03a	0.24±0.02b
	中度退化湿地	0.25±0.01b	0.24±0.01b	0.33±0.01a	0.24±0.02b
	极度退化湿地	0.17±0.00b	0.16±0.02b	0.24±0.03a	0.18±0.01b
有机碳 TOC/（g·kg⁻¹）	未退化湿地	30.53±1.50			
	轻度退化湿地	41.16±1.38a	42.10±3.49a	41.21±6.88a	42.75±3.40a
	中度退化湿地	37.32±2.34a	32.07±5.07a	41.21±4.63a	32.22±2.07a
	极度退化湿地	34.53±1.45ab	27.88±3.18b	27.43±6.08b	40.77±2.92a
有机碳/全氮 TOC/TN	未退化湿地	50.37±3.68			
	轻度退化湿地	41.13±0.95a	37.59±2.69	35.39±5.21a	39.01±1.65a
	中度退化湿地	40.75±1.18a	39.46±5.76a	42.22±3.62a	47.57±1.72a
	极度退化湿地	64.17±1.13a	48.05±2.96b	44.47±8.91b	73.27±3.41a
全氮/全磷 TN/TP	未退化湿地	2.22±0.14			
	轻度退化湿地	4.40±0.19ab	4.33±0.29ab	3.81±0.29b	4.53±0.31a
	中度退化湿地	3.66±0.16a	3.32±0.12a	2.93±0.04b	2.78±0.19b
	极度退化湿地	3.10±0.07b	3.57±0.22a	2.62±0.25c	3.14±0.05ab
含水量 （m³·m⁻³）	未退化湿地	0.4±0.01			
	轻度退化湿地	0.34±0.02a	0.34±0.02a	0.36±0.01a	0.34±0.02a
	中度退化湿地	0.17±0.02a	0.18±0.02a	0.18±0.02a	0.20±0.01a
	极度退化湿地	0.12±0.02a	0.13±0.01a	0.13±0.02a	0.12±0.02a

6.4 高寒湿地退化过程中人为干扰对植物群落结构的影响

6.4.1 人为干扰下退化湿地植物状况

（1）人为干扰对退化湿地植被高度、盖度及生物量的影响

河流湿地，极度退化湿地各处理中覆盖无纺布对群落高度和盖度影响最为显著。重度退化湿地群落高度和盖度与极度退化湿地情况相似。轻度退化湿地的各处理对群落高度和盖度影响差异不显著。极度退化和重度退化湿地在覆盖无纺布后群落高度与对照相比高度分别增加了71.58%、55.17%，与未退化湿地的群落高度相比不具显著差异。极度退化和重度退化草甸在覆盖无纺布后与对照相比盖度分别增加了55.56%和56.25%，而重度退化湿地在无纺布覆盖后盖度达到80%，与未退化湿地群落盖度之间无显著差异。各处理对地上生物量均有影响，在极度退化湿地和重度退化湿地中无纺布处理效果最为明显。极度退化湿地、重度退化湿地地下生物量与地上生物量情况较为相似。轻度退化湿地各施肥处理间地上生物量之间差异不明显，过磷酸钙处理地下生物量显著高于其他处理。极度退化湿地和重度退化湿地覆盖无纺布后，地上生物量与未退化湿地地上生物量相比差35.14%和23.65%，而极度退化和重度退化湿地未处理地上生物量与未退化湿地相比分别差84.55%和80.91%。地下生物量变化情况表现为轻度退化各处理显著高于其他退化湿地的各处理，重度退化湿地和极度退化湿地无纺布覆盖下地下生物量显著高于其他处理（$P < 0.05$）。

湖泊湿地，除未退化湿地外，其他各退化湿地均为无纺布处理下植被高度显著较高，轻度退化湿地高度与未退化湿地对照相比增高了61.6%，中度退化湿地高度与未退化湿地相比增高了26.48%，极度退化湿地与未退化湿地相比增高了10.18%。各退化湿地不同处理均使植被盖度有不同程度增加，盖度变化情况表现为未退化湿地与轻度退化湿地有机肥＋参混肥处理显著高于其他处理；中度退化和重度退化和极度退化湿地无纺布处理显著高于其他处理，与未退化湿地对照相比有机肥＋参混肥处理下的盖度增加了18.36%，无纺布处理下的盖度增加了18.75%。未退化湿地、中度退化湿地和重度退化湿地尿素处理地上生物量变化程度显著高于其他处理，与未退化对照相比地上生物量分别增加了38%、27.1%和35.98%。轻度退化湿地和极度退化湿地无纺布处理地上生物量显著高于其他处理，与未退化湿地对照相比地上生物量分别增加了41.59%和36.57%。地下生物量变化情况表现为未退化湿地不同处理均使地下生物量不同程度减少，轻度退化湿地有机肥＋参混肥和覆盖无纺布处理地下生物量显著高于其他处理，中度退化湿地有机肥＋参混肥处理地下生物量显著高于其他处理，重度退化湿地尿素处理后地下生物量显著低于其他处理，极度退化湿地无纺布处理的地下生物量显著高于其他处理（$P < 0.05$）。

河漫滩湿地，植被高度变化情况为各退化程度的湿地中覆盖无纺布效果最佳，显著高于其他处理，与未退化对照相比轻度退化湿地高度增加了61.6%，中度退化湿地增加了10.18%。盖度变化情况为除轻度退化外其他退化湿地均为无纺布处理盖度显著高于其他处理。未退化、轻度退化和中度退化湿地各处理下地上生物量变化程度显著高于重度退化和极度退化湿地，其中各退化湿地无纺布处理下，地上生物量显著高于其他处理，与未退化对照相比地上生物量分别增加了 41.59%、36.57% 和 0.7%。地下生物量对各处理的响应情况与地上生物量的变化情况相似，轻度退化湿地无纺布与有机肥 + 参混肥处理下地下生物量显著高于其他处理，重度退化无纺布处理地下生物量显著高于其他处理（$P < 0.05$）（图 6-6）。

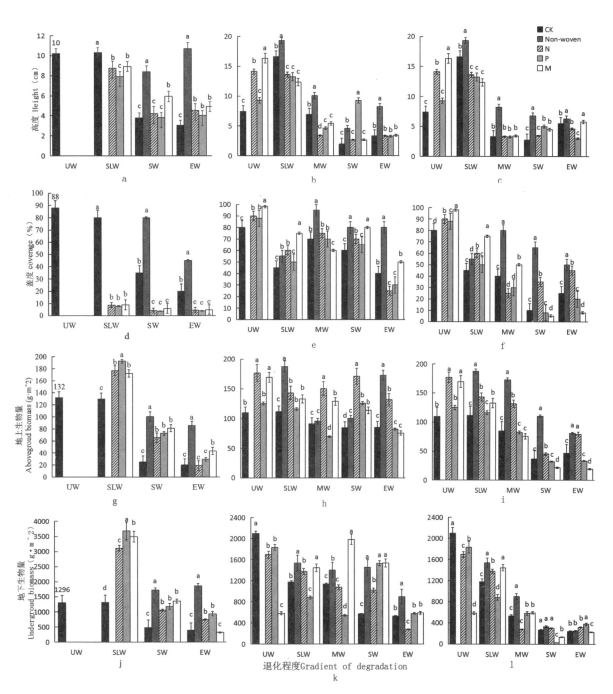

图 6-6　不同人为干扰对各退化湿地群落结构的影响

注：CK：空白对照；Non-wowen：无纺布；N：尿素；P：过磷酸钙；M：有机肥 + 参混肥

（2）人为干扰对退化湿地植物根冠比的影响

河流湿地，极度退化湿地各处理对根冠比影响较为显著的是尿素处理，尿素处理下的根冠比显著高于其他处理，与对照相比根冠比增高了48.78%。重度退化湿地各处理下的根冠比显著低于对照，与对照相比降低了9.95%～15.16%。轻度退化各处理下的根冠比显著高于对照，与对照相比增高了42.63%～50.24%（$P < 0.05$）。

湖泊湿地，中度退化湿地和重度退化湿地覆盖无纺布和有机肥＋参混肥处理下植被根冠比高于对照和其他处理，未退化湿地各处理降低了植被的根冠比，轻度退化湿地无纺布、尿素和过磷酸钙处理对根冠比有降低作用，极度退化湿地过磷酸钙和有机肥＋参混肥处理下根冠比与对照相比显著增加，无纺布与尿素处理下根冠比显著降低（$P < 0.05$）。

河漫滩湿地，未退化湿地与轻度退化湿地不同处理对根冠比的影响与湖泊湿地相似，中度退化湿地与极度退化湿地尿素处理下根冠比与对照相比显著降低，过磷酸钙和有机肥＋参混肥处理下根冠比与对照相比显著增加，重度退化湿地尿素和有机肥＋参混肥处理下根冠比与对照相比显著增加（$P < 0.05$）（图6-7）。

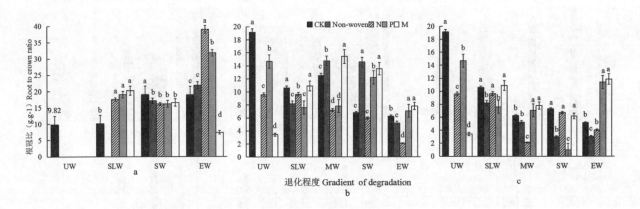

图 6-7　不同人为干扰措施对各退化湿地根冠比的影响

（3）人为干扰措施对退化湿地生物多样性的影响

不同人为干扰措施对各退化湿地生物多样性有较为显著的影响。河流湿地，极度退化湿地施肥处理降低了群落丰富度指数，重度退化湿地有机肥＋参混肥与其他处理相比降低了丰富度指数。湖泊湿地，轻度退化湿地过磷酸钙处理下丰富度指数与其他处理相比显著提高，中度退化湿地尿素和有机肥＋参混肥处理显著降低丰富度。河漫滩湿地，轻度退化湿地尿素和有机肥＋参混肥处理丰富度指数显著降低（表6-25）。

河流湿地，轻度退化湿地过磷酸钙处理下的生物多样性显著增加，重度退化湿地尿素和过磷酸钙处理下的生物多样性显著增加，极度退化湿地施肥处理有降低生物多样性的趋势。湖泊湿地，轻度退化湿地覆盖无纺布生物多样性显著高于对照，中度退化湿地有机肥＋参混肥和覆盖物无纺布处理生物多样性显著高于对照，重度退化湿地有机肥＋参混肥处理下的生物多样性显著高于其他处理，极度退化湿地不同人为干扰措施均会降低生物多样性（$P < 0.05$）（表6-26）。

表 6-25　不同人为干扰措施对退化湿地丰富度指数的影响

湿地类型	退化程度	处　理				
		CK	N	M	P	Non-woven
RW	UW	4 ± 1.02	——	——	——	——
	SLW	5 ± 0.82a	4 ± 0.58a	4 ± 1.00a	5 ± 0.51a	——
	SW	3 ± 0.82b	6 ± 1.00a	3 ± 1.00b	6 ± 0.58a	5 ± 1.00a
	EW	4 ± 0.82a	3 ± 0.58ab	2 ± 0.57b	3 ± 1.00ab	4 ± 0.58a
LW	UW	4 ± 1.41c	6 ± 0.58ab	5 ± 1.41b	7 ± 1.41a	——
	SLW	4 ± 1.15a	3 ± 1.15b	3 ± 1.41b	4 ± 1.15a	4 ± 1.41a
	MW	6 ± 0.58ab	6 ± 0.57ab	4 ± 0.70c	5 ± 0.57b	7 ± 1.15a
	SW	3 ± 0.58a	3 ± 0.58a	2 ± 0.58ab	3 ± 0.7a	3 ± 0.57a
	EW	2 ± 1.15a	2 ± 1.15a	2 ± 0.57a	2 ± 0.70a	2 ± 0.58a
PW	UW	4 ± 1.41c	6 ± 0.58ab	5 ± 1.41b	7 ± 1.41a	——
	SLW	4 ± 1.15a	3 ± 1.15b	3 ± 1.41b	4 ± 1.15a	4 ± 1.41a
	MW	2 ± 1.15a	2 ± 1.15a	2 ± 0.57a	2 ± 0.70a	2 ± 0.58a
	SW	2 ± 0.70a	2 ± 0.70a	2 ± 0.57a	2 ± 0.57a	2 ± 0.58a
	EW	2 ± 0.57a	2 ± 0.57a	2 ± 0.58a	2 ± 0.57a	2 ± 0.58a

表 6-26　不同人为干扰措施对退化湿地多样性指数的影响

湿地类型	退化程度	处　理				
		CK	N	M	P	Non-woven
RW	UW	1.114 ± 0.032	——	——	——	——
	SLW	1.300 ± 0.009b	1.259 ± 0.145c	1.260 ± 0.001c	1.437 ± 0.143a	——
	SW	0.917 ± 0.002c	1.451 ± 0.025a	0.712 ± 0.009d	1.461 ± 0.009a	1.286 ± 0.011b
	EW	1.631 ± 0.045a	0.940 ± 0.182bc	0.652 ± 0.010c	0.958 ± 0.011b	1.110 ± 0.020a
LW	UW	1.04 ± 0.15c	1.29 ± 0.051b	1.07 ± 0.009c	1.65 ± 0.020a	——
	SLW	0.95 ± 0.02d	1.11 ± 0.070b	1.02 ± 0.006c	0.83 ± 0.037e	1.30 ± 0.003a
	MW	1.66 ± 0.11a	1.39 ± 0.036b	1.61 ± 0.005a	1.01 ± 0.014c	1.63 ± 0.023a
	SW	1.05 ± 0.01a	0.97 ± 0.015b	1.02 ± 0.021a	0.69 ± 0.009c	0.99 ± 0.019b
	EW	0.71 ± 0.02a	0.37 ± 0.031d	0.42 ± 0.008d	0.59 ± 0.025b	0.50 ± 0.024c
PW	UW	1.04 ± 0.15c	1.29 ± 0.051b	1.07 ± 0.009c	1.65 ± 0.020a	——
	SLW	0.95 ± 0.02d	1.11 ± 0.070b	1.02 ± 0.006c	0.83 ± 0.037e	1.30 ± 0.003a
	MW	0.71 ± 0.02a	0.37 ± 0.031d	0.42 ± 0.008d	0.59 ± 0.025b	0.50 ± 0.024c
	SW	0.37 ± 0.16b	0.32 ± 0.018b	0.30 ± 0.007b	0.01 ± 0.006c	0.64 ± 0.008a
	EW	0.58 ± 0.02a	0.41 ± 0.019b	0.22 ± 0.003c	0.18 ± 0.063e	0.020 ± 0.023d

河漫滩湿地，轻度退化湿地和极度退化湿地不同人为干扰措施显著降低物种均匀度，重度退化湿地尿素处理下物种均匀度指数显著高于其他处理。湖泊湿地，轻度退化和极度退化湿地施肥处理降低物种多样性，中度退化湿地过磷酸钙与覆盖无纺布处理显著降低物种均匀度，重度退化湿地尿素处理下的物种均匀度显著低于对照。河漫滩湿地，中度退化湿地和极度退化湿地各人为干扰措施均有降低物种均匀度的趋势，轻度退化湿地和重度退化湿地施肥处理下物种均匀度显著低于对照（$P < 0.05$）（表6–27）。

表6–27 不同人为干扰措施对退化湿地均匀度指数的影响

湿地类型	退化程度	处 理				
		CK	N	M	P	Non-woven
RW	UW	0.860 ± 0.025	——	——	——	——
	SLW	1.050 ± 0.015a	0.909 ± 0.011b	0.909 ± 0.016b	0.909 ± 0.016b	——
	SW	0.638 ± 0.035c	0.810 ± 0.09a	0.648 ± 0.006c	0.648 ± 0.06c	0.799 ± 0.006b
	EW	0.961 ± 0.010a	0.858 ± 0.026d	0.942 ± 0.010b	0.042 ± 0.010b	0.801 ± 0.030e
LW	UW	0.65 ± 0.011c	0.72 ± 0.005b	0.59 ± 0.001d	0.85 ± 0.018a	——
	SLW	0.86 ± 0.008ab	0.80 ± 0.013b	0.74 ± 0.005c	0.75 ± 0.008c	0.94 ± 0.001a
	MW	0.85 ± 0.009a	0.86 ± 0.038a	0.83 ± 0.001a	0.73 ± 0.012b	0.35 ± 0.006c
	SW	0.95 ± 0.005a	0.88 ± 0.005b	0.93 ± 0.002ab	1.00 ± 0.021a	0.90 ± 0.002ab
	EW	1.02 ± 0.003a	0.54 ± 0.006d	0.61 ± 0.012c	0.84 ± 0.010b	0.73 ± 0.001b
PW	UW	0.65 ± 0.011c	0.72 ± 0.005b	0.59 ± 0.001d	0.85 ± 0.018a	——
	SLW	0.86 ± 0.008ab	0.80 ± 0.013b	0.74 ± 0.005c	0.75 ± 0.008c	0.94 ± 0.001a
	MW	1.02 ± 0.003a	0.54 ± 0.006d	0.61 ± 0.012c	0.84 ± 0.010b	0.73 ± 0.001b
	SW	0.54 ± 0.007b	0.47 ± 0.019c	0.43 ± 0.057c	0.01 ± 0.717d	0.92 ± 0.004a
	EW	0.84 ± 0.001a	0.60 ± 0.011b	0.32 ± 0.023c	0.26 ± 0.006c	0.28 ± 0.004c

6.4.2 高寒湿地退化过程中人为干扰措施对土壤理化性质的影响

（1）人为干扰措施对退化湿地土壤物理性质的影响

河流湿地，不同人为干扰措施对不同退化程度湿地土壤pH影响显著不同，pH在8～9.4之间。轻度退化湿地、重度退化湿地、极度退化湿地在无纺布处理下水分含量显著高于其他处理。土壤电导率在不同处理中表现出不同差异，在轻度退化湿地中过磷酸钙处理下的土壤电导率显著高于对照，极度退化湿地有机肥＋混合肥处理下电导率显著高于其他处理（$P < 0.05$）。

湖泊湿地，不同人为干扰措施对土壤pH的影响显著，pH在8.55～9.2之间。轻度退化湿地和重度退化湿地人为干扰后土壤含水量显著低于对照，中度退化湿地在尿素处理土壤含水量显著高于对照。土壤电导率变化情况表现为：在轻度退化湿地中，不同人为干扰措施使土壤电导率显著低于对照，中度退化湿地过磷酸钙和无纺布处理下电导率显著高于对照，极度退化有机肥＋参混肥处理土壤电导率显著高于对照（$P < 0.05$）。

河漫滩湿地，不同人为干扰措施对不同退化程度的湿地土壤 pH 影响显著不同，pH 在 8.48 ～ 9.61 之间。轻度退化湿地和极度退化湿地施肥处理后土壤含水量显著低于对照，各退化湿地均在有机肥＋参混肥处理下土壤含水量显著低于对照。中度退化和重度退化湿地的土壤电导率在有机肥＋参混肥处理下显著高于对照，极度退化湿地在尿素处理下电导率显著高于对照（$P < 0.05$）（图 6-8）。

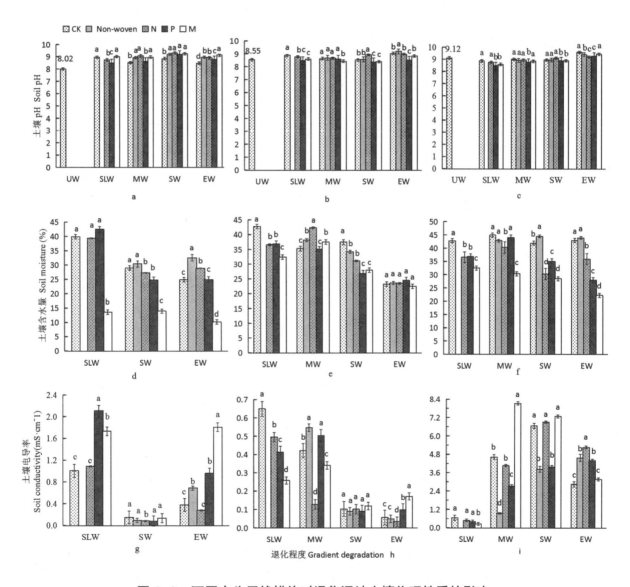

图 6-8　不同人为干扰措施对退化湿地土壤物理性质的影响

（2）人为干扰措施对退化湿地土壤养分的影响

河流湿地，轻度退化和重度退化湿地尿素处理下全氮含量显著高于其他处理。中度退化湿地过磷酸钙处理下全氮含量显著高于其他处理。中度退化、重度退化和极度退化湿地土壤全磷含量在有机肥＋混合肥处理下显著高于其他处理，并随着退化加剧其含量有升高趋势。轻度退化湿地则过磷酸钙处理显著高于其他处理。土壤全碳含量在人为干扰措施后显著低于其他处理（$P < 0.05$）。

湖泊湿地中轻度退化和中度退化湿地在尿素处理下土壤全氮含量显著高于其他处理。重度退化湿地尿素和有机肥＋参混肥处理土壤全氮含量显著低于其他处理。各退化湿地土壤全磷含量在过磷酸钙处理下均显著高于对照。轻度退化和重度退化湿地全碳含量在不同人为干扰措施显著低于对照，中度退化和极度退化过磷酸钙处理下全碳含量显著高于其他处理（$P < 0.05$）。

河漫滩湿地中的中度退化和重度退化湿地，有机肥＋混合肥处理下土壤全氮含量显著高于其他处理，轻度退化湿地尿素处理下全氮含量显著高于其他处理，极度退化湿地过磷酸钙处理下全氮含量显著高于其他处理。中度退化和重度退化湿地，过磷酸钙处理下全磷含量显著高于对照。轻度退化湿地和极度退化湿地，有机肥＋参混肥处理下全磷含量显著高于对照。轻度退化和重度退化湿地，土壤全碳含量在人为干扰后与对照相比有显著降低趋势（$P < 0.05$）（图6-9）。

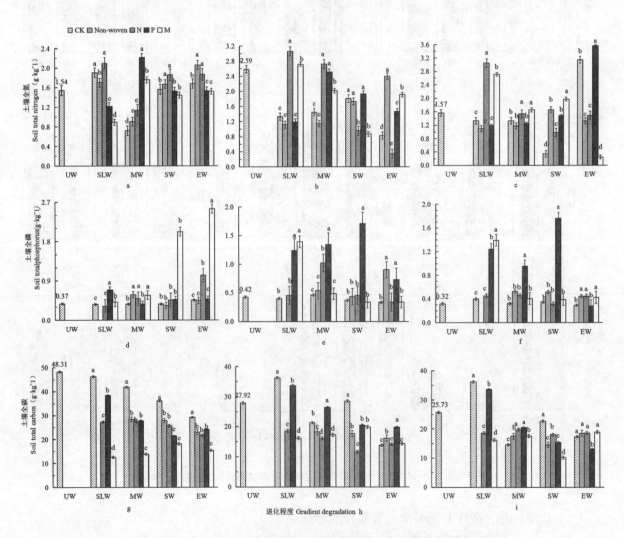

图6-9　不同人为干扰措施对退化湿地土壤全量养分的影响

河流湿地，不同人为干扰措施对土壤速效磷影响比较显著。轻度退化、重度退化和极度退化湿地速效磷含量均是在过磷酸钙处理下达最高水平，随退化程度加剧施肥处理对速效磷影响越小，极度退化人为干扰后速效磷含量低于对照，并存在显著差异。土壤碱解氮含量也随不同处理表现不同变化，不同人为干扰措施均使碱解氮含量有降低趋势（$P < 0.05$）。

湖泊湿地，轻度退化、中度退化和极度退化湿地过磷酸钙处理下土壤速效磷含量显著高于对照，重度退化湿地尿素处理下土壤速效磷含量显著低于对照。轻度退化和中度退化湿地不同人为干扰后土壤碱解氮含量显著低于对照，重度退化和极度退化湿地覆盖无纺布后碱解氮含量显著高于对照（$P < 0.05$）。

河漫滩湿地，轻度退化湿地和中度退化湿地的土壤速效磷含量在过磷酸钙处理下显著高于对照，重度退化湿地和极度退化湿地土壤速效磷含量在有机肥＋参混肥处理下显著高于对照。各退化湿地土壤碱解氮含量均在人为干扰后显著低于对照（图6-10）。

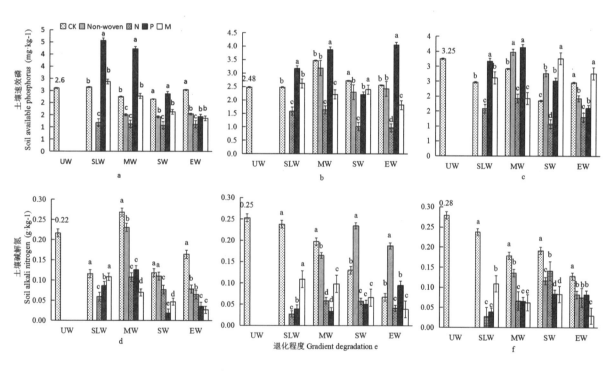

图6-10　不同人为干扰措施对退化湿地土壤速效养分的影响

（3）人为干扰后土壤含水量与土壤理化性质的相关性分析

河流湿地土壤含水量与土壤全磷相关性最高，并且呈负相关（$P < 0.001$），与土壤全碳呈极显著负相关（$P < 0.01$）。湖泊湿地土壤含水量与土壤全碳呈显著正相关（$P < 0.05$）。河漫滩湿地土壤含水量与土壤全磷呈极显著负相关（$P < 0.01$），与土壤电导率相关性最高，且呈负相关（$P < 0.001$）。河流湿地土壤含水量与电导率和碱解氮呈正相关，与全氮、速效磷和pH呈负相关。湖泊湿地土壤含水量与全磷、电导率和pH呈负相关，与全碳和碱解氮等呈正相关。河漫滩湿地土壤含水量与pH和全氮呈负相关，与速效磷、碱解氮和全碳呈正相关（表6-28）。

表 6-28　土壤含水量与土壤理化性质的相关性分析

退化湿地类型	项目	土壤电导率	pH	全碳	全磷	碱解氮	速效磷	全氮
RW	P	0.237	0.414	0.001	P < 0.001	0.369	0.127	0.634
	R	0.251ns	−0.175ns	−0.622**	−0.717***	0.192ns	−0.320ns	−0.100ns
LW	P	0.203	0.202	0.032	0.925	0.126	0.723	0.186
	R	−0.396ns	−0.306ns	0.492*	−0.023ns	0.364ns	0.087ns	0.317ns
PW	P	P < 0.001	0.789	0.516	0.032	0.412	0.084	0.926
	R	−0.778***	−0.066ns	0.159ns	−0.016**	0.200ns	0.407ns	−0.023ns

注:RW 为河流湿地,LW 为湖泊湿地,PW 为河漫滩湿地,P 为 P 值,R 为相关系数。下同。(***P < 0.001;**P < 0.01; P < 0.05 ; nsP > 0.05.Thesamebelow.)

6.4.3　人为干扰后土壤含水量与植被群落结构的相关性分析

分析土壤含水量与植被群落结构相关性可知（表 6-29），河流湿地土壤含水量与盖度是呈极显著负相关（$P < 0.01$），与高度呈显著负相关（$P < 0.05$）。湖泊湿地土壤含水量与生物量呈显著正相关（$P < 0.05$）。河漫滩湿地土壤含水量与地上生物量呈极显著负相关（$P < 0.05$）。河流湿地土壤含水量与生物量和根冠比呈正相关，湖泊湿地植被群落结构特征均与土壤含水量呈正相关，河漫滩湿地，土壤含水量与植被高度、盖度和根冠比均呈正相关。

表 6-29　土壤含水量与植被群落结构的相关性分析

退化湿地类型	项目	地上生物量	地下生物量	高度	盖度	根冠比
RW	P	0.174	0.466	0.015	0.008	0.193
	R	0.287ns	0.156ns	−0.492*	−0.525**	0.356ns
LW	P	0.244	0.047	0.086	0.124	0.798
	R	0.614ns	0.467*	0.404ns	0.365ns	0.063ns
PW	P	0.012	0.524	0.723	0.078	0.056
	R	−0.440**	0.156ns	0.087ns	0.414ns	0.820ns

分析人为干扰后土壤含水量与土壤理化性质的相关性得出，河流湿地土壤含水量与土壤全磷相关性最高，并且呈极显著负相关（$P < 0.001$），与土壤全碳也呈极显著负相关（$P < 0.01$）。湖泊湿地土壤含水量与土壤全碳呈显著正相关（$P < 0.05$）。河漫滩湿地土壤含水量与土壤全磷呈及显著负相关（$P < 0.01$），与土壤电导率相关性最高，且呈极显著负相关（$P < 0.001$），分析土壤含水量与植被群落结构相关性可知,河流湿地土壤含水量与盖度是呈极显著负相关（$P < 0.01$），与高度呈显著负相关（$P < 0.05$）。湖泊湿地土壤含水量与生物量呈显著正相关（$P < 0.05$）。河漫滩湿地土壤含水量与地上生物量呈极显著负相关（$P < 0.01$）。

6.5　三江源区退化高寒湿地恢复技术体系构建及示范

6.5.1　退化高寒湿地技术体系构建

（1）退化高寒湿地恢复难点及技术体系构建思路

①退化湿地恢复难点

课题是在探索中开展的，没有成熟的恢复方法可借鉴，照搬高寒草甸和高寒草原恢复方法不可行。原因有两个方面。首先，湿地恢复和功能维持的前提是水文条件的恢复，如果水分条件不满足，退化湿地恢复无从谈起。蓄水功能的恢复是满足湿地水文条件的关键，湿地蓄水功能的破坏和恢复在自然状态下是不可逆的，如果没有人工辅助建立拦水设施，已形成的排水通道只会越来越深，而禁牧和降雨等在高寒草甸和高寒草原恢复中的有效措施对湿地蓄水功能恢复不起作用。因此，湿地恢复首先是蓄水功能的恢复。其次是植被恢复问题。高寒湿地适生植物特别是"土著"植物种子一般有后熟现象，在自然条件下萌发率非常低。虽然实验室人工处理可以解决湿生植物种子萌发问题，但当前的种子萌发技术、栽培和种子生产技术难以匹配大规模恢复的湿生植物种子需求。由于湿地植被恢复面临的问题是无湿生种子可选，课题实施中只能以草甸和草原恢复常用的禾本科植物作为替代品种，所以，已恢复的植被也不是典型的湿地植物群落，湿地功能无法完全恢复。

玛多县实验样地和玉树市隆宝试验样地均处于三江源国家公园核心地带，生态保护制度非常严格，严禁个人或单位随意围建网围栏或设备安装。课题实施中为了遵守三江源国家公园相关管理制度，在网围栏建设之前以及课题实施过程中每次进入样地都需向青海省三江源国家公园管理局发函审批，同时在玛多县公家公园管理局备案，才保证了项目的顺利实施。

②退化湿地恢复治理思路

水分条件是湿地恢复的前提，首先进行水文条件的恢复。措施是建立拦水坝扩大水域面积，有条件的地方进行人工降雨增加水分。植被恢复通过湿生草种繁育和人工植被建植方法形成湿地植物群落。管理上通过灭鼠和围栏等合理利用方法维持湿地生态系统功能（图6-11）。

（2）技术体系构建

对课题4个专题研发的恢复技术（退化高寒湿地近自然植被恢复技术、退化高寒湿地人工植被建植技术和退化高寒湿地人工补水和冻土保育技术等）进行组装，形成以下3种类型的技术组合体系。

类型1：增水－禁牧混合型。适用于由于过度放牧和气候变化共同引起的重度退化湿地。此类湿地所在区域自然降雨量少，原生植被破坏较严重，蓄水功能遭到破坏且放牧压力较大。相应技术组合：在围栏禁牧（合理放牧）和灭鼠的基础上，以拦水坝建设和补充湿生植物为主，辅以人工植被建植、施肥和无纺布覆盖等植被恢复措施。示范地区：玛多县玛查理镇。

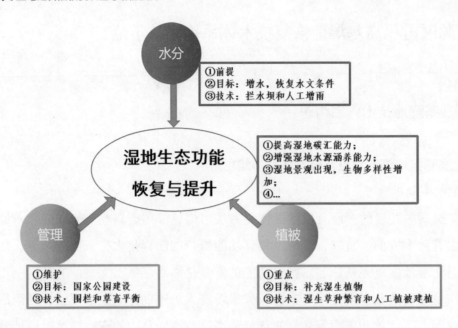

图 6-11　湿地生态功能恢复技术集成思路图

类型 2：增水主导型。适用于由于气候变化引起的中度退化湿地的恢复。此类湿地原生植被保留较好，蓄水功能正常，放牧压力不大。相应技术组合：在围栏禁牧（合理放牧）和灭鼠的基础上，以人工增雨和补充湿生植物为主的植被恢复措施。人工增雨每年 5 ~ 9 月进行，每月增雨 1 ~ 2 次。示范地区：玉树市隆宝镇。

类型 3：禁牧主导型。适用于由于过度放牧引起的轻度退化湿地的恢复。此类湿地所在区域自然降雨相对充足，蓄水功能良好，但放牧压力较大。相应技术组合：以围栏禁牧（合理放牧）为主，辅以人工增雨以及冻土保育等湿地保护技术。人工增雨每年 5 ~ 9 月进行，每月增雨 1 ~ 2次。示范地区：玉树市隆宝镇。

结合表 6-30，健康湿地的景观特征是湿地的冻融丘未破坏和冻融丘间具有明水的核心区，此种湿地主要以近自然保护措施为主，尽量减少人为干扰。可开展大范围人工增雨作业，补充水分条件。

轻度退化湿地一般距核心明水区 5 ~ 10m，地表特征为冻融丘破碎、变小和数量增加，冻融丘间已无明水。以围栏禁牧（合理放牧）为主，辅以人工增雨以及冻土保育等湿地保护技术。轻度退化湿地仍以保护手段为主，一方面通过围栏禁牧减少家畜或野生动物对湿地的破坏，另一方面通过人工增雨、冻土保育等手段适当补水，人工增雨对湿地环境破坏性小，且能相对增加水分含量。

中度退化湿地一般距核心区 10 ~ 20m 左右，景观特征表现为有冻融丘痕迹，植被盖度明显减少，已无湿生植物，季节性降水期间可见西伯利亚蓼。恢复的技术手段是在围栏禁牧（合理放牧）和灭鼠的基础上，以人工增雨和补充湿生植物为主。采用人工增雨手段适当补水，减少对环境的影响，同时补充发草等湿生草种，和耐盐碱的同德小花碱茅，增加湿地生物量和蓄水能力补播草种的同时，适当补充有机肥和无机营养物质等，促进植物生长。

表 6-30 三江源区高寒湿地退化恢复技术体系和管理体系表

湿地退化程度	景观特征	技术体系	管理体系	备注
未退化湿地	地面景观表现为冻融丘未破坏和冻融丘间具有明水的核心区	近自然保护措施，减少人为干扰	湿地公园建设	1. 建议在三江源地区条件允许的情况下，开展大范围人工增雨作业，补充水分条件 2. 湿生草种补播：繁育和基地建设 3. 建植人工草地包括：草种的选取配植，翻耕、无纺布覆盖、施肥
轻度退化	距核心明水区（5~10m），冻融丘破碎、变小、数量增加，冻融丘间已无明水	以围栏禁牧（合理放牧）为主，辅以人工增雨以及冻土保育等湿地保护技术		
中度退化	距核心区更远（10~20m），有冻融丘痕迹，植被盖度明显减少，已无湿生植物，季节性降水期间可见西伯利亚蓼	在围栏禁牧（合理放牧）、灭鼠的基础上，以人工增雨和补充湿生植物为主的植被恢复措施	围栏封育（灭鼠＋合理放牧）	
重度退化	湿地边缘区，退化为高寒草甸，高寒草原或退化高寒草原，沙化、盐碱化、草原化、鼠害严重，季节性积水现象明显	在围栏禁牧（合理放牧）、灭鼠的基础上，以拦水坝建设和补充湿生植物为主，辅以人工植被建植、施肥、无纺布覆盖等植被恢复措施		

重度退化一般位于湿地边缘区，由湿地退化为高寒草甸，高寒草原或退化高寒草原，同时沙化、盐碱化、草原化、鼠害严重，季节性积水现象明显。重度退化湿地的恢复手段是在围栏禁牧（合理放牧）和灭鼠的基础上，以拦水坝建设和补充湿生植物为主，辅以人工植被建植、施肥和无纺布覆盖等植被恢复措施。通过拦水坝建设，扩大水域覆盖面积，补种湿生植物，增加湿地蓄水能力。人工植被建植选择有利于提高高寒人工湿地水分利用效率和土壤碳固持的植物品种组合，如垂穗披碱草＋青牧一号老芒麦＋贫花鹅观草＋糙毛鹅观草，和直穗披碱草＋中华羊茅＋冷地早熟禾＋扁茎早熟禾进行人工补播，并在植物种植过程中覆盖无纺布，增加表层土壤含水量，有效促进种子的萌发。在植物种植期间，需针对湿地不同退化程度补充所需的营养元素，合理调控植物发育。在植物生长期间，仍需间断进行追肥处理，充分保障植物生长所需的营养物质。

6.5.2 退化高寒湿地技术体系示范

（1）玛多退化湿地恢复技术体系示范

在玛多退化湿地恢复技术集成示范点在前期围栏封育的基础上，进行了局部鼠害的防控工作后，以示范点内核心水域为中心，向水域两侧进行划区草地恢复处理，A 区是湿地水域核心区，退化主要发生在 3 区、4 区和 5 区，1 区是莎草科为主的湿生植物生长环境，2 区虽以湿生植物为主，但土壤已经干旱化，禾本科植物已经逐步进入，在 3 区、4 区和 5 区，在东北侧按照植被类型可

以划分为高寒草甸，高寒草原和退化
高寒草原区，在西南侧可以划分为廖
科植物为主的退化湿地，高寒草原和
退化高寒草原区，鼠害主要发生在5
区（图6-12）。A区和1区为核心保
护区，在1区外围的2区进行了有条
件的拦水坎建设（图6-13），扩大水
域面积，促进湿生植物自然生长，同

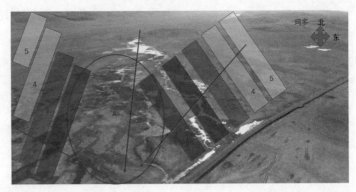

图6-12 玛多退化湿地恢复集成示范点划区恢复示意图

图6-13 玛多退化湿地恢复集成示范区拦水坎建设

时补播耐盐碱的同德小花碱茅，在2区的湿地退化过程出现了盐碱化现象。在3区采取多年生
小粒草籽（青海冷地早熟禾，青海中华羊茅和青海扁茎早熟禾 15kg·hm⁻²）的混播和轻度无机
养分添加（180kg·hm⁻²），在4区采用多年生小粒草籽（青海冷地早熟禾，青海中华羊茅和青
海扁茎早熟禾 15kg·hm⁻²）和大粒草籽（同德短芒披碱草 22.5kg·hm⁻²）的混播和中度的无机
养分添加（225kg·hm⁻²），在5区采用一年生（燕麦 225kg·hm⁻²）和多年生（青海冷地早熟禾，
青海中华羊茅和青海扁茎早熟禾 15kg·hm⁻²，同德短芒披碱草 22.5kg·hm⁻²）的混播和重度无机
（250kg·hm⁻²）和有机养分（1500kg·hm⁻²）添加（图6-14、6-15）。在有草种补播区域均采用

图6-14 玛多退化湿地恢复集成示范划区
补播和养分添加处理1

图6-15 玛多退化湿地恢复集成示范划区
补播和养分添加处理2

了无纺布覆盖，促进出苗处理，在植物出苗后无纺布进行去除（图 6-16）。

图 6-16 玛多退化湿地恢复集成示范划区补播和养分添加处理 3

（2）玉树隆宝滩退化湿地恢复技术体系示范

玉树隆宝滩湿地退化主要原因是家畜的采食和高强度践踏导致，这也是引起湿地退化的主要的人为因子。在沼泽湿地两侧沿着水流方向，依次设置了放牧区，短期封育区和长期封区，依次为 1 区、2 区和 3 区。同时结合人工增雨作业，推动退化湿地恢复进程。2018 ～ 2020 年通过调查地上和地下生物量，植物群落结构和连续观测，湿生植被莎草科植物在 1 区迅速得到恢复，但杂类草仍占群落较多份额，相比较外围放牧区，地上生物量增加 3.5 倍左右，鼠害显著降低。2 区植物群落以莎草科为主，杂类草已经逐渐降低，鼠害消失。3 区植被群落结构年际间保持稳定，莎草科植物占绝对优势，土壤水分含量显著增加（图 6-17）。

图 6-17 玉树隆宝滩退化湿地技术集成示范点

根据黄河源区河漫滩湿地退化过程植被变化特征研究，可将莎草科植物重要值作为高寒湿地（河漫滩）退化的生物阈值，约为 0.5。但是经过对黄河上游地区不同类型高寒湿地植被特征及植物多样性分析表明，对于不同类型高寒湿地退化的生物阈值不可一概而论。通过对不同退化程度高寒沼泽和河漫滩土壤特征分析也表明不同类型高寒湿地退化的非生物阈值会有所区别。而退化高寒湿地生态修复阈值则在短时间内难以确定。

退化高寒湿地修复技术中的近自然人工植被配置技术，有害生物控制技术，围栏和补播时空调控技术均能显著促进退化高寒湿地植物群落的恢复，但对土壤水分的影响有限。秋春季补水技术退化高寒湿地植物群落无显著影响。在选用退化高寒湿地修复技术时，应根据实施地点具体情况而定。如鼠害严重，需考虑进行有害生物控制；如植被覆盖度过低，则需考虑进行人工植被配置等。

6.6 高寒湿地近自然恢复技术信息化平台构建

6.6.1 总体框架

平台基于 .NET Core 框架，在基础设施与数据库的基础上，通过地图服务引擎、空间数据引擎、对象存储服务和身份验证服务对外提供服务，并在此基础上构建身份验证模块、WebGIS 数据展示模块、数据查询模块、附件管理模块等（图 6–18）。

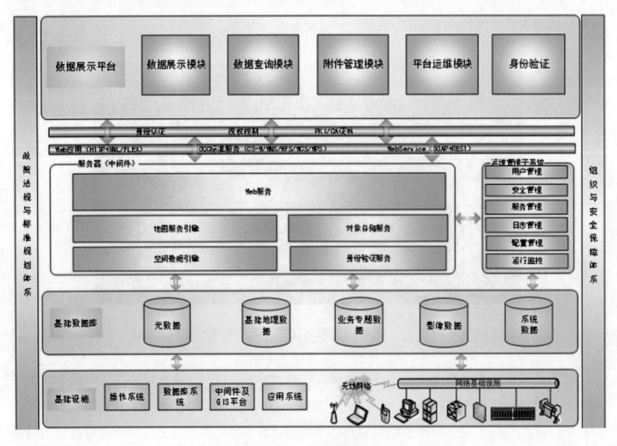

图 6–18　总体框架图

针对高寒湿地近自然恢复技术，通过 WebGIS 展示实验区的位置、名称、湿地类型、实验方法、实验结果、适宜的恢复技术等信息。

6.6.2　关键技术

（1）WebGIS 技术

WebGIS（网络地理信息系统）是指工作在 Web 网上的 GIS，是传统的 GIS 在网络上的延伸和发展，具有传统 GIS 的特点，可以实现空间数据的检索、查询、制图输出、编辑等 GIS 基本功能，同时也是 Internet 上地理信息发布、共享和交流协作的基础。

WebGIS 拓展了 GIS 的应用范围和服务领域。且客户端平台具有独立性。无论客户端是何种操作系统，只要支持通用的 Web 浏览器，用户就可以访问 WebGIS 数据。它还有更简单的操作，还可以平衡高效的计算负载。WebGIS 能充分利用网络资源，将复杂的处理交由服务器执行，而对简单的操作则由客户端直接完成。

WebGIS 具有以下功能：

①空间数据发布；

②空间查询检索和联机处理；

③空间数据可视化；

④空间模型分析服务；

⑤ Web 资源的共享。

（2）服务化 GIS（Service GIS）技术

Service GIS 是一种基于面向服务软件工程方法的 GIS 技术体系，它支持按照一定规范把 GIS 的全部功能以服务的方式发布出来，可以跨平台、跨网络、跨语言地被多种客户端调用，并具备服务聚合能力以集成来自其他服务器发布的 GIS 服务。

基于 OGC 标准 GIS 服务技术和 WebServcie 技术实现空间信息服务的封装、打包、分发、聚合、编排、门户展示等应用，实现不同粒度的空间数据、空间信息服务功能的封装与组合应用，是灵活实现统一 GIS 应用服务的技术关键。

Service GIS 软件平台的实现主要包括以下几方面的工作：

①全功能 GIS 服务

在细粒度组件式 GIS 基础上，封装粒度适中的全功能的 GIS 服务群，构成 Service GIS 的服务器，向客户端发布这些服务。这里强调全功能的 GIS 服务，包括数据管理、二维可视化、三维可视化、地图在线编辑、制图排版和各类空间分析和处理等。

②支持标准的 OGC 地图服务协议

服务器支持发布基于通用规范的服务，如 WMS、WCS、WFS、WPS、GeoRSS、KML 等，以便被第三方软件作为客户端集成调用。

③客户端 GIS 服务聚合

客户端 GIS 软件具备服务聚合能力，可聚合同一厂家服务器软件和第三方服务器软件发布的 GIS 服务，并与本地数据和本地功能集成应用。

④服务器端 GIS 服务聚合

服务器端软件具备强大的服务聚合能力，可以聚合来自其他服务器上发布的 GIS 服务，并可以将聚合后的结果再次发布，再次发布的服务还可以继续被其他的服务器软件聚合。

Service GIS 还具备一些新的特性：

①跨网络集成与应用

Service GIS 最重要的革命性功能之一，就是把组件式 GIS 具备的强大集成应用能力扩展到了网络上。Service GIS 通过 Web 服务开放的所有接口，都可以在网络上被调用。在这种模式之下，我们可以把通过网络连接在一起的无数台计算机组成一台强大的计算机来使用，因而构建分布式的 GIS 应用系统对我们而言，将更加容易。

②业务敏捷

业务敏捷是 SOA 的真正内涵，也是 Service GIS 为 GIS 应用开发领域带来的惊喜。基于 Service GIS 构建应用系统，可以通过聚合和集成已有的应用服务快捷地构建新的应用系统或升级已有的应用系统，以满足快速变化的用户需求。

Service GIS 能更全面地支持 SOA，通过对多种 SOA 实践标准与空间信息服务标准的支持，可以使用于各种 SOA 架构体系中，与其他 IT 业务系统进行无缝的异构集成，从而可以更容易地让应用开发者快速构建业务敏捷地理信息应用系统。与基于面向组件软件工程方法的组件式 GIS 相比，服务式 GIS 继承了前者的技术优势，但同时又有一个质的飞跃。从组件式 GIS 到服务式 GIS，这既是后者在前者基础上的自然进化和发展，同时也是 GIS 领域再一次关键一跳，在今后一段时间内，Service GIS 将与组件式 GIS 互为补充，共同进步和发展，最终 Service GIS 将成为地理信息应用系统开发新的主流。

平台展示见图 6–19、6–20、6–21、6–22。

图 6–19　登陆界面

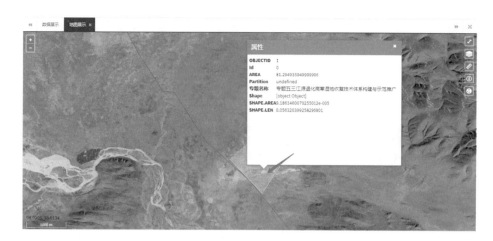

图 6-20　属性查询

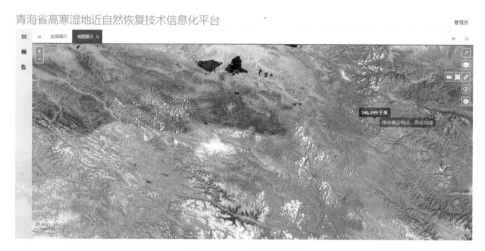

图 6-21　线段测量

不同退化程度高寒沼泽…　　　高寒湿地退化过程中细…

高寒湿地退化过程中真…　　　高寒湿地退化过程中土…

高寒湿地退化过程中土…　　　附件

附件

#	文件名称	操作
1.	专题一数据	下载

图 6-22　专题数据展示附件界面

6.7 结论

（1）高寒湿地退化是由多种因素相互作用演替的过程，土壤含水量是高寒湿地退化关键影响因子，气候变暖是高寒湿地退化最重要的原因，微地形的间接作用加速了研究区高寒湿地的退化。同时，根据黄河源区河漫滩湿地退化过程植被变化特征，研究将莎草科植物重要值作为高寒湿地（河漫滩）退化的生物阈值，约为0.5。

（2）针对退化湿地恢复中适生草种缺乏的现状，通过调查湿地生境禾本科湿生植物资源状况，选择适宜牧草品种在果洛州玛沁县开展了种子萌发技术研发、生理生态适应性评价和栽培技术研发。综合评价方法得到9种高寒沼泽湿地植物对水分抗逆性强弱为发草＞冷地早熟禾＞华扁穗草＞青藏苔草＞青海草地早熟禾＞藏嵩草＞中华羊茅＞垂穗披碱草＞同德小花碱茅，结合9种供试植物各自的生长繁殖特点和黄河源区发草适生地植物群落特征及其土壤因子解释研究中发草更加适应低P、湿润偏中生的土壤环境。因此，发草是理想的退化高寒沼泽湿地植被恢复物种之一，可在退化高寒沼泽湿地尤其大规模工程性质生态修复工作中广泛应用。

（3）针对退化湿地植被恢复群落建植方法缺乏现状，以植被保水性为切入点，根据物种多样性和生态系统多功能性关系进行品种组合建立保水型人工植被。发现垂穗披碱草＋青牧一号老芒麦＋贫花鹅观草＋糙毛鹅观草，和直穗披碱草＋中华羊茅＋冷地早熟禾＋扁茎早熟禾为有利于提高高寒人工湿地水分利用效率和土壤碳固持的植物品种组合。最大熵模型分析显示，该种植模式在当前气候条件下，在三江源的高、中、低适宜分布区分别占整个区域的0.64%、0.55%、2.76%，在未来气候条件下，分别占整个研究区的0.58%、1.93%和1.52%。

（4）在玉树州隆宝滩利用喷灌、禁牧、春季禁牧、喷灌＋禁牧、喷灌＋春季禁牧5种方式，研究不同恢复措施对退化高寒沼泽湿地植被和土壤的影响。同时针对玉树隆宝滩地区湿地退化，选择人工增雨作为湿地恢复技术，通过人工途径对云施加影响，增大降水量，改变湿地水环境，进而改善湿地健康状况，达到湿地自我修复的目的。结果显示人工补水技术，均能较好地增加退化湿地的土壤含水量，增加湿地植被的覆盖度、高度和生物量，提高土壤有机碳含量，能够较好地修复退化湿地。

（5）由于湿地恢复和功能维持的前提是水文条件的恢复，如果水分条件不满足，退化湿地恢复无从谈起。因此，湿地恢复首先是蓄水功能的恢复。高寒湿地适生植物特别是"土著"植物种子一般有后熟现象，在自然条件下萌发率非常低。虽然实验室人工处理可以解决湿生植物种子萌发问题，但当前的种子萌发技术、栽培和种子生产技术难以匹配大规模恢复的湿生植物种子需求。退化高寒湿地植被恢复面临的问题是无湿生种子可选。湿地退化的表面结果是植被和生态系统功能退化，而关键过程是水文条件的破坏。课题根据三江源高寒湿地退化程度，结合各专题高寒湿地恢复技术，因地制宜构建了增水－禁牧混合型、增水主导型和禁牧主导型三江源退化高寒湿地恢复技术体系。主要包括：以拦水坎建设和补充湿生植物为主，辅以人工植被建植的重度退化湿地恢复技术体系；以人工增雨和补充湿生植物为主的中度退化湿地恢复技术体系；以围栏禁牧（合理放牧）为主，辅以人工增雨以及冻土保育的轻度退化湿地保护技术体系。同时，建立了以灭鼠、围栏封育和合理放牧相结合的高寒湿地退化恢复管理体系，建立了高寒湿地近自然恢复技术信息化平台。

参考文献

Barker C A, Turley N E, Orrock J L, et al. Agricultural land—use history does not reduce woodland understory herb establishment [J] . Oecologia, 2019, 189（4）: 1049–1060.

Brierley G J, Li X L, Cullum C, et al. Landscape and ecosystem diversity, dynamics and management in the Yellow River source zone Wetland ecosystems of the Yellow River source zone [J] . 2016,（Chapter 9）:183–207.

Brisson J, Rodriguez M, Martin C A, et al. Plant diversity effect on water quality in wetlands: a meta - analysis based on experimental systems [J] . Ecological Applications, 2020, 30（4）: e02074.

Cadotte M W, Cardinale B J, Oakley T H. Evolutionary history and the effect of biodiversity on plant productivity [J] . Proceedings of the National Academy of Sciences, 2008, 105（44）: 17012–17017.

Cadotte M W, Cavender–Bares J, Tilman D, et al. Using phylogenetic, functional and trait diversity to understand patterns of plant community productivity [J] . PLoS one, 2009, 4: e5695.

Cardinale B J, Duffy J E, Gonzalez A, et al. Biodiversity loss and its impact on humanity [J] . Nature, 2012, 486（7401）: 59–67.

Cardinale B J, Matulich K L, Hooper D U, et al. The functional role of producer diversity in ecosystems [J] . American journal of botany, 2011, 98（3）: 572–592.

Cardinale B J, Srivastava D S, Emmett Duffy J, et al. Effects of biodiversity on the functioning of trophic groups and ecosystems [J] . Nature, 2006, 443（7114）: 989–992.

Cardinale B J, Wright J P, Cadotte M W, et al. Impacts of plant diversity on biomass production increase through time because of species complementarity [J] . Proceedings of the National Academy of Sciences, 2007, 104（46）: 18123–18128.

Chatanga P, Kotze D C, Janks M, et al. Classification, description and environmental factors of montane wetland vegetation of the Maloti–Drakensberg region and the surrounding areas [J] . South African Journal of Botany, 2019, 125: 221–233.

Clark C M, Flynn D F B, Butterfield B J, et al. Testing the link between functional diversity and ecosystem functioning in a Minnesota grassland experiment [J]. PloS one, 2012, 7 (12): e52821.

Connolly J, Cadotte M W, Brophy C, et al. Phylogenetically diverse grasslands are associated with pairwise interspecific processes that increase biomass [J]. Ecology, 2011, 92 (7): 1385-1392.

de Bello F, Lavorel S, D í az S, et al. Towards an assessment of multiple ecosystem processes and services via functional traits [J]. Biodiversity and Conservation, 2010, 19 (10): 2873-2893.

Denaxa N K, Damvakaris T, Roussos P A. Antioxidant defense system in young olive plants against drought stress and mitigation of adverse effects through external application of alleviating products [J]. Scientia Horticulturae, 2020, 259: 108812.

Díaz S, Cabido M. Vive la diff é rence: plant functional diversity matters to ecosystem processes [J]. Trends in ecology & evolution, 2001, 16 (11): 646-655.

Díaz S, Lavorel S, de Bello F, et al. Incorporating plant functional diversity effects in ecosystem service assessments [J]. Proceedings of the National Academy of Sciences, 2007, 104 (52): 20684-20689.

Duggan - Edwards M F, Pag è s J F, Jenkins S R, et al. External conditions drive optimal planting configurations for salt marsh restoration [J]. Journal of Applied Ecology, 2020, 57 (3): 619-629.

Flynn D F B, Mirotchnick N, Jain M, et al. Functional and phylogenetic diversity as predictors of biodiversity - ecosystem - function relationships [J]. Ecology, 2011, 92 (8): 1573-1581.

Gayer J K. Der gemischte Wald, seine Begr ü ndung und Pflege, inbesondere durch Horst-und Gruppenwirtschaft [M]. Parey, 1886.

Grime J P. Benefits of plant diversity to ecosystems: immediate, filter and founder effects [J]. Journal of Ecology, 1998, 86 (6): 902-910.

Hector A, Bagchi R. Biodiversity and ecosystem multifunctionality [J]. Nature, 2007, 448 (7150): 188-190.

Heemsbergen D A, Berg M P, Loreau M, et al. Biodiversity effects on soil processes explained by interspecific functional dissimilarity [J]. Science, 2004, 306 (5698): 1019-1020.

Hooper D U, Chapin III F S, Ewel J J, et al. Effects of biodiversity on ecosystem functioning: a consensus of current knowledge [J]. Ecological monographs, 2005, 75 (1): 3-35.

Isbell F I, Polley H W, Wilsey B J. Biodiversity, productivity and the temporal stability of productivity: patterns and processes [J]. Ecology letters, 2009, 12 (5): 443-451.

Kembel S W, Cowan P D, Helmus M R, et al. Picante: R tools for integrating phylogenies and ecology [J]. Bioinformatics, 2010, 26: 1463 - 1464.

Kozlowski T T. Responses of woody plants to flooding and salinity [J]. Tree physiology, 1997, 17 (7): 490-490.

Lavorel S, Garnier É. Predicting changes in community composition and ecosystem functioning from plant traits:

revisiting the Holy Grail [J]. Functional ecology, 2002, 16 (5): 545–556.

Li H, Li X, Zhou X. Trait means predict performance under water limitation better than plasticity for seedlings of Poaceae species on the eastern Tibetan Plateau [J]. Ecology and evolution, 2020, 10 (6): 2944–2955.

Litza K, Diekmann M. The effect of hedgerow density on habitat quality distorts species–area relationships and the analysis of extinction debts in hedgerows [J]. Landscape ecology, 2020, 35 (5): 1187–1198.

Loreau M, Hector A. Partitioning selection and complementarity in biodiversity experiments [J]. Nature, 2001, 412 (6842): 72–76.

Maestre F T, Quero J L, Gotelli N J, et al. Plant species richness and ecosystem multifunctionality in global drylands [J]. Science, 2012, 335 (6065): 214–218.

Majeková M, de Bello F, Doležal J, et al. Plant functional traits as determinants of population stability [J]. Ecology, 2014, 95 (9): 2369–2374.

McGill B J, Enquist B J, Weiher E, et al. Rebuilding community ecology from functional traits [J]. Trends in ecology & evolution, 2006, 21 (4): 178–185.

Meharg A A, Macnair M R. The mechanisms of arsenate tolerance in Deschampsia cespitosa (L.) Beauv. and Agrostis capillaris L. Adaptation of the arsenate uptake system [J]. New Phytologist, 1991, 119 (2): 291–297.

Mokany K, Ash J, Roxburgh S. Functional identity is more important than diversity in influencing ecosystem processes in a temperate native grassland [J]. Journal of Ecology, 2008, 96 (5): 884–893.

Mora C, Tittensor D P, Adl S, et al. How many species are there on Earth and in the ocean? [J]. PLoS biology, 2011, 9 (8): e1001127.

Mouchet M A, Villéger S, Mason N W H, et al. Functional diversity measures: an overview of their redundancy and their ability to discriminate community assembly rules [J]. Functional Ecology, 2010, 24 (4): 867–876.

Paquette A, Messier C. The effect of biodiversity on tree productivity: from temperate to boreal forests [J]. Global Ecology and Biogeography, 2011, 20 (1): 170–180.

Petchey O L, Hector A, Gaston K J. How do different measures of functional diversity perform? [J]. Ecology, 2004, 85 (3): 847–857.

Prinzing A, Durka W, Klotz S, et al. The niche of higher plants: evidence for phylogenetic conservatism [J]. Proceedings of the Royal Society of London. Series B: Biological Sciences, 2001, 268 (1483): 2383–2389.

Purschke O, Schmid B C, Sykes M T, et al. Contrasting changes in taxonomic, phylogenetic and functional diversity during a long-term succession: insights into assembly processes [J]. Journal of Ecology, 2013, 101 (4): 857–866.

Redfield G W. Ecological research for aquatic science and environmental restoration in south Florida [J]. Ecological Applications, 2000, 10 (4): 990–1005.

Reich P B, Tilman D, Naeem S, et al. Species and functional group diversity independently influence biomass accumulation and its response to CO2 and N[J]. Proceedings of the National Academy of Sciences, 2004, 101(27): 10101–10106.

Remeš J. Development and present state of close–to–nature silviculture [J]. Journal of Landscape Ecology, 2018, 11 (3): 17–32.

Richardson C J, King R S, Qian S S, et al. Estimating ecological thresholds for phosphorus in the Everglades[J]. Environmental Science & Technology, 2007, 41 (23): 8084–8091.

Roscher C, Schumacher J, Gubsch M, et al. Using plant functional traits to explain diversity–productivity relationships [J]. PloS one, 2012, 7 (5): e36760.

Salimi S, Almuktar S A, Scholz M. Impact of climate change on wetland ecosystems: A critical review of experimental wetlands [J]. Journal of Environmental Management, 2021, 286: 112160.

Song Y, Wang P, Li G, et al. Relationships between functional diversity and ecosystem functioning: A review[J]. Acta Ecologica Sinica, 2014, 34 (2): 85–91.

Srivastava D S, Cadotte M W, MacDonald A A M, et al. Phylogenetic diversity and the functioning of ecosystems [J]. Ecology letters, 2012, 15 (7): 637–648.

Tanner C C. Plants as ecosystem engineers in subsurface–flow treatment wetlands [J]. Water Science and Technology, 2001, 44 (11–12): 9–17.

Tilman D, Knops J, Wedin D, et al. The influence of functional diversity and composition on ecosystem processes [J]. Science, 1997, 277 (5330): 1300–1302.

Tilman D, Reich P B, Knops J, et al. Diversity and productivity in a long–term grassland experiment [J]. Science, 2001, 294 (5543): 843–845.

Tilman D. Niche tradeoffs, neutrality, and community structure: a stochastic theory of resource competition, invasion, and community assembly [J]. Proceedings of the National Academy of Sciences, 2004, 101 (30): 10854–10861.

Violle C, Navas M L, Vile D, et al. Let the concept of trait be functional! [J]. Oikos, 2007, 116 (5): 882–892.

Wayne Polley H, J. Wilsey B, D. Derner J, et al. Early - successional plants regulate grassland productivity and species composition: a removal experiment [J]. Oikos, 2006, 113 (2): 287–295.

Webb C O, Ackerly D D, McPeek M A, et al. Phylogenies and community ecology [J]. Annual Review of Ecology and Systematics, 2002, 33: 475 – 505.

Xu M, Ma L, Jia Y, et al. Integrating the effects of latitude and altitude on the spatial differentiation of plant community diversity in a mountainous ecosystem in China [J]. PloS one, 2017, 12 (3): e0174231.

Xu M, Zhang S, Wen J, et al. Multiscale spatial patterns of species diversity and biomass together with their correlations along geographical gradients in subalpine meadows [J]. Plos one, 2019, 14 (2): e0211560.

Zhang H, Tang W, Wang W, et al. A review on China's constructed wetlands in recent three decades:

Application and practice［J］. journal of environmental sciences, 2021, 104: 53–68.

白军红，欧阳华，徐惠风，等. 青藏高原湿地研究进展［J］. 地理科学进展，2004,（04）: 1–9.

蔡迪花，郭铌，韩涛. 1990～2001 年黄河玛曲高寒沼泽湿地遥感动态监测［J］. 冰川冻土, 2007,（06）: 874–881.

常凤，刘彬，刘若坤，等. 库车山区新疆假龙胆适生地植物群落多样性及其环境解释. 草地学报, 2018, 26（5）: 1084–1090.

陈蓓. 高寒湿地植被生态恢复质量评价体系初探［J］. 吉林农业, 2017,（4）.

陈桂琛，卢学峰，彭敏，等. 青海省三江源区生态系统基本特征及其保护［J］. 青海科技, 2003,（4）: 14–17.

陈克龙，朵海瑞，李准，等. 基于景观结构变化的青海湖流域湿地空间分析［J］. 湿地科学与管理, 2009, 5（04）: 36–39.

崔保山，刘兴土. 湿地恢复研究综述［J］. 地球科学进展, 1999,（04）: 45–51.

崔丽娟，马琼芳，郝云庆，等. 若尔盖高寒沼泽植物群落与环境因子的关系［J］. 生态环境学报, 2013, 22（11）: 1749–1756.

董世魁，龙瑞军，胡自治，等. 高寒地区多年生禾草人工草地杂草种群动态研究［J］. 兰州大学学报, 2003,（05）: 82–87.

窦勇，唐学玺，王悠. 滨海湿地生态修复研究进展［J］. 海洋环境科学, 2012, 31（04）: 616–620.

冯璐，陈志. 青藏高原沼泽湿地研究现状［J］. 青海草业, 2014, 23（1）: 11–16.

高俊凤. 植物生理学实验指导［M］. 北京: 高等教育出版社, 2006: 15–16, 228–231.

顾文毅. 发草种子繁殖技术研究［J］. 青海科技, 2007, 14（4）: 30–31.

郭成久，孙景刚，苏芳莉，等. 土壤容重对草甸土坡面养分流失特征的影响［J］. 水土保持学报, 2012, 26（6）: 27–30.

郭春秀，马俊梅，何芳兰，等. 石羊河下游不同类型荒漠草地黑果枸杞群落结构特征及土壤特性研究［J］. 草业学报, 2018, 27（9）: 14–24.

韩大勇，杨永兴，杨杨，等. 放牧干扰下若尔盖高原沼泽湿地植被种类组成及演替模式［J］. 生态学报, 2011, 31（20）: 5946–5955.

韩大勇，杨永兴，杨杨，等. 湿地退化研究进展［J］. 生态学报, 2012, 32（04）: 289–303.

何方杰，韩辉邦，马学谦，等. 隆宝滩沼泽湿地不同区域的甲烷通量特征及影响因素［J］. 生态环境学报, 2019, 28（04）: 803–811. DOI: 10.16258/j.cnki.1674–5906.2019.04.020.

何奕忻，孙庚，罗鹏，等. 牲畜粪便对草地生态系统影响的研究进展［J］. 生态学杂志, 2009, 28（02）: 322–328.

何周窈，王勇，苏正安，等. 干热河谷冲沟沟头活跃度对植物群落结构的影响［J］. 草业学报, 2020, 29（9）: 28–37.

贺金生，卜海燕，胡小文，等. 退化高寒草地的近自然恢复: 理论基础与技术途径［J］. 科学通报,

2020，65（34）：3898-3908.

贺丽，宾建，邓东周，等.植被近自然恢复研究进展［J］.四川林业科技，2017，（05）：22-26.

侯蒙京，高金龙，葛静，等.青藏高原东部高寒沼泽湿地动态变化及其驱动因素研究［J］.草业学报，2020，29（1）：13-27.

贾烁，姚展予.江淮对流云人工增雨作业效果检验个例分析［J］.气象，2016，42（2）：238-245.

贾婷婷，袁晓霞，赵洪，等.放牧对高寒草甸优势植物和土壤氮磷含量的影响［J］.中国草地学报，2013，35（06）：80-85.

金兰，陈志.不同处理方法对青海祁连湿地华扁穗草种子发芽的影响［J］.种子，2014，33（4）:1-2.

康晓燕，马学谦，张博越，等.雷达资料在青海省东部人工增雨效果检验中的应用研究［J］.现代农业科技，2017，（12）：214-217.

雷舒涵，许蕾，白小明.温度及盐胁迫对7个野生观赏草种子萌发特性的影响［J］.草原与草坪，2017，37（2）：20-28.

雷占兰，周华坤，刘泽华，等.气候变化对高寒草甸垂穗披碱草生育期和产量的影响［J］.中国草地学报，2012，34（05）：10-18.

李飞，刘振恒，贾甜华，等.高寒湿地和草甸退化及恢复对土壤微生物碳代谢功能多样性的影响［J］.生态学报，2018，38（17）：28-37.

李宏林，徐当会，杜国祯.青藏高原高寒沼泽湿地在退化梯度上植物群落组成的改变对湿地水分状况的影响［J］.植物生态学报，2012，36（05）：403-410.

李佳.高寒沼泽湿地退化对长江源流域夏汛期径流的影响［J］.生态学报，2015，34（3）：674-681.

李建宏，李雪萍，卢虎，等.高寒地区不同退化草地植被特性和土壤固氮菌群特性及其相关性［J］.生态学报，2017，37：3647‐3654.

李京蓉，马真，张骞，等.青海省6种禾本科牧草的抗寒性研究及综合评价［J］.草地学报，2020,28（2）：405-411.

李静，红梅，闫瑾，等.短花针茅荒漠草原植被群落结构及生物量对水氮变化的响应［J］.草业学报，2020，29（9）：38-48.

李林，李凤霞，朱西德，等.黄河源区湿地萎缩驱动力的定量辨识［J］.自然资源学报，2009，24（07）：1246-1255.

李希来.补播禾草恢复“黑土滩”植被的效果［J］.草业科学，1996，（05）：19-21.

李英年，关定国，赵亮，等.海北高寒草甸的季节动态及在植被生产力形成过程中的作用［J］.冰川冻土，2005，27（3）：311-319.

李英年，赵亮，徐世晓，等.祁连山海北高寒湿地植物群落结构及生态特征［J］.冰川冻土，2006，（01）：76-84.

李自珍，韩晓卓，李文龙，等.高寒湿地植物群落的物种多样性保护及生态恢复对策［J］.西北植物学报，2004，（03）：363-369.

林春英，李希来，李红梅，等.不同退化高寒沼泽湿地土壤碳氮和贮量分布特征［J］.草地学报，2019，27（4）：805-816.

刘安榕，杨腾，徐炜，等.青藏高原高寒草地地下生物多样性：进展、问题与展望［J］.生物多样性，2018，26：972－987.

刘志伟，李胜男，韦玮，等.近三十年青藏高原湿地变化及其驱动力研究进展［J］.生态学杂志，2019，38（03）：241-247.

卢慧，丛静，刘晓，等.三江源区高寒草甸植物多样性的海拔分布格局［J］.草业学报，2015，24（7）：197-204.

罗磊.青藏高原湿地退化的气候背景分析［J］.湿地科学，2005，3（3）：190-199.

马玉寿，E.林柏克.青海省果洛地区牧草引种试验报告［J］.四川草原，2002，（01）：16-21.

牛振国，张海英，王显威，等.1978—2008年中国湿地类型变化［J］.科学通报，2012，57（16）.

潘竟虎，王建，王建华.长江、黄河源区高寒湿地动态变化研究［J］.湿地科学，2007，（04）：298-304.

裴男才，张金龙，米湘成，等.植物DNA条形码促进系统发育群落生态学发展［J］.生物多样性，2011，19（03）：284-294+388-389.

乔斌，黄维，何彤慧，等.宁夏震湖滩涂湿地盐生植物群落多样性与土壤盐碱度分析［J］.西北植物学报，2018，38（2）：324-331.

权晨，周秉荣，朱生翠，等.青藏高原高寒湿地冻融过程土壤温湿变化特征［J］.干旱气象，2018，36（02）：66-72.

仁青吉，罗燕江，王海洋，等.青藏高原典型高寒草甸退化草地的恢复——施肥刈割对草地质量的影响［J］.草业学报，2004，（02）：43-49.

仁青吉，武高林，任国华.放牧强度对青藏高原东部高寒草甸植物群落特征的影响［J］.草业学报，2009，18（05）：256-261.

任国华，邓斌，后源.黄河源区沼泽湿地退化过程中植物群落特征的变化［J］.草业科学，2015，32（08）：1222-1229.

尚占环，龙瑞军.青藏高原"黑土型"退化草地成因与恢复［J］.生态学杂志，2005，（06）：652-656.

邵青还.第二次林业革命—"接近自然的林业"在中欧兴起［J］.世界林业研究，1991，（04）：10-17.

邵珍珍，吴鹏飞.小型表栖节肢动物群落对高寒湿地退化的响应［J/OL］.生态学报，2019，（19）：1-12.

沈松平，王军，游丽君，等.若尔盖沼泽湿地遥感动态监测［J］.四川地质学报，2005，（02）：119-121.

施建军,洪绂曾,马玉寿,等.人工调控对禾草混播草地群落特征的影响［J］.草地学报,2009,17（06）：

745–751.

孙明德，孙连生，吕金博．发草是高寒地区的优良牧草［J］.青海草业，1994，3（3）：7–12.

孙永宁，王进昌，韩庆杰，等．青藏铁路格尔木至安多段沿线高寒植被、土壤特性与人工植被恢复研究［J］.中国沙漠，2011，31（04）：894–905.

唐素贤，马坤，张英虎，等．若尔盖高寒湿地蓄水能力评估［J］.水土保持通报，2016，36（3）：219–223.

田素荣，孙永军，李友纲，等．多时相遥感技术在湿地调查中的应用［J］.国土资源遥感，2007，（04）：81–84；123–124.

田应兵，熊明标，宋光煜．若尔盖高原湿地土壤的恢复演替及其水分与养分变化［J］.生态学杂志，2005，（01）：21–25.

王根绪，李元首，吴青柏，等．青藏高原冻土区冻土与植被的关系及其对高寒生态系统的影响［J］.中国科学.D辑：地球科学，2006，（08）：743–754.

王根绪，李元寿，王一博，等．近40年来青藏高原典型高寒湿地系统的动态变化［J］.地理学报，2007，（05）：35–45.

王海星．西北半干旱区湿地植被群落特征研究及其LUCC评价体系构建［D］.北京林业大学，2012.

王利花，姜琦刚，李远华．基于RS与GIS技术的若尔盖地区沼泽动态变化研究［J］.国土资源遥感，2006，（04）：60–62；76.

王铭，曹议文，王升忠，等．水位和草丘微地貌对巴音布鲁克高寒沼泽植物群落物种多样性的影响［J］.湿地科学，2016，14（5）：635–640.

王婉，姚展予．非随机化人工增雨作业功效数值分析和效果评估［J］.气候与环境研究，2012，17（6）：855–861.

王彦龙，马玉寿，施建军，等．发草栽培驯化研究初报［J］.青海畜牧兽医杂志，2019，49（2）：21–24.

王彦龙，马玉寿，施建军，等．黄河源区高寒草甸不同植被生物量及土壤养分状况研究［J］.草地学报，2011，19（01）：1–6.

徐飞飞，孙铁峰．四川若尔盖草原沙化问题的研究［J］.价值工程，2010，29（17）：119–120.

徐新良，刘纪远，邵全琴，等．30年来青海三江源生态系统格局和空间结构动态变化［J］.地理研究，2008，27（4）：829–838.

严作良，周华坤，刘伟，等．江河源区草地退化状况及成因［J］.中国草地，2003，（01）：74–79.

燕云鹏，徐辉，邢宇，等.1975—2007年间三江源不同源区湿地变化特点及对气候变化的响应［J］.测绘通报，2015，（S2）：5–10.

杨涛，姜文波，李玉英，等．高寒草甸不同植被类型土壤尿酸酶活性的研究［J］.土壤通报，1987，（04）：177–179.

杨永兴．国际湿地科学研究进展和中国湿地科学研究优先领域与展望［J］.地球科学进展，2002，（04）：

508–514.

杨永兴．若尔盖高原生态环境恶化与沼泽退化及其形成机制［J］．山地学报，1999，（04）：318.

易现峰，张晓爱，李来兴，等．高寒草甸生态系统食物链结构分析——来自稳定性碳同位素的证据［J］．动物学研究，2004，（01）：1–6.

游宇驰．若尔盖高原湿地演变机制研究［D］．长沙理工大学，2018.

鱼小军，徐长林，景媛媛，等．冬季层积处理对5种高寒草甸植物种子萌发特性的影响［J］．草业科学，2015，32（3）：427–432.

喻龙，龙江平，李建军，等．生物修复技术研究进展及在滨海湿地中的应用［J］．海洋科学进展，2002，（04）：99–108.

岳东霞，李文龙，李自珍．甘南高寒湿地草地放牧系统管理的AHP决策分析及生态恢复对策［J］．西北植物学报，2004，24（2）：248–253.

张连云，蔡春河，王以琳．用区域控制模拟试验方法检验飞机人工增雨效果的探讨［J］．山东气象，1996，16（3）：56–59.

张硕新，雷瑞德，陈存根，等．"近自然林"——一种有发展前景的"人工天然林"［J］．西北林学院学报，1996，（S1）：157–162.

张文志．盘锦市芦苇湿地水生态现状及修复措施［J］．东北水利水电，2021，39（03）：31–33.

张晓云，吕宪国，顾海军．若尔盖湿地面临的威胁、保护现状及对策分析［J］．湿地科学，2005，（04）：292–297.

张永泽．自然湿地生态恢复研究综述［J］．生态学报，2001，（02）：309–314.

赵培松．西藏色林错地区湿地遥感研究［D］．成都理工大学，2008.

赵新全，张耀生，周兴民．高寒草甸畜牧业可持续发展：理论与实践［J］．资源科学，2000，（04）：50–61.

赵志刚，史小明．青藏高原高寒湿地生态系统演变、修复与保护［J］．科技导报，2020，38（17）：33–41.

周秉荣，李凤霞，颜亮东，等．高寒沼泽湿地土壤湿度对放牧强度的响应［J］．草业科学，2008，（11）：75–78.

周道纬，卢文喜，夏丽华，等．北方农牧交错带东段草地退化与水土流失［J］．资源科学，1999，（05）：59–63.

周华坤，韩发，周立，等．高寒草甸退化对短穗兔耳草克隆生长特征的影响［J］．生态学杂志，2006，（08）：873–879.

周华坤，赵新全，周立，等．青藏高原高寒草甸的植被退化与土壤退化特征研究［J］．草业学报，2005，（03）：31–40.

周华坤，周立，赵新全，等．青藏高原高寒草甸生态系统稳定性研究［J］．科学通报，2006，（01）：63–69.

朱万泽，范建容 . 西藏珍稀濒危植物区系特征及其保护［J］. 山地学报，2003，（S1）：31–39.

朱耀军，马牧源，赵娜娜 . 若尔盖高寒泥炭地修复技术进展与展望［J］. 生态学杂志，2020，39（12）：4185–4192.

左宇, 李绍才, 杨志荣, 等 . 岩生植物金发草生长发育对水分的响应［J］. 四川大学学报（自然科学版），2006，43（5）：1142–1145.